一个植物医生的断病手迹

A PLANT DOCTOR'S NOTES FOR DIAGNOSIS OF
DISEASES AND INSECTS

李明远　著

U0199373

中国林业出版社

图书在版编目（CIP）数据

一个植物医生的断病手迹 / 李明远著. —北京：
中国林业出版社, 2017.10

ISBN 978-7-5038-9343-8

Ⅰ.①一… Ⅱ.①李… Ⅲ.①蔬菜园艺—设施
农业—病虫害防治②花卉—病虫害防治 Ⅳ.
①S436.3②S436.8

中国版本图书馆CIP数据核字（2017）第266411号

一个植物医生的断病手迹

A PLANT DOCTOR'S NOTES FOR DIAGNOSIS OF
DISEASES AND INSECTS

责任编辑： 何增明　邹　爱

出版发行： 中国林业出版社（100009 北京西城区刘海胡同7号）

电　话： 010-83143517

印　刷： 固安县京平诚乾印刷有限公司

版　次： 2018年1月第1版

印　次： 2018年1月第1次印刷

开　本： 889mm×1194mm　1/16

印　张： 15

字　数： 480千字

定　价： 99.00元

作者简介

　　李明远，男，1937年生，研究员。1962年毕业于北京农业大学植物病理专业。

　　曾在中国农业科学院植物保护研究所、北京市农林科学院植物保护研究所工作。历任北京市农林科学院植保环保所副所长、所长，农业部无公害蔬菜技术培训教师，农业部蔬菜质量检测中心绿色食品及无公害食品顾问，北京市政府蔬菜顾问团顾问，农业部蔬菜专家组顾问，北京市科协委员，北京植病学会秘书长、副理事长、理事长，中国植物病理学会副理事长，《植物保护》编委、《中国蔬菜》杂志副主编。北京市农业局农村新技术服务热线（12316）咨询专家。1973－1979年在阿拉伯也门从事援外工作。

　　目前在北京市农林科学院农业生物技术研究中心工作，仍是《温室园艺》常务编委，北京市农业局及北京市农林科学院农村新技术服务热线（12396）咨询专家，在两个蔬菜生产基地担任植物保护技术顾问。仍活跃在科研和生产的一线。

　　主要著作：《北京蔬菜病情志》《中国蔬菜原色图谱》《中国主要蔬菜抗病育种进展》《番茄茄子病虫草害与防治》《巧治蔬菜灰霉病》《叶用蔬菜病虫害早防快治》《中国大白菜图鉴》等。

序

  《一个植物医生的断病手迹》（以下简称《断病》）是李明远研究员2010年4月至今在《实用工程技术·温室园艺》（以下简称《温室园艺》）上发表的有关设施蔬菜和花卉病虫害的诊断和防治方面的文章汇集。众所周知，自20世纪80年代以来我国设施园艺生产迅猛发展，迄今设施园艺生产面积已居世界各国之首，是设施园艺生产大国，但是与一些发达国家相比我国的设施园艺生产水平差距仍然很大，尤其是从业人员的业务素质亟待提高。每当有专家到基层考察时，总有当地的技术人员和农民纷纷前来咨询，希望得到专家的指导。他们的问题是生产实际中出现的，其中有关蔬菜和花卉的病虫害问题比较集中，比较突出，危害大，诊断难。面向广大基层农技人员和农民普及有关这方面的基本知识十分急迫，于是《温室园艺》决定设置专栏，系统介绍有关温室蔬菜和花卉病虫害的诊断、流行和防治措施。众人推荐原北京市农林科学院植物保护研究所所长、当时参加考察调研的李明远研究员担此重任。

  李明远研究员从事蔬菜花卉病虫害防治的研究和实践工作逾半个世纪，有坚实的理论基础和丰富的实践经验。令人欣慰的是李明远研究员欣然同意接此重任。自那时开始至今七八年间一直笔耕不辍，已撰写成短文80篇，约48万字，并附有精美照片500幅左右。涉及设施蔬菜、花卉作物达40余种，涉及的病害有黄瓜霜霉病、番茄黄化曲叶病、菊花猝倒病等病害约70种，蚜虫等虫害约10种。几乎每一篇短文都以讲故事的形式，娓娓道来，介绍了某种病虫害的症状、流行、病原菌和防治措施。内容丰富，包含的知识点全面、科学。

  《断病》不乏新意，以讲故事的形式阐明科学知识，确实别具一格，把读者带到诊断病虫害的现场，与作者、当地的技术人员和农民一起诊断和探讨防治措施，生动活泼，印象深刻。不少读者纷纷致信编辑部表示读了这些文章受益匪浅，希望与作者取得联系，以便互动。这说明《温室园艺》"李明远断病手迹"这个栏目和李明远研究员的文章达到了预期的效果。断病的思路和方法也有创新，甚至自行设计和装备了病害的鉴定装置等。《断病》的科学性和实用性突出。《断病》中提到的那些蔬菜作物的病害或虫害及其防治措施是正确的、科学的，每一种病害或虫害的诊断过程都十分严谨。在实际生产中经常会遇到一些病虫害疑难杂症，如果单从表观症状很难断定确诊是不是病害？是何种病害？必需综合考虑作物、茬口、实施的栽培措施和环境等条件，特别是必须找到病原菌，才能确诊。为此需要查阅文献，请教同行专家，还要做诱导试验。《断病》正是通过这些环节，反复对比，对病虫害做出正确判断。《断病》中的每一个故事不是凭空臆造出来的，都是作者的亲身经历，乃至对一个病害的命名也是经过了反复论证确定的。对每一种病虫害提出的防治措施都是基于病虫害的正确诊断，不仅提出具有普遍意义的农业、物理和化学的综合措施，还根据现场状况，提出有针对性的措施，经过实践检验，这些措施是正确的。

文如其人，李明远研究员的文章，字里行间无不折射出他积极认真、谦虚严谨的品格。李明远研究员认为农作物的病虫害影响作物的产量和农民致富，身为这方面的专家帮助解决这个问题是义不容辞的。几十年来李明远研究员一直怀着这样的初心在诊断作物病虫害的路上一路前行。不论严冬酷暑，不管风吹雨打，为了农民致富，哪里有诉求，就到哪里去帮助解决问题。这种敢于担当的精神，令人感动。正是怀着这样的初心他谦虚严谨。李明远研究员在业内是一位知名专家，在植物保护行业内，特别是在北京市的植物保护行业内有很高的威望，却从不以专家权威自诩。在现场诊病、断病的过程中，往往对作物得的是什么病、是什么原因引起的、应当采取什么措施等问题与当地的技术员或农民意见不一致。每当这种情况发生时，他从不以势压人。如果认为对方有道理，则修正自己的观点；如果确系对方判断有误，则进一步解释，或在现场进一步寻找证据，让人心服口服。严谨求真的态度是一个科学家必须具备的品质，李明远研究员在这方面也十分到位。他认为给作物断病如同办案一样，要办成铁案，因为这关系到防治病虫害的成败。

笔者对于植物病虫害一窍不通，是个门外汉，但《断病》令我感动，想必本书的问世，定会给植物保护领域科研和实践增添光彩，谨以此文表示对读者的祝贺，对出版者的感激，对作者的敬意。文中不当之处敬请不吝赐教。

陈端生

2017年3月

前言

《一个植物医生的断病手迹》经过多方面的帮助和大家见面了。

本书收集了我为"李明远断病手迹"栏目撰写的80篇文稿。因为它里面记录了我大半生的诊断病虫害的科学实践，所以对我来讲是件大事。

我是中国农业大学（当时叫北京农业大学）1962届植物病理专业的毕业生。开始在中国农业科学院，后来在北京市农林科学院从事病虫害的研究与推广。把这60多年的一些经历写出来，发表出去，也是一件幸事。

这件事情能做成，我要感谢很多人。

首先要感谢的是北京蔬菜研究中心的前主任陈殿奎研究员，是他将我推荐给农业部农业工程设计院设施研究所，参加了他们主持的"全国设施农业十三五规划"的调研工作，使我有机会结识了《温室园艺》的编辑们。

需要感谢的第二个人是设施农业规划调研组的负责人、时任设施研究所副所长的周长吉博士，是他邀请我给《温室园艺》投稿并参与审稿，后来我还成为该杂志的编委和常务编委；是他建议我在杂志上建立一个专栏，发表一些有关设施园艺病虫害方面的文章。经和编辑部商量建立了一个专栏："李明远断病手迹"（以下简称"断病"）。

还需要感谢的是中国农业大学的陈端生教授，他曾是《温室园艺》的主编。开始就由他主刀，不辞辛苦为我文章把关、修改；这次还为我这本书撰写序言。

还要感谢为每期"断病"发表前做出大量工作的编辑部主任李志、戴晔以及其他编审人员，是在他们的呵护下，"断病"文章才得以陆续面世。

再要感谢的是现任设施研究所的所长张跃峰、丁晓明以及新一届杂志的负责人周长吉、戴晔，是他们建议我将发表的80篇"断病"编成一本书，作为我八十岁生日的纪念。

还要感谢的是中国林业出版社的编辑们，他们为本书的出版做了大量细致的工作。

还有许多为开展断病提供条件、设备、资料、参与我的断病工作的黄丛林、刘伟成、陈东亮博士等同仁，帮我释疑的好友，支持我写作的家人，也都在应感谢之列，限于篇幅，不再一一列出。

"断病"在《温室园艺》上发表，始于2010年4月，到目前共出版了80期。我觉得这个栏目能坚持发表下去并不容易。

首先应想到的是写什么专题可以连载下去。一次我在整理资料时，翻阅了存放的工作日记，看到了我20世纪80年代在北京郊区开展病害调研的记录。觉得里面有关诊断植物病害的一些记述以及保存的图片资料，可以作为写"断病手迹"的素材。还认为用"手迹"的形式撰稿一方面可以让读者知道这个病害发生的情况、被鉴定病害的特征以及病害的防治方法；还可以写出我断病的工作风格、思路和鉴定的具体方法，比干巴巴地一个个介绍病害可读性强；而《温室园艺》是图文混排，不仅更方便读者理解内容，还可以给读者美的享受。因而确定撰写这方面的内容进行连载。

"断病"写的内容包括了我学习、研究的过程，从不知到知或略知。只要是涉及这方面的事情都可以写。但是，写了40来篇的时候，就好像没的可写了。一是，更多的断病记录以及图片一时找不到；再就是有一些病虫害不属于温室园艺，不好放在这本杂志里发表。但是，退休后我一直没闲着，除了作为几个蔬菜基地的顾问，还担任12396、12316农村生产技术服务热线的咨询专家。经常会遇到有关设施园艺病虫害的诊断工作。加上后来我还在北京农林科学院植物保护研究所及农业生物技术研究中心帮忙，也具备开展病虫害鉴定的工作条件，我就利用这些资源，得以将"断病"的撰写延续下去。

在撰写中遇到的第二个问题就是当初的工作日记记录不是很细，有些人名及细节已记不清楚。但是这并不重要，只要文章把事件说清楚，不违事物的科学性才是重要的，为了将事情说清楚，应当允许做出些演绎。至于人名，我觉得在事件中如果都用真名容易带来麻烦，所以都被隐去，多用"xx技术员""xx先生""xx经理"等带过。

在撰稿的过程中，我始终都关注着文章的"三性"，即：新颖性、科学性、实用性。在这里所谓新颖性，是指故事新。即除了病虫害发现过程和鉴定的思路都是新的外，推荐的防治方法也不能落后。我是学植物病理的，诊断病害、特别是真菌病害还知道一些。但是生产上遇到的问题是多方面的，遇到虫害和农药问题，除了查阅资料，还得拜昆虫、农药专家为师（如本书提到的石宝才老师）。其中甚至包括一位在密云区销售农资的门店经理高华先生，他对新农药行情很熟悉，在他们的帮助下，我提出的防治方法才能跟上生产发展的步伐。

所谓的科学性是指报道的内容是真实的、正确的、符合客观规律的。为了做到这点，我在断病时都会对拿到的病、虫过过手，不光是拍下症状，还要测量一下病原菌的大小，有条件时拍几张显微照片，利用photoshop把它合成一张具有代表性的病原图。因为症状是表象，病原才是本质，只有观察记载了病原心里才踏实。此外，在文章中涉及的病虫害名称，我一般要注出它的拉丁学名。因为有些病虫的中文名字叫得很乱，注出拉丁学名，才会做到准确无误。

所谓的实用性，就是使读者有用。不光是思路、操作的方法有用，还尽量写出病虫害的防治方法，帮助读者解决好谈到的这个问题。

本书收录了大约500张图片。时间跨度从1961年到现在，前后共50多年。开始的断病时候还没有彩色照片，更没有数码照片。在我保存的照片中，不少是黑白照片、彩色负片及反转片；到21世纪初才有了现在流行的数码照片。但是，断病稿件需要图文并茂，投稿时需要电子版，我只好用扫描仪、数码相机、胶片时代使用的那种幻灯机以及自己动手制造的专用设备，将它转成数码照片，压缩后嵌入文中。尽管如此，还是有许多丢失的，给今天留下了不少的遗憾。

"断病"文章在《温室园艺》上的发表是随机的。即想起一件发表一篇。这次集中出版，做了些调整，即按照时间顺序重新编排了一下。客观上可以反映出我的工作历程及成长的过程。

"断病"的稿件中也有失误。其一是混进了几篇不属于温室、园艺的病害，开始时因为审稿人比较宽容，认为介绍的内容在《温室园艺》里可以借鉴而没有被删除。但是，这些和温室、园艺不沾边的文章毕竟不是《温室园艺》中应出现的内容。作为作者应当严格遵守约定，从2015年起，杜绝了这种情况。

限于本人在退休前，分子病理学刚刚兴起，因此在我的"断病"文章中，使用的极少，应当说是这本书的一大缺憾。另外这些文章，采用的都是口语化的文字，虽便于非专业人员的阅读，但是，这样一来文中有时插入的一些与主题无关的过程，浪费了篇幅。书中恐怕还有些错误或不当的地方，虽然有些在编辑帮助下得到纠正，但是恐怕还有遗漏，希望能够得到读者的谅解。也恳请广大读者能够指正。

时间真快，不觉我将步入老人行列。我不知道这些科学实践何时结束，但是，只要条件允许，我还想将其作为一种乐趣，继续下去。

李明远

2017年3月

Contents

目录

Example *1*

诊断葡萄水罐子病

在我大学学习的期间，有一段时间在北京南郊团和农场实习。这个农场很大，除了种植上千亩的水稻以外，还有一个3 000亩（200hm²）的葡萄园。老师让我在葡萄园熟悉生产的同时，对葡萄白腐病（*Conithyrium diplodiella*）做一些调查研究。

团和农场那时应当算是一个劳改农场。有一部分刑满释放人员在里面就业。葡萄园里负责生产的满技术员，也是个刑满释放人员。别看他判过刑，但是，人很聪明。我在那里前后呆过两个夏天，学了不少知识。但是，我们也经常会有些争论。

1961年的一天，满技术员从葡萄园回来，对我说："你发现没有，今年的葡萄白腐病发生得很严重。特别是你搞试验的那块地，病穗极多"。我知道后，立刻去试验田看了看。觉得情况和满技术原说的不一样。白腐病确实有发生，但并不是很多。发生多的是另一种毛病。这种毛病以前也见过，它只发生在果穗上，病穗多半是表皮变松、变软，里面的果肉不多，成了一包酸水。

回到生产办公室，我就对满技术员说："我看过了，但大部分不像典型的白腐病。"满技术员却说："那就是葡萄白腐病。白腐病的症状比较复杂，严重时果穗会腐烂。在轻的时候病菌破坏了输导组织，影响了营养的输送。结出的果就成了'水罐子'"。我相信满技术员的经验比我多，也没有和他争论，但我心里总觉得不踏实。

说实在的，"水罐子"这个词儿我还没有听说

过。为了搞清这个病害，第二天我对发病田进行了一次比较细致的调查。调查完，觉得这个病确实是比较复杂。患病的果穗有以下四种症状：

1. 穗轴及小果梗均未见异常，穗尖的果粒呈"水罐子"状（图1）。

2. 果穗小，果梗部分干枯，穗尖果粒呈"水罐子"状。

3. 果穗穗轴及小果梗全部干枯，但果实外皮仍完好。果穗上半部果粒较松，下部果粒色淡，果皮呈萎蔫状。

4. 果穗主轴以及小果梗全部或部分腐烂，外皮破裂，湿软。其上有或无小粒点，有时果粒上也有小粒点，有时果粒脱落，穗尖果粒呈"水罐子"状（图2）。

我想，要证实这4种情况都是葡萄白腐病，必须对

图1 葡萄"水罐子"病 图2 葡萄白腐病病果穗
果穗

图3 第1种症状的葡萄果柄在PDA培养基上培养后，仅在组织周围出现一些渗出物

图4 第4种症状的葡萄果柄在PDA培养基上培养后，长出了大量的分生孢子器（黑点所示）

有这四种症状的果穗取下来，进行组织分离。如果都能分离到白腐病菌就证明了满技术员的结论。于是我在返校前将它们采下，分别用废纸包起来，回到学校的实验室进行分离培养。

分离的方法是在各类型病穗轴上分别取9块组织，经75%的酒精浸泡0.5min，再用0.1%的升汞消毒2min。最后用无菌水漂洗三遍（每遍历时3~4min），然后放在PDA培养基上进行培养。

分离工作进行的还比较顺利，两周后结果出来了。第1种症状的病穗上只在果病的周围有一些渗出物（图3）。第2、3种症状长出了一些菌落，经鉴定是一些腐生菌，主要是曲霉菌（*Aspergillus* spp.）；还有两块组织上长出了茎点霉属的一种菌（*Phoma* sp.）；只有第4种症状，在10天后菌落里长出了"小粒点"，经鉴定是葡萄白腐病。说明在这4种症状里，只有长有"小粒点"的第4种情况才是由白腐病菌引起的（图4）。

我把结果告诉了满技术员，他也比较信服，说："这小伙子还挺认真的"。我的试验证明了"水罐子"有别于白腐病。但是，"水罐子"是如何得的还是不知

道。他希望我能帮他们找出发生"水罐子"的原因和防治方法。但是，解决这个问题，对我一个还没毕业的大学生来说，能力有限，以后也没有再关注这个问题。

1965年我在中国农业科学院植物保护研究所工作期间，跟北京农业大学的陈延熙老师走得比较近。常在一起聊天。一次他问我最近有什么文章发表。我很惭愧，说没有。他认为从参加工作开始就应当抓住生产上的问题经常写点东西。这不光是关心生产，更是对自己的知识的不断总结和积累。在他的督促和帮助下我将上面的这件事儿写成一篇短文，题目就叫："葡萄水罐子"，作为我的处女作，发表在《植物保护》第三卷第五期176页上。

现在葡萄"水罐子"的发病原因已经被后人搞清楚：

该病是因树体内营养物质不足所引起的生理性病害。结果量过多，摘心过重，结果的有效叶面积小，肥料不足，树势衰弱时发病严重；地势低洼，土壤黏重，透气性较差的地块发病也重；氮肥使用过多、缺少磷钾肥时、成熟时土壤湿度大，诱发营养生长过旺，新梢萌发量多，引起养分竞争，发病较重；夜温高，特别是高温后遇大雨时发病重。

而且防治方法也搞清楚：

1. 注意增施有机肥料及磷钾肥料，控制氮肥使用量，加强根外喷施磷酸二氢钾和"天达2116"等叶面肥，增强树势，提高抗性。

2. 适当增加叶面积，适量留果，增大叶果比例，合理负载。

3. 果实近成熟时，加强设施的夜间通风，降低夜温，减少营养物质的消耗。

4. 果实近成熟时停止追施氮肥与灌水。

5. 加强果园管理。增施有机肥和磷钾肥，适时适量施氮肥，增强树势；及时中耕锄草，避免土壤板结。

6. 合理调节果实负载量，增加叶片数，尽量少留二次果。

7. 合理进行夏季修剪，处理好主副梢之间的关系。适当多留主梢叶片，因主梢叶片是一穗果所需养分的主要来源，在保证产量的前提下，采用"一枝留一穗果"的办法，以减少发病，提高果实品质。

8. 干旱季节及时灌水，低洼园子注意排水，勤松土，保持土壤适宜湿度。

9. 在幼果期，叶面喷施磷酸二氢钾200~300倍液，增加叶片和果实的含钾量，可减轻发病。

这些新成果，进一步证明我当初的试验是必要的、可信的。■

Example 2

颐和园里的白粉菌新种

大学毕业，我被分配到中国农业科学院植物保护所，做了一段植物病害的"基本调查"（即研究各种植物病害的种类、分布、危害及发展趋势）。对于"基本调查"这项工作，不少人都看不上眼。一位年长我几岁的同行对我说：在科研部门就要当专家。"基本调查"成不了专家，不干最好。而我却十分投入，无论走到哪里，都想看看有没有新的病害出现，就连假日游玩也不例外。

1963年的国庆节，我和几个同事到北京颐和园游玩。无意中在颐和园的后山发现了一种寄生在豆科小灌木上的白粉菌。它有着紧贴着叶面的闭囊壳，上面覆盖着棉絮状菌丝，与常见的白粉菌很不一样。就将它采了下来，带回实验室在显微镜下鉴定。但是，因为采到的菌量较少，鉴定工作没能进行下去，仅画了一个草图，记下了采集的日期和地点，就将它搁置到一边了。

11年后，我在北京市农林科学院植物保护研究室工作期间，想把我在北京收集的白粉菌整理出来发表。觉得应当把1963年在颐和园发现的那种白粉菌收在里面。经过一番查找，发现当时画的草图及简单的记录还在，但是标本在哪里已不得而知。另外，仅靠这么一点蛛丝马迹，是无法将这个菌写进我的这篇文章里去的。可是没有这个菌，还真有点可惜。经过一番犹豫，最后我决定在下一个国庆节，再到颐和园的后山走一趟，或许还能采到这个白粉菌。

1975年10月初，我为此一个人来到颐和园的后山。根据回忆，慢慢地走着、看着。但是，一个小时过去了，我一无所获。这时我觉得自己有点荒唐、可笑，十多年前的事情，怎么可能再现呢？正当我准备打道回府的时候，我突然发现一处寺庙的遗址，使我联想起来十多年前的那个白粉菌就是在这附近采到的。看来过去的一个小时，没有找对地方。

我沿着遗址旁的小路察看着，真是功夫不负有心人，我居然在路边找到了那种豆科灌木。看到了生长

图1 园林植物锦鸡儿的花枝（引自：汪劲武等《常见野花》）

在它叶片上的白色菌丝。当时我高兴至极，感觉好像奇迹，真不敢相信自己的眼睛。直到我将采到的七八个病叶小心地夹在简易标本夹中，写上采集地点及日期时，这才感到不会有假。我怀着喜悦的心情，又在附近几乎是地毯式地寻找了两遍，但是，再也没有能够找到一个病叶。不过采到的这几个叶片上的白粉菌，已足够我鉴定使用了。

回到研究所，我便开始对这个病菌进行观察。根据病菌附属丝的分枝情况，可以认为它属于叉丝壳属。但是，是哪个种就不得而知了。要把这个菌搞清楚，首先要把它寄生的寄主搞清楚。从开的花来看，属于蝶形，应当是一种"豆科杂草"。我到院图书馆找出《植物图鉴》查对了半天，也没有搞清楚。最后，还是中国科学院植物研究所的关克俭老先生帮我鉴定了出来。原来这是一种豆科灌木：锦鸡儿［*Caragana sinica*（Buc'-boz）Rehd.］，属于一种落叶灌木，是盆景栽培常用的一种桩材（图1）。

这时，我开始对采到的这个白粉菌进行鉴定。

开始，鉴定工作进行得比较顺利，从附属丝末端的分枝情况来看，属于叉丝壳属（*Microsphaera* sp.）。但发现这个白粉菌十分奇特，它有极长的附属丝，其长度是子囊壳直径的10多倍；而且，附属丝末端的分枝的次数极多。难怪粗看起来，像是一小团棉絮（图2、图3）。为了搞清它到底是哪个种，我在自己的实验室测定了病原菌的闭囊壳、附属丝、孢子囊、子囊孢子的大小，统计了子囊、子囊孢子数目及附属丝顶端分枝的次数。利用我们研究所新进的一台能使用胶片摄影的显微镜拍了一些病原菌的照片（图4、图5），还使用显微镜描绘器绘制了病原图。我跑到本院、本所、中国农业科学院以及该院的植物保护研究所图书馆查阅资料，对照采集到的病菌，在实验室内反复鉴定。

几个月过去了，到底是哪个种，还是不得而知。但是，经过这一番折腾，我知道中国科学院微生物所的余永年先生是白粉菌分类权威，要想搞清它是哪个种，可以求教于他。于是，我将手头收集的所有资料及"北京的白粉菌"初稿都带了过去。

余永年先生十分热情地接待了我。看了我在鉴定时给这个菌拍的显微照片和初步的描述，认为这有可能是一个新种。但是，作为新种的发表，光靠我手头的这些资料，还远远不够。必须把目前世界上所发表的类似种搞清楚。如果确实没有我们所见到的这个菌，才有可能是新种。

我一听就傻眼了。我们一个地方性的研究所，到哪里去查全世界科学家发表的新种呢？就对余先生说：如果您要有时间，这些材料交给您，把它鉴定出来发表，我们引用就可以了。结果他不答应，说：为这个菌你已经做了不少的工作，不就是搞清楚是否

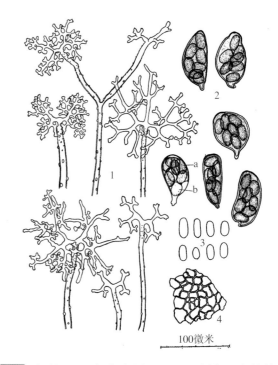

图2 长丝叉丝壳作者原图：闭囊壳与附属丝墨线图

图3 长丝叉丝壳作者原图：1.附属丝分枝情况；2.子囊；3.子囊孢子；4.闭囊壳壁细胞；a.子囊孢子；b.油球

表1　李明远发现的长丝叉丝壳白粉菌与蝶形花科中具有长附属丝种比较

比较项目		长叉丝壳	黄芪叉丝壳	鲍姆叉丝壳	鱼鳔槐叉丝壳	大戟叉丝壳	格尔叉丝壳
子囊壳直径/μm		99~158	100~121	99~125	100左右	80~120	98~124
附属丝	子囊壳直径的倍数	5~10	4~10	3~10	3~8	5~9	8~10
	分叉次数	3~8	0~3	1~3	2~4	3~4	2~4
	末端特征	不反卷	不反卷	不反卷	反卷	不反卷	反卷
子囊	数目	8~24	5~12	6~12	6~20	4~8	4~8
	大小（m）	（61~92）×（30~54）	（52~65）×（30~38）	（50~70）×（30~40）	（50~70）×（25~40）	（35~40）×65	（50~70）×（30~40）
子囊孢子	数目	6~8	3~6	2~6	2~6	4~6	4~6
	大小（m）	（17~27）×（9~14）	（20~23）×（10~12）	（17~22）×（9~12）	（18~23）×（10~14）	20×10	（20~25）×（10~14）
寄主植物		锦鸡儿	黄芪属	蚕豆属	鱼鳔槐及直立黄芪	黄芪属大戟属	金莲花毛金雀花

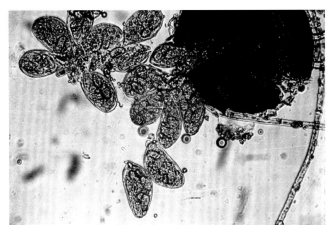

图4　自长丝叉丝壳子囊壳中散出的子囊

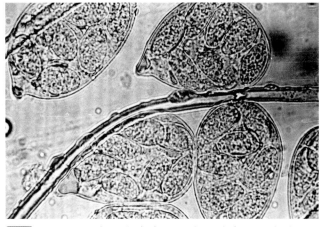

图5　长丝叉丝壳子囊壳中的子囊及其中的子囊孢子

有人发表过吗？我可以帮你。余先生耐心地介绍了按照国际真菌委员会的要求，发表新种都需要查哪些资料，就连到哪里去查资料都说得一清二楚。鼓励我独立完成这项工作，并告诉了我描述白粉菌的具体方法。

经过余永年的指教，发现自己以前做的工作都不符合要求，必须推倒重来。我又跑了几家图书馆，查阅了他指定的文章和书籍，重新计测、描述、描绘了这个白粉菌（图2、图3）。通过查阅《真菌索引》和一些相关的真菌志，我知道了当时国际上发表的类似的种有5个种，并将这5个种和我发现的这个种做了个比较（见表1）。认为，在颐和园锦鸡儿上发现的这个种，确实是个新种。

大约过了半年的时间，我又带着这些资料去拜访余先生时，他告诉我这确实是一个新种。不过，要作

为新种来发表，得为这个菌起个适合的名字。还要用拉丁文对这个菌进行描述。最后，还是余永年老师建议我将这个真菌定名为"长丝叉丝壳（*Microsphaera langissima* M. Y. Li）"，并帮我将对病原菌的描述翻译成拉丁文。在看到定名人中仅写上了我一个人的名字时，觉得这很不合适。提出将余永年老师写为第一个定名，但是余老师坚决不肯，说事情是你做的，今后有了问题你还有责任。

后来，这个菌发表在《微生物学报》第7卷第2期（1977）上，又被收入《中国真菌志》第一卷白粉菌目（1987）一书中。

通过对这个菌的研究，我受益匪浅。不仅知道了如何开展这类病害的鉴定，如何发表新种。更重要的是从余永年老师那里知道了如何做一个严谨的科技人员，如何做人。■

Example **3**

小麦腥黑穗病

1969年，我所在的中国农业科学院植物保护研究所奉命搬迁。开始地点选在属于洛阳地区的新安县。那里应当属于当时的三线建设范围，由农业部领导的生物研究所建在那里。有一种说法，将来我们中国农业科学院植物保护研究所要与生物研究所合并。我作为搬迁人员，1969年底到达了在建设中的生物研究所，任务是看摊，包括搬运、看管陆续到达的仪器、物资，参加政治学习。

那里虽然偏僻，但是环境不错，我们的办公区和宿舍是在一条河的河湾上，三面环水，南北都有山麓。不大的耕地上种植着（有些可能是自然生长出来的）果树、蔬菜和大田作物。

我们这些正处在30多岁的科技人员，整天过这样的生活，学业都耽误了，很不甘心。心想既然到了这里，何不下点工夫，对当地病虫害发生的情况做些调查研究。

此时已是1970年的夏天临近麦收季节（图1），我和病害室的谢老师商量，去县里看看小麦的病害。但是，我们初来乍到，情况很不熟悉，需要县农业局的同志帮助。和他们约好日子，我们就出发了。

那时，交通不便，我们起了个大早，步行到县里。县城有一条不宽的街。不下雨时地面一层土，大家称其为"洋（扬）灰马路"，下雨满街泥泞，称其为"水泥大街"。但是，那里的县农业局干部很好，

图1 河南省新安县当年即将收获的小麦

图2 在病穗上小麦腥黑穗病病粒着生的情况

很愿意陪我们去看麦子。陪我们的这人姓杨，他们也没有车，我们乘了一趟路过的公交车，向北走了一小段，下车后全靠步行。虽然比较辛苦，但是，这里地质奇特，引人入胜。印象最深的是我们要穿过一个山沟，整个沟有4~5m宽，弯弯曲曲，像是在一块大石头上由水冲刷而成。三面石壁光溜溜的，上面有着红白黑相间的纹路，十分奇妙。

出了沟，爬上了一座很高的石山，杨同志不走了，说先歇歇。他一面擦着汗，一面用草帽扇着。指着对面对我们说，看见没有，前面那个村就是我们的目的地。我顺着他指的方向望去，是不远，村民养的鸡都能看清楚。但是要过去却不容易，前面一条大深沟挡住了去路，要下到沟里再爬上去，才能到村里。农业局的干部说，他要用"土电话"定一下午饭。就见他登到高处，双手捧着嘴，扯着嗓子就喊起来："卢支书……"过了一会儿看见对面村里走出一个人也对我们喊："是县里的吗！几个人？"。这边喊："三个"。杨同志对我们说"行了，联系上了。"我们就开始翻沟。大约又过了一个多小时，才到达村里。

他们这个村虽然较高，但地势相对较平。房前屋后种了些土豆、菜豆、小白菜等等。远处的台地上，有着一片片已经黄了的麦地。卢支书四十多岁，热情地将我们让到屋里，顿时觉得凉快多了。老杨同志将我们介绍给他："这是中央农科院的专家，是特地来看麦子的。"

支书握住我们的手说："稀客、稀客。太谢谢党中央了"。接着又说："今年的麦子全瞎了，还看个啥？"杨同志说："让他们看看一是给咱们向上反映反映，再就是给咱出主意，可以知道以后再有这情况该咋办。"卢支书说："那就太谢谢了。这样，时间不早了，再派饭也来不及了，您们三个中午就在我家吃饭。在吃饭的时候您们也歇歇脚，麦地也不远，回去时顺路就能看了。"

午饭中我们向卢支书了解了麦子出的问题。初步知道发生的是小麦腥黑穗。这个病在上学的时候老师讲过，但是没有见过。饭后，付了钱（当时下乡有这样的规定）就下了麦地。老远看去，这里麦子长得不错，黄灿灿的，麦粒也比较饱满，就是麦芒有些向外炸着，看不出有什么大问题。但是掐下几个麦穗，就发现麦粒略小，有些发黑，有一股腥臭味（图2、图3）。用手一碾，麦粒就破，散出大量的黑粉。我们见过小麦的散黑穗，一般是东一棵，西一棵的，而这块地里的小麦腥黑穗，好像是棵棵都是这样。我们又看

图3 当时采下的病、健小麦穗比较

了几块地，情况是有好有坏。但是，都有病穗，不仔细看，往往被忽略。

接着我们又看了打麦场。这里打麦子的方法还比较原始。没有脱粒机，将运到打麦场的麦子，先晾晒几天。然后在麦场上散开，让一头小毛驴拉着石磙子在上面一圈一圈地压。经过一段时间，当麦粒都脱落后，将麦秸挑开收起落下的麦粒，用簸箕簸掉麦皮、麦颖装入麻包中。可以想象，混有病粒的小麦经过这番折腾，生病的麦粒会散出黑粉，将健康的麦粒污染得一塌糊涂。而且，在整个村里只有一两个像样的打麦场，一家用完，下一家再用。这样病害会通过这个打麦场，很快地被传开。我们在打麦场也看到，打麦场地面和打过的麦秸都是灰的，压麦子石滚子是黑的，打麦人满脸黑灰，特别是眼圈鼻孔及蒙在鼻子上的手巾都是黑的。

我们问他，种植的种子是哪里购买的。他说大多是自己留种。起初也是县里推广的品种，但再买种子得再花钱，所以一般都是自己留种。也就是从自己的麦田中选一块长得比较好的去去杂，收下单藏，第二年接着种。我们又问了近几年腥黑穗发生的情况。他说比较少见，去年只有个别的户有这种黑麦粒，当时

没在意。今年就成了这个样子。

和我同去的谢老师是麦病专家。他说，腥黑穗大多数都是不注意发生起来的。他问老杨同志今年新安县腥黑穗病发生的情况如何？他说，听说还有几个村反映过，但是，都比较远，还没来得及去看。希望我们就此情况，给讲讲如何防治？

谢老师说：实际上这种病比较好防，只要做到秋播的小麦种子不和病菌（黑粉，即厚垣孢子）接触，明年就不会得这个病。但是实际做起来也不容易。

首先考虑的是能不能换换茬，即今秋不种小麦。与油菜、大豆、马铃薯、红薯、烟草、蔬菜、苜蓿等非禾本科的作物倒倒茬，再种小麦就没事儿了。

如果不行，应当换种，即使用无病区收下的麦种。如果还做不到可以选无黑穗病的田块，单收、单打，并对留下的种子使用农药进行消毒。即用种子重量0.3%~0.5%的50%福美双可湿性粉剂拌种。像这样的重病田最好采取药剂拌种加土壤处理双管齐下的办法。处理土壤每667m²可选用40%五氯硝基苯1.5kg，兑细干土45~50kg，搅拌均匀后制成毒土，随肥均匀撒入地表，然后耕翻播种。以后再种麦时，应及时拔除病株；严禁在病区自行留种、窜换麦种及从病区引种。

再有就是在栽培上要采取一些措施。例如：播种时要注意土温和湿度，让小麦迅速地出土。咱们种的是冬麦，播期不能太晚。病菌侵入幼苗的最适温度为9~12℃，土温较低一方面利于病菌侵染，另一方面由于麦苗出土较慢，又增加了病菌侵染的机会。土壤湿度对腥黑穗病的发生也有影响，持水量40%以下的土壤对孢子萌发较为有利。此外，播种时覆土过深，不利于麦苗出土，增加了病菌侵染的机会。

粪肥带菌也是传播病害的主要途径，用带菌的打场土、麦衣、麦秸、带菌杂草等积肥，或用带菌麦秸、麦麸喂牲畜，病菌会通过牲畜的肠胃，随粪便排出，粪便仍具有传染能力；病害也可通过土壤传染。所以，不要使用带有病菌的肥料，也很重要。

有材料介绍，播种时用硫胺等速效肥作种肥，每公顷用硫胺22kg，掺5倍细土，混匀后与麦种一起播下，也可获得良好的防病效果。

再就是收割前后要采取措施，开展防治。①零星病区拔除病株：6月的上中旬，小麦腥黑穗病发生症状比较明显。发现零星发生田块，可拔除病株，加以集中烧毁。②轻发病田，要剪除病穗烧毁，并单收单打，烧毁病麦秸、病麦糠等一切病残体。食用时将病麦通过水漂法将病粒捞出后，进行深埋处理。③重发

病田块应将小麦割下，集中焚烧或深埋处理。

最后，谢老师说："您们可以商量一下，因地制宜地采取一些措施，这个病还是可以防治的。"

卢书记听后非常高兴。说："您说的我都记住了。就是您说的那两个农药不知道咋写？谢老师从书包里拿出张卡片，写上后递给了他。卢书记还说：刚才老杨同志介绍说你们是从中央来的，是不是能把我们这里的灾情向党中央反映一下？"

老杨同志说："你们村的情况县里也知道一些，这次我跟着来，了解得更清楚了。我们农业局会逐级把灾情逐级向上反映。"然后他对我们说："我知道您们两位目前实际上就住在咱们县里，以后要是有机会回北京，应当为我们老百姓呼吁一下。"

谢老师说："在我们的任务中，更多的是帮助大家防治好这个病害。实际上我们就是在北京，见到中央领导人的机会也很少。看机会吧，我们一定记住这件事儿，有机会就呼吁呼吁。"

卢书记连声说谢谢，谢谢。一直送我们到村口返回县里的大道上。

我这次收获不小，一是我首次见到如此严重的小麦病害。关于小麦腥黑穗病的危害性，在一本英文版的植物病理学的书上有过记载，上面还登载着一张照片，显示了收获病田时，联合收割机拖带的黑烟状的孢子云。我想这里如果也用此法收获，孢子云定会重现。二是我采了不少的小麦腥黑穗的标本，为我认识它提供了不少试材。

回到新安县的驻地，在显微镜下观察了我们采到的腥黑穗的病原孢子。进一步知道了这里发生的是网腥黑穗病［*Tilletia caries*（DC.）Tul.］（图4）。■

图4 小麦网腥黑穗厚垣孢子的形态

Example 4

疑似黄瓜霜霉病菌卵孢子的观察

1966年前，我在中国农业科学院植物保护研究所从事"植物病害的基本调查工作"。其任务是收集、整理、调查全国植物病害的种类、分布、发生情况，分析未来病害发展的趋势，为指导植保科研和病害防治积累基础资料。

1969年，因为单位搬迁来到河南省新安县，所有的仪器被打包封存，这项研究就被搁置了。

我这个人是待不住的，有了时间，就迷上了摄影。每到周日，就用我花了187元买的一台"上海4型"120双镜头照相机给同事及其孩子们照相。为了省钱，我将单位分配给我的居室内的厨房改造成暗室。里面有一台自制的放大机（图1）。那时，我只要有时间就没黑夜白天地在这间暗室里折腾起来。我放大出的照片，绝不比县里照相馆洗出的差。

我和谢老师下乡进行的小麦腥黑穗病考察，给我最大的一个启发就是利用这段时间调查一下新安县城郊的植物病虫害的基本情况。不光是为科研工作积累一些资料，有条件时还可用调查中收集到的资料出一本图册。

说到出图册，这想法实际上我在北京农业大学（今为中国农业大学）读书时就有。我曾在校图书馆见到过一本十分精美的法文版病害图谱，从那时起，就产生了出一本中国的病害图册的想法。

开展植物病害的基本调查所需的条件并不复杂，能有一台显微镜、照相机和一些常用试剂，就可开展工作。

如前所述，拍照、冲洗照片的条件我不差，所差的就是显微镜。我找到管植物保护研究所搬迁器材的戴老师，请他查了一下到货的装箱单。发现我们病害研究室的部分仪器已经运来，在48号箱中就有两台显微镜和一台解剖镜。不过这个箱子，被压在底层，要拿出来，还要费一些劲。在请示了主管我们这一摊的刘主任后，找了几个有劲的年轻人，将第48号箱从下面翻了上来。打开一看，除了显微镜和解剖镜都在里面，还有一些采集、鉴定病害需要的标本夹、显微描绘器及试剂。有了这些条件，就可以工作了。

实验室就设在分配给我那套房子的起居室里。有空就背上我的上海4型相机开展调查。但是，我的上海4型最近拍摄距离是1m。拍一些大场面还可以胜任，要拍病害的标本，就有了问题。即这种相机不能近摄，拍到的病叶、病果都很小，放大后会变模糊。但是我知道，在这种相机的镜头上加个凸透镜，即可延长焦距，进行近摄。后来我找到一副废弃了的老花镜，经过改造，解决了近摄的问题。

由于我的120相机使用的胶卷每卷只能拍12张，不像现在的数码相机，可以放开来拍摄。我就开始琢磨如何降低成本的问题。后来发现把我放在暗室里的放大机聚光镜和灯箱取下，换上裁成1/16的8×10的负片，利用电源开关控制光亮和曝光时间，就成了一个小型翻拍台。将病叶、病果采集回来，在晚上进行翻拍，使拍照的成本下降了一半还多。

鉴于当时彩色照片还不普及，得到的都是黑白照

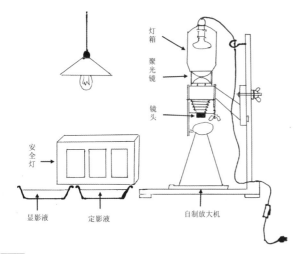

图1 笔者用厨房改造成的暗室设备安排示意图

图2 用透明水色着色后的黄瓜霜霉病症状照片

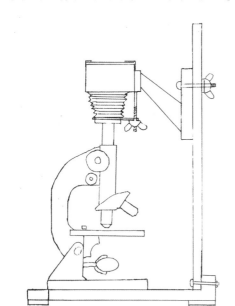

图3 笔者拍摄显微照片的简单设备示意图

图4 利用自制的辅助设备获得的黄瓜霜霉病菌孢子囊梗及孢子囊显微照片

片，记录病害的形态和质感的变化还可以，而颜色的变化反映不出来。这时我想到照相馆里为人像着色的"透明水色"，托人从北京买了一本，试了试还行。虽然不如用墨线图加透明水色划出透亮，但是比黑白照片要真实多了。而且这种彩照，色彩稳定，至今不变（图2）。

通过拍摄照片，记录病害症状的问题解决了。但是病原菌的图像，仍使用显微镜描绘仪一张张地描绘。当时我使用的显微镜是一个直立单筒显微镜，白天用自然光观察，晚上用台灯光观察。一天晚上观察时，我发现灯光可以从下往上通过凹面反光镜、物镜及目镜打在白纸上，并在纸上留下一个模糊的影子。

我将那张白纸换成毛玻璃，在毛玻璃上可以清楚地看到在显微镜里看到的病菌图像。根据这个发现，我将显微镜搬到暗室里，放在摘下镜头的小型翻拍台上，接上显微镜的目镜，这样就把放大机改成了一台简易的显微照相机（图3）。

至此，一个"基本调查简易实验室"建立了。这个实验室虽然有些简陋，但助我完成了近一年的新安县城郊病害基本调查。

在这一年中，我记录了一百多种植物病害，并将其中一百种病害的症状病原图片整理成册。其中最值得一提的是黄瓜霜霉病菌疑似卵孢子的发现。

在新安县中国农业科学院生物研究所的楼前不远

的地方，有一个职工菜园，里面种植了不少的蔬菜。有黄瓜、南瓜、番茄、辣椒、茄子和一些叶菜。这些蔬菜不光是为我们食堂供应了食品，也成了我调查资料的主要来源。就是说，这个菜园为我提供了不少病害标本。

1970年6月的一天，我在这个菜园里调查，发现种植的黄瓜叶片上出现了很多黄色多角形的叶斑。翻开叶片，在叶背还可以见到不少黑霉。一般靠近植株上面的叶片，病斑较少，到中部病斑就多了起来，到了下边不少的叶片枯死，卷成一团。很像我在北京农业大学上学时，老师讲过的黄瓜霜霉病 [*Pseudopernospora cubensis* (Berk'& M. A. Curtis)]。黄瓜霜霉病这个病以前也见到过，但是这么严重，我确实是第一次见到。

这时我改造的120相机发挥了作用，不光可以拍摄整个病株，加上近摄镜片，还可以拍到病叶的特写。虽然是黑白的，但是通过透明水色着色后，还可以反映出病叶的特征（图2）。

有了症状照片，我又想如果能有病原菌的显微照片就更好了。我采集了一些病叶，带回家里，在显微镜下进行观察。我先是用水作浮载剂，看到了孢子梗和分生孢子（图4），确认了它就是黄瓜霜霉病。后来，我又用乳酚油将叶片病部透明，观察病菌在叶片组织里侵染的状态。就在此时，我发现在黄瓜的枯叶里，有很多类似谷子白发病卵孢子的东西，只是它的颜色不如谷子白发病的黄。我认为它就是黄瓜霜霉病的卵孢子。我将这些玻片都留了下来，晚上利用我改造的显微摄影设备，对这些病菌一一进行了拍照（图5、图6）。

在后来召开的一次中国植物病理学会的年会上，有位先生说：到目前为止，世界上还没有关于黄瓜霜霉病有性世代的报道。而且举出了一篇俄文文献，证明他的这种说法。这使我想起了在新安县拍到的黄瓜霜霉病的卵孢子。认为他说的恐怕有问题。可惜在当时的环境下，没有条件对它进行深入的研究和发表出去。由于以后也没有再次见到过黄瓜霜霉病的卵孢子，仅仅留下这几张显微照片。不过至今还对我在新安县的发现深信不疑。■

图5 用自制的显微摄影设备，拍到的多个黄瓜霜霉病疑似卵孢子

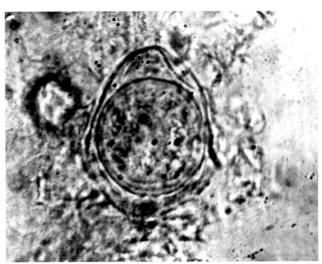

图6 放大后黄瓜霜霉病疑似卵孢子

Example **5**

鉴定黄瓜枯萎病

　　1971年，我被调到北京市农业科学所蔬菜研究室工作。按所里规定，要经过1年的生产实习，才能参加课题的研究工作，以便熟悉生产为科研工作打好基础。生产实习的地点就在研究所附近的四季青公社西冉村大队第三生产队。

　　根据要求，我们需吃住在生产队，参加队里的生产活动，尽可能地参与和自己有关的专业工作。

　　3月的北京天气还比较冷，许多处于育苗阶段的蔬菜大都定植在阳畦里。阳畦这种设施是在向阳的地方挖一个深约1尺（33.33cm），大小8m×10m的长方形土坑，上面盖上镶有木框的玻璃。在阳畦北面夹起一道风障挡住寒风，夜里在畦面上覆盖厚蒲苫（图1）来保持畦内温度。阳畦里除了种植黄瓜、番茄、茄子、辣椒等果菜类幼苗外，还种植了一些花椰菜、甘蓝等叶菜类蔬菜幼苗。由于阳畦搭建费工，所以通常会连用几年，容易出现重茬。

　　刚到生产队时，我们主要就在阳畦里干活。常干的工作包括移栽、浇水、开缝、打药、清洁玻璃和绷苫（将蒲苫绷起，盖在玻璃框上）等。随着天气转暖，我们干活的地方也发生了改变。有时会离开阳畦，在露地或改良的阳畦（北面有土墙，南面有玻璃的拱棚）内干活。

　　5月下旬我们发现定植在改良阳畦里的山东大刺瓜出现了几棵死苗。死苗的植株先是中午打蔫，然后逐渐枯死。经调查，该阳畦内的死苗率达2%。因为我在队里兼管植保工作，所以我将枯死的植株拔下来

图1 西冉村大队第三生产队育苗使用的阳畦

图2 在改良阳畦里的黄瓜枯萎病株（左）

图3 病株腐烂的部分会凹陷，在上面附着一些粉色的霉层

洗净，进行仔细观察，初步断定病株根部没有问题。但是病株自子叶向上的茎里维管束变为褐色。若病情不再发展，单是这些死苗问题还不大，但是到了6月中旬，畦内死苗数量多了起来，达到6.7%，这时候黄瓜已长到1m左右，不少植株已经结瓜却突然死掉（图2），十分可惜。生产队的董队长让我们想办法进行防治。因此我又到改良阳畦里对死掉的病株进行观察，发现不少植株的茎部有一条自下而上的坏死区，凡是坏死区经过的地方，叶片都会枯死，而且枯死的叶片往往向植株上部蔓延。将茎横切时会发现腐烂部分的维管束变成褐色，而且有些植株腐烂的部分出现凹陷，上面附着一些粉色的霉层（图3）。从田间分布来看，凡是积水的地方，死株就多。因此我猜测可能是得了枯萎病。

当时我只是听说过黄瓜枯萎病，并没有见过，也不知道如何防治。面对如此严重的病情，我和董队长商量后，决定先用波尔多液对病株进行灌根处理。

但是灌根后的治疗效果并不好，黄瓜秧苗还是不断死亡。6月底，畦内死秧率已经达到了64%。因此我决定采一些标本回研究所开展病原鉴定，搞清病原。我将自己的想法向董队长做了汇报，他非常支持。

之后，我采集病株回到了研究所，将茎上的粉色霉菌用刮脸刀片刮下少许，放在显微镜下观察，果然见到大量的镰孢霉孢子（图4）。但是在镰孢霉中有很多种类都是腐生的，所见的镰孢霉是不是致病菌还需经过分离培养和回接才能确定，而这些工作没有一

定时间和条件是无法进行的。我和研究所的室主任取得了联系，他也非常支持我的工作。并告诉我，需要什么东西可以写张单子，让研究室管后勤的梁师傅帮忙采购。

有了室里的支持，我便开始筹划黄瓜死秧的鉴定工作。我发现所里有无菌室、灭菌锅、培养箱等分离培养的主要设备。此外还需要刀子、镊子、解剖针、琼脂和一些化学试剂。我列出单子交给了梁师傅，就又回到西冉村。此时山东大刺瓜仍没有好转迹象，所以我们又使用波尔多液进行了灌根处理。

一周后我回到所里开始进行鉴定工作，最终得到了病原菌。这种镰孢霉菌丝无色，有隔，分生孢子有2种，大型分生孢子为镰刀形，无色，具1~4个隔膜（多数3个），大小约为（15.0~35.0）μm×（3.0~5.0）μm，小型分生孢子卵圆形，无色，大小约为4.0μm×15.0μm。然后我又取了些健康黄瓜苗，进行侵染性试验。侵染性试验采用的是茎基伤口接种，在接种的第3天黄瓜即出现局部萎蔫，第5天全株枯死（图5、图6）。由此证明，西冉村三队山东大刺瓜上发生的病害是黄瓜枯萎病（*Fusarium oxysporum* f. sp. *cucumerinum* Owen）。

但是，当我回到西冉村三队时畦里的山东大刺瓜已经拉秧了。经分析，我和董队长认为这些山东大刺

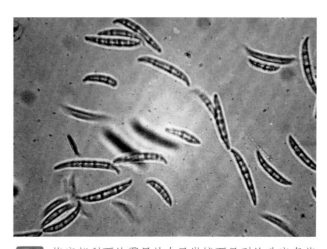

图4 将病部刮下的霉层放在显微镜下见到的致病真菌

图5 将分离到的病菌回接到黄瓜上植株发病的情况（右为接种株，左为对照）

图6 图5方框中枯死部分的放大

瓜的黄瓜枯萎病如此严重的原因有3点：①育苗时用的阳畦上茬是黄瓜，没有经过消毒又育上了黄瓜苗，重茬容易滋生病原，使瓜苗发生病害。②病情发现较晚，山东大刺瓜在定植前就已经被感染了，定植后逐渐显现症状。③当时缺乏可以有效防治枯萎病的农药。而波尔多液只能充当保护剂，当病菌入侵后，再使用这种农药，已无法控制病菌的发展。

直至2017年，我离开四季青公社西冉村大队第三生产队已经46周年了，黄瓜枯萎病仍然需要提防。目前，防治黄瓜枯萎病的方法已经逐渐趋于成熟，主要有以下3种方法：①通过嫁接换根进行预防，即使用黑子南瓜等抗病砧木进行嫁接，预防苗期被侵染。特别是有的地区随着育苗场的发展，农户种植的基本上都是嫁接苗。②采用抗病品种，例如'长春密刺'和'碧春'等。此后陆续出现的抗病品种有'津春'系列、'中农'系列、'新杂二号'和'鲁春一号'等，都是抗病耐病较好的品种，可根据市场需要进行选用。③用50%的多菌灵可湿性粉剂500倍液，30%噁霉灵水剂500~1 000倍液进行灌根，可以用来防治黄瓜枯萎病。只要注意预防，黄瓜枯萎病就不难对付。■

Example **6**

诊断甜椒、辣椒白粉病

20世纪70年代，我作为援外人员在也门共和国工作过约5年。1973年6月至1974年2月是考察，1976年5月至1979年末是项目建设。项目是在当时北也门议长阿哈迈尔的家乡建立一座农技站，推广、展示中国的农业技术。

阿哈迈尔的家乡是在首都萨那北150km的胡斯白脱那（我们称它镇），是崇山峻岭中的一块平地。海拔1 000多米，年平均温度25℃。那里比较原始，考察的时候我们去看过，建农技站的那块地方，杂草丛生，有不少椰林及枣树。应当说是一个半农半牧区。

刚到那里，我们住在帐篷里，半年后搬进建好的农技站用房。同时订购的拖拉机、汽车、柴油发电机陆续到货。我们开出了200亩（13.3hm²）耕地，作为我们农机站的试验示范田。除了种植一些高粱、玉米、小麦、甘薯外，也种植一些蔬菜。使用的种子除少量是也门农业部赠与的当地品种，大多数是我们自己从国内带来的。

这里的光热条件好，土地也比较肥沃，各种作物长得都不错。特别是我们的老任从国内带来的辣椒、甜椒品种，长得黑幽幽的，枝叶繁茂、果实累累，十分出色。这些果实除了供给我们站里的工作人员、中国大使馆、在也门援建的公路组和萨那技校的工作人员吃以外，当地的农工、门卫、牧羊人都对这块辣椒、甜椒示范田十分青睐，我们时不时地分一些供他们品尝。

说起饮食，当地人的习惯和我们大不一样。喜

图1 试种的甜椒地出现的掉叶

图2 甜椒叶片出现的病斑

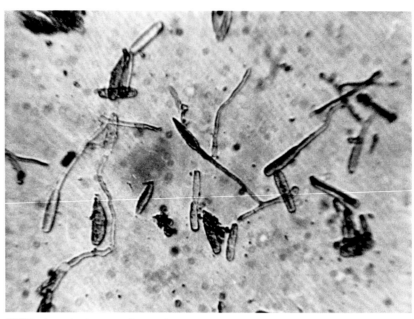

图3 辣椒叶背长出的白霉　　**图4** 在显微镜下见到的白粉病菌

欢吃加盐的全麦粉做的"面包"。"面包"的做法很奇特、简单。即在出去放羊前，把发面团子塞到三块烧得滚烫的石头中间，将余火、草木灰盖上，再用大石头压上（预防被狗刨开），等到中午回来时，将石头扒开，焦黄的"面包"就被做熟。然后取几个从集市上买回的辣椒，捡两块石头，将辣椒砸成糊状，用"面包"抹着辣椒糊吃。吃"面包"的时候，还用这三块石头架着铝锅煮点羊奶喝。淀粉、脂肪、维生素样样营养俱全。因此，我们种的辣椒，他们十分爱吃。常有牧羊人来要，不给不走。

因为这里较热，冬天甜椒、辣椒仍然可以在露地生长。当它长到一人多高的时候，因为郁闭，果实渐少，老任将它的上部剪掉，让他再发新枝。这样做比重新育苗进入果期要快得多。半月后这块辣椒又恢复了生机。但又过了半个多月再去看时，出了问题。发现甜椒叶片大量掉落（图1）。老任将我找去，让我看看是否有病。

当时落叶严重的是甜椒。说实在的，甜椒掉叶的问题我也曾经历过，以为是根出了问题，但是拔了几棵，看到根好好的。我捡起了掉在地上的辣椒叶片，看了看，发现脱落的叶片有些发黄，上面还有一些坏死斑（图2）。我对老任说，掉叶可能是这种叶斑引起的。但是，是什么病？仍然不知道。我采集了一些病叶，准备带回实验室用显微镜观察一下。

在回实验室的路上，要穿过一块辣椒田，发现辣椒田里也有落叶，只是不多，没有引起老任的注意。

我又捡起了几个辣椒叶片，看到有的落叶和甜椒落叶相同，但是也有许多不一样的。即在有些落叶的背面有白霉。霉层很密，很像见到过的白菜的霜霉病（图3）。这时，我预感到落叶的问题快要解决了。因为，发现了病原，诊断有了依据。

但是我在显微镜下看到的不像是霜霉病菌，一般霜霉病菌的分生孢子或孢子囊是圆形或卵形的。这里见到的病菌是棒状或火焰状，前者孢子两端是钝圆形，后者一端是钝圆形，另一端是尖的（图4、图5），倒像我在北京见到的辣椒白粉病。说到辣椒白粉病，在北京我见到过，和这里见到的有些不同。一是北京的辣椒白粉病似乎不引起落叶，再就是病斑多为多角形。于是我又到辣椒田里走了一趟，重点是看哪些没有脱落的叶片。因为没有脱落的叶片病害较轻，很容易就看到在叶背长出的白霉。

辣椒白粉病的病原在书上称其为鞑靼白粉菌（Leveillula taurica）。它的孢子萌发后不像普通白粉病那样，菌丝在叶表面发展，而是立即钻入叶组织内，在叶片内扩展，所以又称其为内丝白粉菌。该菌发育到了繁殖期，孢子梗才从气孔伸出，显现出我们见到的白霉。也就是说白霉的出现，已到受害的晚期。我们看到的落叶，很可能是受害的叶片还没有来得及长出白霉就脱落了。这时我心里就更有数了，认定这里发生的就是辣椒白粉病。

我找到老任说病害搞清楚了，是辣椒白粉病。辣椒白粉病可能出现的有三种情况。在条件不好或植株比较抗病的时候，病害较轻，症状表现是在叶背出现多角形的白霉，且叶片不会掉落；如果较重的时候，白霉会布满叶背，起初并不脱落，但是在晚期会脱落；再严重时，特别是对该病较敏感的品种，在病菌侵染叶片后，组织迅速枯死，有可能在病菌还没有进入繁殖阶段，叶片就掉落了。这里甜椒没有长出白霉就出现落叶，只能说明甜椒比辣椒更易感病。

老任对我的解释并不十分认可。他说：这块辣椒在剪枝以前那么长时间都好好的，怎么会突然病了呢。我认为这太可能了，即在剪枝前辣椒田就积累了一些白粉病，剪枝后条件合适，病害即得到迅速地流行。

我觉得说服他并不难，用对白粉病有效的药剂防治一下，就可以证明。当时对白粉病有效的新药是多菌灵，药库里也有，第二天就进行了防治。一次下去发现病害不再扩展，又防治了两次，见到了效果。也就是说新出来的叶片不再发病。但是经过这次折腾，也可能是天气凉快了一些，这片辣椒再结出的果实变小，畸形较多，仍然失掉了以前的繁茂。

但这不影响我对这个病害的判断。后来在我们驻地食堂用菜园地也生了辣椒白粉病；同时在番茄上也发生了这种白粉病（图5）。此后每次出现该病老任都会向我要多菌灵防治。看来他也认为这个病害是白粉病了。■

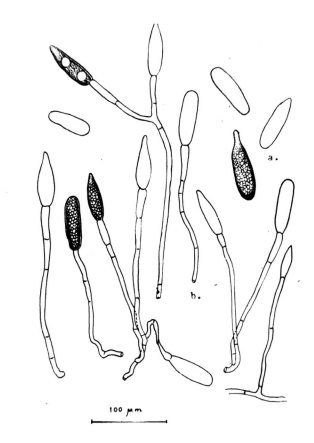

100 μm

图5 根据在也门白脱那农技站见到的番茄白粉病菌绘出的病原图

Example **7**

诊断独脚金

上文提起我在阿拉伯也门诊断甜椒、辣椒病害的一段经历，实际上那里的新鲜玩意儿还不少。其中更值得一提的是诊断独脚金对玉米高粱的危害。

1976年我刚到阿拉伯也门的白脱那时，看到路边的玉米地旁开满了紫色的小喇叭花。心想这里的人真有情趣，在种庄稼的时候，还在地边种那么多漂亮的花卉（图1、图2）；等以后结了籽，应当采些种子带回北京。

可是时间久了，我从当地也门人哪里知道，那不是人工种的花卉，而是一种寄生植物，俗称妖草。凡是有这种寄生植物的玉米和高粱，植株瘦小，产量极低。出于对职业的敏感，我认为这是观察它们寄生关系的极好机会。

一天，我在驻地旁见到一块妖草严重的玉米地。玉米植株长得矮小、发黄。想起了观察它寄生关系的这件事儿，顺手拔了几株。但是，这种寄生植物的茎很嫩、很脆，容易折断，徒手去拔，根本不可能看到下面的情况。

图1 玉米地里的寄生植物独脚金

图2 玉米地里的独脚金植株的地上部

图3 着生在玉米根上的两个独脚金嫩茎

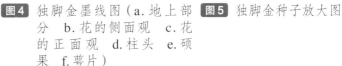
图4 独脚金墨线图（a.地上部分 b.花的侧面观 c.花的正面观 d.柱头 e.硕果 f.萼片）

图5 独脚金种子放大图

过了一段时间，我又想起了这件事儿，于是我就拿了一把铁铣，来到一块玉米较稀妖草较多的田里，先在距它约50cm的地方向下挖了个深坑，然后瞄准一棵妖草，沿茎向下挖。开始看到妖草的根颈是绿色的，有一些韧性。但往下逐渐变白，变嫩。一连挖了几棵，在离玉米根较远的地方就断了，仍没有看到它寄生的情况。

又过了一些天，一些妖草开始结籽，我想如果再不找出妖草寄生的证据，就有可能明年再见了。总结以往的挖法，说明不能用手去挖。应当试试用水冲洗的方法是否可行。

一天下午，我背上相机，从药库里找出了一个喷雾器，装满了水，让也门工人背上铁锹和木箱，又去了那块玉米地。这次采取了锹攻与水攻相结合的方法。即先在长有妖草的植株旁边用铁锹挖好一个大坑，将木箱扣在坑底，脚踩着木箱用水冲刷微微露出的妖草根上的泥土。用了这种方法还比较有效，虽然在操作时搞得满身、满脸的泥土，但我终于在离地面约30cm的地方发现了妖草与玉米根的结合点（图3），举起相机，拍下了这个难得的画面，妖草寄生玉米的证据。我小心地将玉米根和寄生在它们上面的妖草用纸包起来，又采了一些妖草的植株带到实验室进行了观察、描述与拍照并画出了它的墨线图（图4）。

妖草，为一年生小草本，半寄生，高6~25cm，全株粗糙，且被硬毛；茎多呈四方形，有2条纵沟，不分枝或在基部略有分枝。叶对生，无柄，叶片线形或狭卵形，长5~12mm，宽1~3mm，下部的叶常退化成鳞片状。茎自下部开始有分枝，纤细，总长15~40cm，露出地面的部分灰绿色，被粗糙短毛，地下部分白色柔嫩，易断。茎基部生稀疏微细须根。但是，多数茎基着生在玉米和高粱的根上。因为有根，有材料介绍妖草也可营非寄生生活，但不如寄生在玉米、高粱上的长得健壮。花紫色，排成稀疏穗状花序；苞片明显地长于萼。花无梗，单生叶腋，常有一对小苞片；花萼管状，具有5~15条明显的纵棱，5裂或具5齿；花冠高脚碟状，花冠筒在中部或中部以上弯曲，檐部开展，2唇形，上唇短，全缘，微凹或2裂，下唇3裂；雄蕊4枚，2强，花药仅1室，顶端有突尖，基部无距；柱头棒状。花败后，子房膨大，形成蒴果，蒴果矩圆状，室背开裂（图4）。种子多数，黑色，不定型，有棱角，上面有花纹，体积很小〔约（3~4）mm×（1.5~2）mm（图5）〕。

回国后，我才知道所谓的妖草，在我国国内也有。即：独脚金。英名Striga，拉丁名 *Striga asiatica* （L.）O. Kuntze，是一种名贵的药材。产地包括云南、贵州、广西、广东、湖南、江西、福建、台湾等地。但有关的文献更多的是介绍它的药用价值，并没有对它造成的危害加以说明。∎

Example 8

韭菜疫病的诊断

在20世纪70年代，北京市农林科学院北面的世纪城一带是四季青公社（当时农村的一级基层组织）的一片韭菜地。包括扣棚的面积大约有107万m²。公社从天津请来了一个姓高的把式，指导他们管理。开始韭菜确实长得不错，经济收益也很高。但是好景不长，包括新定植的韭菜，不发根，长出的叶片越来越细（图1）。到1980年前后，这片韭菜就开始往回抽抽，植株变得愈来愈小。最后开始死苗。对这种情况，高把式也没有高招。于是就找到北京市农林科学院，由蔬菜、植保、土肥三个所各派一位专家到韭菜地里去会诊，而我作为其中一员参加了会诊。

第一年去，大家认为是水分管理的问题。因为韭菜地不平，田间积水的地方不发根，苗子自然长得很细。于是告诫他们注意雨后排水，尽量做到雨停水尽。

图1 韭菜疫病的受害病株

采取了上述措施，似乎好了一点。但是，死苗仍在发展。第二年几个专家再被请去。大家刨根问底，分析了半天，最后得出的结论是施肥不均，造成一些地块营养不良。但是一年过去，不管是施了多少肥，该死的还在不断地死。

第三年，四季青公社又把我们找去。这时韭菜死苗到处都是，这个问题已成为这片韭菜存亡的关键。公社让我取点样回所里"化验化验"，看是不是病害。我挖了几棵回到实验室用水洗净，看到韭菜的鳞茎有些发褐，别的也看不出来。将显症的鳞茎直接保湿后，在显微镜下观察。看到里面乱糊糊的，不仅有真菌、细菌，还看到几条线虫。将腐烂的根进行了一次组织分离，出来的大都是细菌，回接后也未发病。还是搞不清谁是罪魁祸首。

他们看我来来往往地比较辛苦，有一次送了一包韭菜给我。我喜欢吃韭菜饺子，在家摘韭菜时，发现一些韭菜剥掉叶鞘，假茎有一些变褐。这些变褐的假茎引起了我的注意，推测这可能是一种病害，有可能四季青的韭菜死苗就和这种病害有关。回到实验室，把几根变色的韭菜码放在培养皿里保湿。第二天打开一看，这些假茎的表面长出了一层白霉。挑到显微镜下再看，全都是疫病的孢子囊。这时我高兴得叫了起来，我的直觉告诉我，四季青的韭菜死苗可能就是由这种疫病引起的，这片韭菜有救了。

我们又回到四季青公社进一步进行了调查。发现韭菜的根、茎、叶均能被害。叶片受害多由叶片中上部开

图2 韭菜疫病（左）病株与健康株的比较

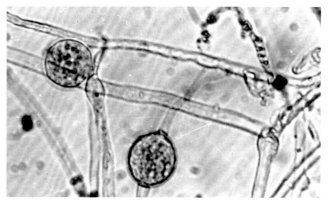

图3 韭菜疫病菌的菌丝与孢子囊

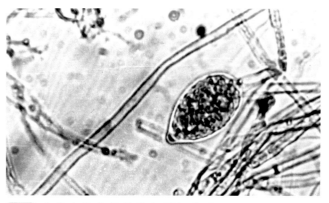

图4 韭菜疫病菌的菌丝与厚垣孢子

始发病，初为暗绿色的水浸斑，并迅速向下蔓延，当病斑扩展到叶片一半时，叶片下垂、软腐。湿度大时病部产生稀疏的白色霉状物。假茎发病，病部呈红褐至暗褐色，腐烂，用手轻轻一拔，即可将腐烂的叶鞘拔下。内层的叶鞘为浅褐色。将这些变色的叶鞘保湿，可产生大量的白霉、病菌的菌丝和孢子囊。鳞茎被害开始呈水浸状，浅褐色，后腐烂。根部受害呈褐色腐烂，根的寿命缩短，且不发新根。地上部新生的叶片越来越细（图2）。

田间调查表明。在我们取样调查田的平均病株率为19.5%，严重的田块病株率61.4%。当年减产30%~40%。

当时我的行政事务比较多，没有时间全力以赴把这个病害完全搞清楚。就交给同一课题组的魏先生，共同把它做了下去。

经过室内的鉴定，韭菜死秧的病因也得到明确。这个菌的菌丝白色，无隔，分枝基部稍窄，直径6~7μm，极易生成大量孢子囊。孢子囊细长，（100~300）μm×（3~5）μm，一般不分枝。孢子囊顶生或间生，无色或微黄色，长椭圆形，洋梨形或卵圆形，大小：（28.8~67.6）μm×（17.5~30）μm（图3）。长宽比为1：1.8。孢子囊顶端乳突多数明显，高×宽

为（2~5）μm×（3~6.3）μm。在培养基上容易形成厚垣孢子。厚垣孢子球形，为黄色，表面平滑，直径20~40μm，壁厚为1.3~2.5μm（图4）。最后将该菌定名为烟草疫霉（*Phytophthora nicotianae* Breda de Hann）。

后来又进一步地开展了韭菜疫病的防治试验，明确了以栽培防治为主，以化学防治为辅的综合措施。即：采用平整土地，通畅排灌系统，消灭涝洼和水坑为主。辅以定植时用50%甲霜·铜600倍液蘸根。在发病后使用60%琥·乙磷铝400倍液、58%甲霜灵·锰锌500倍液喷雾或灌根等措施。

采用这套防治方法后，病害得到了控制，一年后四季青的这一片韭菜又获得了新生。

笔者认为，诊断一个病害和认识一件事情一样，都有一个过程。一开始看到的是处于发病盛期的症状，只要有一种锲而不舍的精神，总会水落石出。另外还知道要分离出病原菌应当选初发阶段的病组织腐烂严重的组织，往往已错过了鉴定的最好时期。所以，分离了半天，没有找到韭菜死秧的原因。后来在摘韭菜的时候，拿的韭菜都是病害相对较轻的植株，受污染较少，所以较容易找到真正的病原。■

Example 9

番茄晚疫病的诊断与防治

1980年3月13日上午，我们接到北京市海淀区四季青公社（现在的四季青乡）的电话，说有个生产队的番茄苗"枯萎死亡"，让我们去看看是什么病，如何防治？当天下午我们就骑车到了发病的地点——离北京市农林科学院约5km的西冉村大队第一生产队的日光温室区。

据介绍，这里种植的番茄品种是'特里皮克'，当年1月20日播种，大约出苗后35天，幼苗就开始出现死亡，到后来发病普遍，使可栽2.7hm²的番茄苗，遭遇毁苗。公社的技术人员怀疑是一种枯萎病（图1）。

据我们调查，病害是从子叶及第一片真叶开始发病的。病叶枯死后，病菌沿着叶柄向茎的上部发展，使第1片至第4片叶的节间变为污绿色，并略有水浸状。之后病部失水变软变细，有时使植株的上部折倒或顶芽枯死。枯死的茎有时还可以看到维管束变褐及髓部中空，潮湿时在茎上还可以看到白色的霉层。此外，在叶片上也可看到一些病斑。这些病斑多数是从叶缘、叶尖开始的，少数可以从叶片的任意部位开始发病。病斑初为一个近圆形的枯斑或一些水浸状的斑点，扩大后病斑是淡褐色至褐色，有不规则的轮纹（图2）。形状和大小不一，大的病斑直径可达1~2cm。有的病斑边缘生有白色霉层；有时这些霉层甚至可以在尚无病变的部分出现（图3）。

在这个温室里还种有一些供出口用的卵形番茄，已开始结果。经过调查，未发现病斑，更未发现死秧。

当时大家对蔬菜病害还不熟悉，也没有见过这么严重的病害。从症状上看，像是由晚疫病引起的。但是，晚疫病是一种气传病害，如果发病，按理说无论哪个品种应该都会发病。而这里见到的却是有的发病，有的不发病，很像是一种土传或种传病害。因此采取了比较谨慎的态度。

我们对他们说："到底是哪种病害，如何防治？还

图1 在西冉村大队第一生产队看到的番茄晚疫病病株

需要做一些室内试验，方能确定。"

回到实验室我们对采回的病株进行了保湿处理（处理温度27℃）。第二天早晨一看，所有的病样表面都长出了一层白霉。通过显微镜观察，看到一些树枝状的孢子囊梗。它们无色、单生或束生，在分枝上往往可见1~4个膨大的结节，孢子囊梗大小为：（624~1 136）μm×（6.72~7.46）μm。孢子囊顶生或侧生，多为瓜籽形、卵形、椭圆形、近无色；顶端有明显的乳突，乳突宽大于高，孢子囊下面往往有一个短柄。孢子囊大小为（22.5~40）μm×（17.5~22.5）μm（图4）。孢子囊中有游动孢子不超过12个。对照文献［孢子囊梗宽5~9μm，孢子囊（21~38）μm×（12~23）μm］均接近文献列举的大小范围，证实北京市四季青公社西冉村大队1队日光温室区发生的是番茄晚疫病［病菌为致病疫霉，学名*Phytophthora infestans*（Mont）*de* Bary］。

第二天下午，我们打电话将鉴定的结果告诉西冉村大队一队的技术员。同时指出，这是一种流行性很强的病害，他们种植的'特里皮克'属于对晚疫病比较敏感的品种，由于处于苗期抵抗力较差，加上育苗期赶上了约一周的连阴天，在这样低温、高湿的条件下，很容易引起病害的发生。至于卵形番茄没有发病，很可能是抗性较'特里皮克'强，加上植株已较大，通透性比苗床要好，暂时没有发病是可能的。并建议他们采取以下相关措施抓紧防治。

1. 对全队番茄的成株和幼苗进行一次调查。看看其他苗床和植株是否均有类似的问题。摸清晚疫病发生的情况。

2. 因病而死的植株，已无保留的价值，应当拔掉。防止其所带的病菌蔓延到健康的植株上，加重危害。

3. 对于茎部发病的植株，可以从病部以下1~2cm处剪掉后，然后使用化学农药进行防治。待其长出新的侧枝，选留一个替代受害的主枝（如果防治得好，比重新育苗要快些）。

4. 清理下来的病残植株不可乱丢，及时集中在一起，装入废化肥袋、水泥袋中，并集中运到供暖的锅炉房销毁。

5. 防治后将番茄苗进行一次整理，必要时重新栽一次，将同等情况的苗合并在一起，方便后期的管理。

6. 当培育的苗不够栽种时，应首先考虑改种其他蔬菜。如使用周边的生产队支援的番茄苗时，对引进的幼苗一定要喷药后再定植，避免带进新的病害（这一条目前已不适用。因为目前北京市不少菜区发生有根结线虫，采用此法会将更为危险的线虫病传开——

作者注）。

7. 对仅有叶斑和尚未发现病斑的植株（包括已定植的），都使用化学农药防治。

当时用来防治番茄晚疫病的化学农药有：1∶1∶200（硫酸铜∶石灰∶水）的波尔多液、80%代森锌可湿性粉剂500倍液、50%代森环可湿性粉剂500倍液、45%代森铵水剂900倍液、40%克菌丹可湿性粉剂500倍液、50%敌菌灵可湿性粉剂500倍液、75%百菌清可湿性粉剂600倍液。轻病棚可5~7天喷一次，重病棚前两次间隔一天，以后每5~7天喷一次，连续喷3~5次。喷药时一定要在晴天的上午（清残后的用药，不在此限），喷后扣棚提温后放出湿气。

事后，我们于当年3月24日又到西冉村大队南边的田村大队第十生产队进行了调查。据说在1979年春天，这里番茄苗晚疫病发生较重。但是这次去没有发现番茄苗有晚疫病的发生。经过了解，知道他们接受了上一年的教训，当年从育苗开始就十分注意晚疫病的防治，首先使用百菌清处理了土壤。此外，在第一

图3 病菌在番茄叶片上的霉层。可以看出霉层可在尚无病变的部分出现

图2 番茄晚疫病叶部初期症   **图4** 番茄晚疫病菌的分生孢子囊梗及孢子囊

次分苗和切坨时，分别喷了一次百菌清。在管理上很注意放风降湿，所以晚疫病一直没有发生。

这里的情况充分说明，尽管晚疫病的流行性很强，但是，只要认真对待，还是可以预防的。

那几年的番茄，不仅幼苗容易得晚疫病，成株也容易得此病。当时的春保护地番茄，一般是春节前定植。春节后便有许多地方因晚疫病流行而告急。分析原因，是由于春节期间大家都要走亲访友，耽误了管理。但是病原是从哪里来的一直搞不清楚。

1985年1月的一天，我们到北京海淀区温泉乡调查。走进一个育番茄苗的日光温室，看到番茄死苗情况很重。有的成片死苗，最轻的也有零星的病株，仔细观察看都是晚疫病。

这里的晚疫病为什么会这样严重？经过了解发现，在这个棚里的最南面，还保留着一行上一茬留下来的番茄。这一行番茄，叶片和果实也都有不少晚疫病（图5）。

我问主人："这里上一茬种植的是什么？"主人答："是番茄"。再问主人："发生过什么病？"主人说："有过烂叶和烂果"。我指着这棚南边有晚疫病的植株问："是不是发生的这种病。"他说："就是这种病。"我明白了，他的番茄苗上的晚疫病都是从棚南端这些大番茄株上传过来的。我又问他："您知道上茬番茄有病，为什么不把它拔干净再育苗？"他说："靠温室南面的这行番茄由于温度低，果实成熟的较晚，果子没有采收完，就该育新的苗子了。当时没有想到会对新育的苗子有影响。"我告诉他："以后要避免在生产棚里育同一种苗，不光是番茄，黄瓜也一样。"这个菜农笑了，他说："自打1984年取消公社，分田到户以后，我只分到一个温室。什么都只能种在里面。"看来我不了解情况，出了一个馊主意。

后来我了解到当时像他这种情况比较普遍。特别是一些番茄苗子仅有个别病株时，根本发现不了。定植后，经过浇水、提温，春节期间又没有时间去看，待到节后，晚疫病就会发生的一塌糊涂。春季温室里的番茄晚疫病就是这样流行起来的。

1985年的9月下旬，我们到北京城密云县开会，听到怀柔县（即怀柔区）的植保人员反映他们县的庙城有个园区发生烂果，希望我在回北京市路过时顺便给看看。

这个园区是县科委退休干部承包的，有十多间新建的日光温室。走进温室看到他种的番茄已到盛果期，可是没有几个好果实。此外，叶片上、茎秆上都有病斑。叶片上的病斑生有明显的白霉，茎秆和叶柄则一段段地变为黑褐色，但边缘不明显（图6）。有的

图5 这个温室南面保留着的一行番茄病株，为新培育的幼苗提供了大量晚疫病菌源

图6 病菌在叶病及茎上形成的黑褐色斑点

图7 番茄被害茎，在晚疫病斑的上部往往会长出不定根

病斑的上部还长出了不定根（图7）。果实上的病斑较大，黑褐色，有的可占据大部分果面，发硬，表面粗糙，轮纹不明显，有的还生有白霉（图8）。我告诉这个温室的主人这里发生的是番茄晚疫病。

他说："我们也听说是晚疫病。但是，我们使用百菌清打了几次，不起作用，怀疑是其他病害。"我说：

图8 病菌在果实上形成的黑褐色斑点

图9 在催熟过程中番茄果实被晚疫病危害的情况

"用的药剂不错，但这种药剂是保护剂，必须在病菌侵入前使用。也就是说您使用晚了一些。"我还告诉他："这种病害流行性很强，一般应以预防为主。也就是到了发病的季节，最好隔三岔五地喷一些保护剂，如波尔多液、百菌清及其烟剂、代森锌。一旦发病，就必须使用具有内吸性的杀菌剂。最近（指当时）出了一种25%瑞毒霉（即甲霜灵）可湿性粉剂。它对番茄晚疫病有特效，有内吸作用，您可以买来试试。"[注]

我还问："您其他几个温室还有番茄吗？"他说："还有几个温室，但番茄晚疫病不是很重。"我建议他将防治的重点，放在病害比较轻的那几个温室。这个发病重的棚应当将病株拔掉，改种其他小菜（指生育期短的叶菜类蔬菜）。

1986年11月中旬的一天。我们到北京市海淀区东北旺调查大白菜储藏期病害。一个农户对我们说，他催熟的番茄果实变黑、腐烂，希望我们能帮他看看是什么病？

我们被带到一个塑料大棚里，在棚的一端地上，堆着许多番茄的果实，上面用塑料膜和草苫盖着。这个农户对我们讲："这些番茄是不久前从拉秧的番茄植株上摘下来的青果。因为大棚的温度太低，为了让它

们变红，所以堆在一起催熟。"我们看到这些果实确实没有受冻，有不少已经转红。但是一块块地发黑，发病严重的还会长出白毛，甚至腐烂（图9）。

我们拿起了几个受害的果实，看到变黑的部分比较硬，有一些凹陷，和我们在温室里看到的晚疫病果极为相似。我们问他："这棚番茄都发生过什么病？"他说："10月份这棚得过一次病，有一些叶片干枯。后来打了几次药，不再发展了。结的果实也没有看到有病。但是一捂就成了这个样子。"

我们分析这就是晚疫病菌的危害。虽然他认为拉秧前病害似乎已被控制住了，实际上是棚温过低，不适合晚疫病的显症与扩展。将青果采下后一捂，温度、湿度达到了要求，病害自然就严重起来。我们建议他以后再使用这种方法催熟番茄时，采收前一定打一次瑞毒霉等杀菌剂，防治一下晚疫病。

离开这家农户时，我们取了几个发黑及长霉的果实。经过保湿，挑下白霉，在显微镜下观察，所见到的都是晚疫病菌（图4）。进一步证实我们的判断是正确的。

这些年来，番茄晚疫病是我诊断次数最多的病害。直到2009年9月我还被请去诊断这个病害。足见这个病害在生产中的危害性是多么突出。■

注：目前可用的农药比当时增加了很多。包括：68.75%银法利（霜·氟吡菌胺）悬浮剂 1 000~1 500 倍液，或52.5%抑快净（噁唑菌酮·霜脲）1 500 倍液，或60%氟吗锰锌可湿性粉剂 700 倍液，或66.5%霜霉威盐酸盐水剂 600~1 000 倍液，或40%霜霉威盐酸盐水剂 400~700 倍液，或72.2%普力克水剂 800 倍液，或40%甲霜铜可湿性粉剂 700~800 倍液，或64%杀毒矾可湿性粉剂 500 倍液，或70%乙膦·锰锌可湿性粉剂 500 倍液等。

Example **10**

在北京发生的蔬菜菌核病

1980年5月4日，四季青公社的老霍又邀请我们参加公社的生产检查。当我们来到彰化二队的一座塑料大棚时，看到室内有一些植株枯死。二队的队长对我们说："这病已经发生十多天了，打过一次多菌灵，好像也不大管事，正着急呢。"

我没有急于回答，便向番茄地的深处走去。这棚番茄总体看来长得不错，当时已挂了两穗果，第三穗正在开花。经观察发现该病是由叶片开始发病，初为一些大型的枯死斑，污绿色，后逐渐的转为浅褐色，病斑表面有时生白霉，最后使整个叶片枯死。病害还可以由茎叶向茎部蔓延。被害部湿软，有时表面也可生棉絮状的白霉，特别是病斑边缘的霉层更为明显。随后病部迅速失水呈灰白色，有的病部表面可见到一

个黑色的菌核（图1）。严重时病斑可以上下扩展，造成占全株1/3~4/5的茎枯。枯死的茎一般髓部中空，剥开后，可在髓部见到许多菌核（图2）。病株易从病部折倒，最后全株枯死，枯死株表面会发生纵裂，使菌核掉在地上。此外，病斑可蔓延到果穗，使果实发病。果实发病时，病斑污白色腐烂，较大，会较快地波及全果，有时在临近花托及柱头处生出一些较大的菌核。病部的菌核一般为鼠粪状，但个别的呈环状（套在花托上）或块状（图3）。采下的菌核大小为：（1~4.8）mm×（1~10.0）mm。实际上这块地的病情已较重，调查了120病株率达31.7%，280株中有21株死亡（死亡率达7.5%）。

由于此前我调查大白菜种株的病害时，在北

图1 由叶片扩展到茎部的病菌在茎部长出的菌核

图2 枯死的茎一般髓部中空，剥开后，可在髓部见到许多菌核

图3 番茄果实被害后长出的菌核

图4 在露地看到的大白菜种株外菌核病发生的情况

图5 在露地看到的大白菜种株茎内菌核病发生的情况

图6 几乎所有的雌花都感染了菌核病的植株

京市海淀区的东北旺公社见到过菌核病（图4、图5），所以当时就告诉老霍这里发生的是番茄菌核病（*Sclerotinia sclerotiorum*）。但是，在番茄上还没有见到过。当时推荐给他的防治方法为：①实行二年以上的轮作；②避免偏施氮肥，增施磷钾肥；③加强塑料大棚的温湿度管理，注意放风降湿；④及时清除病残，并及时销毁；⑤在田间出现子囊盘的时候，及时喷药防治。可用的药剂为：50%多菌灵可湿性粉剂500倍液，50%托布津可湿性粉剂800~1 000倍液。

从这次以后，在北京不断有菌核病出现。例如这年的冬天，我们到北京市朝阳区十八里店调查，看到满棚的黄瓜，几乎所有的雌花都感染了菌核病，损失极其严重（图6）。

1983年的1月，我们研究所的裘女士告诉我，她在北京市海淀区的东北旺乡东北旺二队见到一棚芹菜菌核病比较重，地里长出很多菌核病的子囊盘。由于我还没有拍到菌核病的子囊盘，觉得这是一个难得的机会。第二天（1月19日）一早我俩骑上自行车来到东北旺二队。

这是一片日光温室，我们到时社员们正在拉苫。大约等了20min，我们进入温室。室内温度不高，但湿度很大。向纵深看去，室内还飘着一层薄雾。这棚芹菜大约已有50cm高，应当说生长得还不错，但几乎所有的叶片都饱含着大量的露水。我们小心地向深处走去，但没走几步，裤子和鞋便都湿了。

在温室里我们环视周围，首先看到的是被寄生而枯死在那里的灰绿藜和马齿苋（杂草）。整个棚里的这些植物没有一棵能够幸免。此刻在浓密的白色的霉层下，已产生了大量的菌核。由于温室极其潮湿，就连枯死的这些杂草旁边的土墙上，都存在病菌产生的菌核，远远看上去像是下了一场小雪（图7）。再往里走芹菜菌核病的病株开始多了起来，但也是一丛丛的。仔细看，有很多芹菜发病，都是和旁边的杂草接触后才染病的（图8）。这使我们意识到这些杂草对菌核病更加敏感。也就是说这个芹菜棚是杂草先得病，它表面的菌丝聚集到一定程度，就会向接触到的芹菜叶片

图7 枯死马齿苋旁边的土墙上覆盖的菌核病菌丝

图8　由于接触感病的灰绿藜而使芹菜感染菌核病的情况

图9　芹菜田间出土的菌核病菌产生的子囊盘

图10　从田间取回的菌核病菌子囊盘柄长的比较

上蔓延，然后引起芹菜发病。

发病的芹菜先是一两个叶片发病，然后叶柄及根颈部也受到感染，最后腐烂、枯死。病部先是变黄，出现水浸状腐烂，后出现白霉，再发生菌丝聚集、吐水后产生菌核。

我到这里来，主要是看菌核病子囊盘的，但因我对菌核病的子囊盘毫无概念，找了一会儿，没有找到。还是裘女士首先见到。她指着芹菜旁边的"小蘑菇"说"这就是菌核病的子囊盘"（图9）。我看到这些"蘑菇"都是肉色的，有三种形态，刚出土的一种是高脚杯状，个体较小（3~5mm），中间凹陷；第二种是刚刚成熟的子囊盘，像喇叭口状的"小蘑菇"，比较平展，直径一般为2~5mm，大的可以达到14mm。还有一种，是已散出过子囊孢子的子囊盘，总体上看像是喇叭口状，但是，比较松弛，有一些波浪式的皱褶。我故意问她："你怎么知道这是菌核病长出的子囊盘。"她说："您向下挖就知道了。"我们先是用手挖，结果还没有挖多深，从半截腰就断掉了，没有成功。后来改变了挖的方法，即将有子囊盘的土用铁锹整个挖出，然后再一点点将无关的土剥离。终于获得比较完整的菌核发芽的标本。这些子囊盘的下端都通过柄和菌核连接着，柄的长短不一，一般为3.5~50mm，极端的可达76mm；其长短主要受到菌核掩埋深度的影响。我们采的每个菌核，一般可产生1~5个子囊盘，最多的时候一个菌核可以产生50个子囊盘（图10）。我们还调查了这个温室子囊盘的数量。即在室内用棋盘法选10个点，每个点2.13m²，共查到子囊盘77个（平均3.6个/m²），最多的一个点有子囊盘23个。这个温室的面积有一亩[注]，折合起来共有子囊盘2 400个。有文献报道认为，每个子囊盘可弹放出的孢子量高达1万个以上。由此看来仅从当时调查到的子囊盘的数量估计，弹射的孢子即可达2 400万个。由于子囊盘是陆续出土的，我们见到的只是在一个较短的时间内出现的，那么这个棚里的菌量之多是显而易见的。

为了进一步的观察此病，我们还采集了一些子囊盘，回到室内进行观察、培养，开展菌核的诱发试验。

我们将采回的子囊盘放在一个培养皿中（当时的室温约17℃）。第二天早晨，当打开培养皿，轻轻触动子囊盘时，突然几个子囊盘震动了一下，放出了一股白烟，我意识到这是病菌在用弹射的方法释放孢子。可惜我们没有思想准备，没能将这一精彩的场面用相机记录下来。仅仅记录下子囊及孢子的形态与大小：子囊，长筒形或棍棒形，近无色，大小（113.87~115.42）μm×（7.7~13）μm，内含8个子囊孢子；子囊孢子椭圆形、长圆形，无色，大小（8.7~13.67）μm×（4.97~8.08）μm。

通过这次调查，我们认为在菌核病的防治上，还应当注意以下几点：①防治芹菜菌核病，要及时地清除杂草。以免通过寄生杂草增强菌核病菌的侵染能力，使芹菜受害；②在菌核病菌的子囊盘出土前，在地面铺设地膜，阻挡子囊盘露出地表，防止子囊孢子的扩散；③在田间出现子囊盘的早期，可用人力将其挖除，集中销毁，以免弹射孢子，危害植株。■

注：1亩＝1/15hm²

Example **11**

北京的蔬菜根结线虫病

1980年，我和我们课题组的小孔和老魏到北京市丰台区黄土岗公社樊家村大队进行蔬菜病害调查。临近中午的时候，我们来到樊家村科技站。管生产的技术员知道我们是农科院专门研究病害的，就对我们说，他们新育的一批黄瓜苗，有些不大爱长，希望我们给看看是什么毛病？

我们进入他们的育苗房，看到这里育了6个畦的黄瓜苗，采用的是划格子，在交叉点点籽的方法育的，有两畦长得很不整齐，大的已经有3片真叶，叶子长得有杨树叶子那么大，而不爱长的只有1~2片真叶，叶子也比较小。

我觉得这可能是根部出了问题，就问他："施了什

图1 黄瓜苗期被根结线虫病危害后的症状表现

么肥？是不是施肥施的问题？"他说："还没有到施肥的时间，什么都没施。"

我又问："整地前施用的是什么底肥，会不会有生粪疙瘩？"答："是腐熟的草圈粪。"他认为也不会有问题，因为这六畦黄瓜苗用的都是一样的粪，而且都是一样管理的，这两畦不可能是肥烧的。

我又问："上一茬种的是什么苗？"他说："上茬种得有点乱，好像这两畦育的是番茄，也没有看出有什么问题。"

听他说后。我想可以排除是施肥不当造成的。但是问题还是在根上。我在征得了他的同意后，拔了几棵矮化比较严重的植株，放在水管下面冲掉根上带出的泥，看到瓜苗的根是白的，但比较少，且上面长出了一些疙里疙瘩的东西（图1）。而且植株矮化的情况和根部的疙瘩有正相关性。这种情况我在也门援外时见到过，很可能就是所谓的根结线虫病（*Meloidogyne incognita*）。我告诉了他这一初步的结果。同时将病苗装在羊皮纸袋里准备回去做进一步观察。还告诉他："我要回去在显微镜下看一下，才能最后肯定。"

我回到实验室，将黄瓜苗又冲洗了一遍，对照文献上的描述，仔细地进行了观察。文献记载："黄瓜根结线虫主要发生在侧根和须根上。产生大小不等的根结。根结上一般可长出细弱致病寄主再度染病。形成新的根结。地上部分表现的症状因发病程度不同而异，轻病株症状不明显，重病株生育不良"。这和我们看到的完全一致。

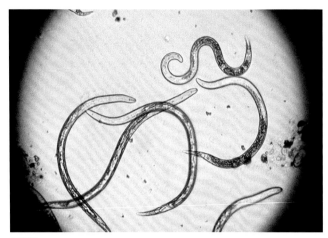

图2 黄瓜根结线虫的二龄幼虫

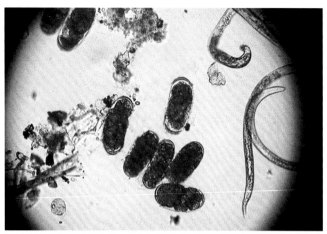

图3 黄瓜根结线虫的卵及初孵幼虫

图4 黄瓜成株期发生根结线虫病后植株黄化的表现

图5 番茄根部受到根结线虫危害后的症状表现

为了看到病原，我选一小块较嫩的根结放在载玻片上，加点蒸馏水，盖上盖片，用镊子慢慢地将根结压碎，然后放在显微镜的低倍镜下观察。开始仅看到几条游来游去的线状的虫子，虫体为短胖线状，头部钝，后端细尖（图2），（有可能是根结线虫的二龄幼虫）。还看到一些豆荚形的虫体（据称是三龄雌虫体）和球形的虫体（据称是四龄雌虫体）。后来看到一些椭圆形的卵。卵长圆形，略向一侧弯曲，长约79μm，宽51μm（图3）。有时可见一条弯曲线虫在卵中盘着。还看到一个破裂雌线虫（此时雌虫已转化为卵囊），散出了大量的卵。与文献核对完全吻合，认为是根结线虫。

我把结果立即告诉了樊家村科技站。他问我应如何防治，我却卡了壳。因为当时这个病害的防治方法都是一些预防的措施，得了病，确实就不好办了。考虑到这个病害在当地乃至北京都属于新发生，应当从长远着眼进行处置。因此我建议他将这两畦苗子毁掉。而且最好再开辟一个新的育苗房。如果是南方根结线虫，还建议他将这个棚冬天不扣膜，冻一冬，将

大部线虫冻死。

他问："有那么严重吗？"我告诉他："这种线虫的寄主比较广，如果通过苗子传播开，那麻烦就比较大了。"最后是否按我说的处理的，我们就不知道了。

那段时间见到的线虫病主要有大白菜、黄瓜（图4）、番茄（图5）、芹菜（图6）、毛豆、胡萝卜等线虫病。但是在北京发生的不是很多。有时会遇到较严重的地块，我们称它"神出鬼没"。

到了21世纪初，随着芦荟大面积的从南方引入，根结线虫在北京的发生越来越普遍。根结线虫成了一种常发的病害。发病的寄主也在不断地增多。例如，甜瓜、西瓜、辣椒、菠菜、茼蒿（图7）、茴香（图8）、生菜等都有根结线虫病的危害。同时在防治方法上也有一定的进步。

即采用以栽培防治为基础的综合措施。概括起来有以下四方面：

1.栽培防病。包括以下四项措施：①田园清洁：收获后清除病根和田间杂草，有条件的地方将病田用

水淹一段时间。选择无病土育苗，使用不带病残体充分腐熟的厩肥、河泥做肥料；②深翻晒土或冻土：或将表土翻至20cm以下。如果发生的是南方根结线虫可以将土翻耕后，冻一段时间，杀死线虫；③轮作倒茬：果菜受害较轻的可与葱蒜类轮作。有条件的可以和水生蔬菜轮作；④采用无土栽培与基质栽培。

2. 进行土壤消毒。①利用休闲时期进行蒸汽消毒。使20cm的土温达到60℃保持30min；②温室高温消毒。盛夏拉秧后在温室、大棚内挖沟起垄，在沟内灌水盖上地膜后，密闭大棚15天。

3. 选用抗病品种。番茄可以使用的抗根结线虫的品种较多，有北京市蔬菜研究中心培育的'仙客1号''仙客6号''仙客8号'等。但是还缺少瓜类、叶菜类的抗病品种。

4. 使用药剂处理土壤。种植前可使用溴甲烷40~50g/m²、威百亩10~15g/m²、硫酰氟40~50g/m²、棉隆每使用5~6kg/667m²（沙地）或6~7kg/667m²（黏土地）、50%氰氨化钙颗粒剂（正肥丹）100~150kg/1 000m²（要配合有机肥1 000~2 000kg/1 000m²，施后灌水）处理土壤。处理的时间是拉秧后或定植前，盖膜熏蒸处理土壤7~15天，揭开地膜，掀翻或旋耕放气4~5天。

此外，还可使用阿维菌素（齐螨素、龙宝）类：1.8%乳油1~2ml/m²、0.15%土线散颗粒剂50kg/hm²，用于灌根和土壤处理。福气多（噻唑啉）1.5~2kg/667m²、克线丹3~4kg/667m²、5%丁硫克百威（5%的好年冬、农克喜、根线灵、1.5%的卫根）颗粒剂7kg/667m²。10%的丁硫克百威颗粒剂7kg/667m²移栽时沟施和穴施，都具有较好的防治效果。■

图6 芹菜根结线虫的症状

图7 茼蒿根结线虫病的症状

图8 茴香根结线虫病的症状

Example **12**

在北京发现的番茄溃疡病

1980年6月18日，我和北京市朝阳区植物保护站的姜站长一同到该区调查番茄晚疫病。结果发现发生番茄晚疫病的地方不多，倒见到一种新的番茄病害：番茄溃疡病。

这种新病是在太阳宫公社八大队一小队的番茄田见到的。即有一些植株的个别小叶片突然萎蔫（图1），摸一下叶柄，里面是空的，剖开可见髓部变褐、腐烂，和叶柄相连的茎部也会出现中空变褐（图2）。这种茎的外皮一般完好，个别的表面变褐或开裂，长出不定根。我们调查了一下，发病株率13.8%。姜站长问我："这是什么病？"我回答："不知道。"她听后有些失望。我安慰她说："不要急，只要这种病继续存在，我们早晚能知道这是什么原因造成的。"

三年过去了，这种病没有再出现。到了1984年7月我们在北京市延庆县的大柏老公社又见此病。这块病田是延庆县植物保护站的工作人员首先发现的。面积达到3 335m²，病株率达到60%。在这里一共见到3种症状：一种是小叶萎蔫死亡。即一个复叶其他的小叶都很正常，仅有少数和叶柄相连的小叶死亡。剖开叶柄心部往往连带有坏死腐烂的情况出现；另一种症状是，粗看起来茎秆没有明显的异常，仅中上部较宽，在茎的一侧有时出现裂缝（图3），劈开这种茎，可见到茎的髓部变为褐色或中空（图4）。病茎的下端生大量的不定根（图5）。严重的病株，部分叶片在烈日下萎蔫、枯死。还有一种情况就是有些植株的果实上生出一些"鸟眼斑"（国际上通称"bird's

图1 番茄溃疡病的初期症状：个别叶片的小叶突然萎蔫（刘泮华提供）

图2 番茄溃疡病的初期症状：萎蔫叶片的叶柄及基秆出现变褐中空

图3 番茄溃疡病的初期症状：基秆外部没有明显的异常，仅中上部较宽、开裂

图4 劈开这种茎，可见到茎的髓部变为褐色或中空

图5 病茎的下端生表面生大量的不定根

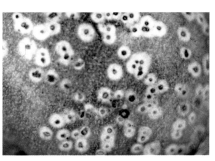

图6 在延庆大柏老见到的溃疡病"鸟眼斑"病果

图7 溃疡病"鸟眼斑"病果放大

图8 蓟马危害后在番茄果实上留下的白斑

图9 雨水将茎部的菌脓带出，在茎叶上留有发白的痕迹

图10 苏家坨因溃疡病流行而引起的番茄枯死病株

图11 茎部的细菌通过维管束侵染果实胎座和果肉的情形

eyespot"）。这种病斑的直径大约有2~3mm，中间有个木栓化突起的颗粒，周围有一白色的圈，将其包围起来，看起来像是一个个鸟的眼睛（图6、图7）。许多小斑点可以联合成不规则的斑块，但各自仍保留着白色的晕圈。这种症状有时易和蓟马危害留下的白斑（虫毒）相混。据我们观察两者的区别在于：番茄溃疡病的鸟眼斑中间的木栓化点稍大，木栓化周围略凹

陷后再隆起，病斑的直径比较均一；而虫毒引起隆起的白斑中间的点非常小，外缘变白的部分个体间形状和大小差异较大（图8）。

由于这种病斑的出现和茎叶上出现的症状不是同步的，也就是说果实长有鸟眼斑的植株，茎叶往往一点症状都没有。所以当时没有将鸟眼斑算作溃疡病。但是我们在查阅文献时知道"鸟眼斑"是番茄溃疡病

在果实上的表现，这时我们才意识到它们的关系。

随着我们对这个病害认识的加深，发现的番茄溃疡病的地方也越来越多。我们在北京的丰台区黄土岗公社、海淀区的四季青公社（镇）、苏家坨公社（镇），平谷县的夏各庄公社，大兴县的榆垡公社，以及在辽宁的鞍山等地都有发现。不仅露地番茄发生，保护地有时也会发生。其中，以苏家坨发生的最为严重。这块露地番茄正处于结果的盛期，在我们去之前3天，当地刚刚下过一场雨，所以病害表现十分严重。在这里除了见到的几种症状以外，还见到雨水将茎部的菌脓带出，在茎叶上留有的痕迹（图9）。此外，还可以看到花及花蕾被感染后形成的一个个褐色的病斑，以及大面积折倒、枯死的植株（图10）。茎部的细菌还可以通过维管束，侵染果实的胎座和果肉（图11），严重时会使幼嫩的果实皱缩、滞育、畸形。其中的种子很小、黑色、不能成熟。发病较轻的果实，外表看去大、小正常，偶有种子变黑或有小黑点。由于这种病种子对发芽率无明显影响，给清除带菌的种子造成困难。

1985年以前，我们都是根据症状认定这个病害的。据我们所知，当时国内还没有对番茄溃疡病菌的正式报道。面对这样一个重要的病害，长期缺乏对病原菌的鉴定，不能将这个病害作出结论，也不便发表出去进行交流。因此，需要有一个权威的单位，对这个病的病原作出鉴定。

后来我们知道当时的农牧渔业部植物检疫实验所对这个病害也十分重视，联合起来对此病进行了鉴定。鉴定的材料是1985年7月采自平谷县。首先将获得的病菌在"523"培养基上于28℃的条件下培养96h。当菌落长至1mm时进行观察。此时菌落圆形、黏稠状、光滑、边缘整齐略突起，全缘不透明。经3% KOH实验，为革兰氏阳性。同时用蘸根法及针刺法，接种到早粉二号的番茄苗上，10天后幼苗出现萎蔫。显微镜观察该菌菌体短杆状或棍棒形，无鞭毛，大小（0.7~1.2）μm×（0.4~0.7）μm。生化测定表明，该菌能氧化碳水化合物，但不能脂解，水解明胶缓慢；尿酶阴性，七叶灵阳性；适宜pH7；发育温限1~33℃，适温25~27℃，在53℃下10min致死。

根据病害的症状，病原细菌的特征以及病菌的致病性，将此病定为番茄溃疡病［*Clavibacter michiganense* subsp. *michiganense*（Smith）Davis et al, 当时用名*Corynebacterriu michiganense* pv. *michiganense*（Smith）Jenen］。这不仅向姜站长交了一份满意的答卷，并将此病与农牧渔业部植物检疫实验所的刘泮华及张乐联合撰文并发表于《植物保护》1986年的第一期（第32~33页）。

上面讲到的都是成株期发生的症状。据观察，番茄从幼苗到坐果期都可以发病。苗期发病先为一侧的某个真叶突然枯死。在室内人工接种的幼苗，发病比较严重，病株的叶柄往往下垂，向下与茎形成锐角（图12）。稍大一些植株发病，茎上可以看到下陷的溃疡斑（图13）。大田定植时发病可以造成缺苗断垄。番

图12 发病比较严重的幼苗，叶柄往往下垂，向下与茎形成锐角

图13 稍大一些植株发病，茎上可以看到下陷的溃疡斑（刘泮华提供）

茄搭架时可以看到成株早期的症状：下部叶子凋萎、卷缩，似干旱缺水状。

当时，国内还没有关于番茄溃疡病的研究报道。我们从文献上查到一些有关的资料。知道此病自1909年在美国首次报道以来，目前除已广泛分布在美国的番茄种植区以外，还有加拿大、墨西哥、南美洲、欧洲、澳大利亚、新西兰，此外在非洲和亚洲都有不同程度的发生，是番茄发生的一个重要的病害。在美国的密歇根州、纽约州、佐治亚州和犹他州都曾有过大爆发，造成的果实斑点使上市的番茄损失25%~75%。1943—1946年该病在英国流行，给当地的番茄罐头业造成了影响。但是该病的寄主范围限于茄科中的一些属或种，如番茄属、辣椒属、烟草属等47种。

另外，该病菌可在种子内外层及病残体上传带和越冬。有材料记载，当病、健果混合采收时，病菌会污染种子，造成种子外带菌1%~5%。从病果上采下的病果，种传率可以达到53.4%。土壤及病组织中的病原菌至少可以存活2~3年。因此，本病远距离传播主要靠种子、种苗及未加工果实的调运。病菌除可从叶片、茎部、花柄及幼嫩果实表皮的毛状体直接侵入外，主要由各种伤口侵入，包括叶片、基秆、幼根损伤。因此在分苗、移栽、整枝打杈或松土等各种易损伤的过程都可以成为病菌入侵的时机。此外，病菌还可以借助于雨水及灌溉水在田间的传播，特别是遇到温暖潮湿、结露持续时间长的环境；连天阴雨及暴风雨多的气候条件；使用喷灌的大棚或温室，一般发病都比较重。可以说在田间近距离传播蔓延，主要靠农事操作进行。病菌一旦侵入，通过韧皮部在寄主体内扩展，经维管束进入果实的胚，侵染种子的脐部或种皮，致种子内带菌。

有人认为此病在北京的发生和当时开始兴起的补偿贸易有关。即外国厂商提供的种子，在北京等地种植，将获得的产品再卖到国外。进口的种子带菌，造成了病害的发生。

根据当时的情况，我们提出了如下防治方法指导开展番茄溃疡病的防治：

1. 建议检疫部门将番茄溃疡病列为检疫对象，开展番茄生产用种严格检疫，防止其传播蔓延。

2. 建立无病留种地，从无病株采种；对引进的种子进行处理。处理时可用55℃温水浸种30min或70℃于热灭菌72h，5%盐酸浸5~10h或1%~5%次氯酸钠浸20~40min，或72%硫酸链霉素4 000倍液浸2h后冲净晾干后催芽。还可以在播种前用1.3%次氯酸钠浸种30min。

3. 使用以草炭及蛭石为基质的穴盘苗，采用营养钵育苗或用新苗床育苗应采用大田土；使用旧苗床育苗时，用40%福尔马林30ml加3~4L水进行消毒；再用塑料膜盖5天，揭开后过15天再播种。定植时采取高垄栽培。

4. 与非茄科作物实行3年以上轮作，及时除草，避免带着露水与雨水进行整枝打杈等农事操作。发病后注意肥水管理，避免大水漫灌，不偏施氮肥。

5. 发现病株及时拔除，全田喷洒14%络氨铜水剂300倍、或77%可杀得可湿性微粒粉剂500倍液或1∶1∶200波尔多液或50%琥胶肥酸铜可湿性粉剂500倍液、60%琥·乙膦铝（DTM）可湿性粉剂500倍液或72%农用硫酸链霉素可溶性粉剂4 000倍液或47%春·王铜（加瑞农）可湿性粉剂600倍液。

6. 积极选育抗病品种。目前国内种植的'中蔬4号''强丰''佳粉1号''佳粉2号''早粉''东农704''402东农''特洛皮克'等均有受害记录，不抗；但野生番茄高抗，可用于培育抗病品种。■

Example *13*

早年在北京见到的"西瓜果斑病"

最近，有人向我介绍西瓜病害，提到了一种"新病"——西瓜果斑病（*Acidovorax citrulli*）。听了他的介绍，我觉得这种病害好像在北京早就有过。发生的时间至少已有二十多年了，只是当时没搞清楚是什么病。

记得在20世纪80年代初，我从也门援外回来，研究的第一个课题是"北京蔬菜病害基本调查"。那时北京市科学技术委员会着力开展北京市农业资源调查，这个项目是其中的一部分。因此，我们经常到北京郊区开展以蔬菜病害为主的基本情况调查。时间长了，找我们问病的人也就多了。

1980年的夏天，早熟西瓜发生了一种病，即所谓的"烂西瓜"。在瓜摊上卖的西瓜，看上去好好的，切开一看，里面瓜瓤腐烂，根本无法吃。不光卖不出去，还有臭味。不少习惯将西瓜买回家吃的居民，常常遭遇花钱买到烂西瓜的尴尬。瓜农、瓜贩子、市民都被这些烂西瓜害得叫苦连天。此时，北京市农林科学院研究西瓜栽培的史老师找到我们，希望能和我们一起诊断一下这种病害，以便采取措施，解决北京的烂西瓜问题。

当时西瓜归商口管。1980年6月24日，我们找到发病较多的大兴县（现为北京市大兴区，下同）果品公司接待我们的是公司的杨技术员。他先介绍了大兴县西瓜生产的基本情况。说：这里西瓜面积19 000亩（1 267hm²），1980年计划产200万kg，是北京最为重要的商品西瓜生产地，上市量占全市的40%左右。当

地的西瓜品种是"早花"，应当是个不错的早熟西瓜品种。在问到西瓜的常发病害时，杨技术员说：常见的病害主要有炭疽病、霜霉病、枯萎病。当我们问到今年西瓜病害是否严重的时候，杨技术员说：今年炭疽病比较严重，引发市面上出现了许多烂西瓜。不过目前都采取了防治措施。用托布津（硫菌灵）已使该病基本上得到了控制。听完介绍，我们就请他带我们到现场看看。在他的带领下，来到大兴县的东方红公社天宫院四队的一片瓜地。我们见到了他所谓的"炭疽病"。这种病最初在瓜上形成油浸状小点（图1），病斑略突起后凹陷，分布一般较集中。剖开初发病斑病部可深入瓜皮，呈水浸状。后不断深入，一直深入瓜瓤，引起瓜瓤腐烂。一些发病较严重的瓜，表面可以

图1 西瓜果斑病在幼瓜上的初期症状

036

图2 西瓜成熟期果斑病的危害状

图4 被西瓜炭疽病危害的病瓜

图3 西瓜果斑病菌在瓜瓤里扩展的情况

图5 西瓜成熟期果斑病的危害状

见到凹陷斑（图2），除可以见到瓜皮部分腐烂外，瓜瓤也会腐烂（图3），并出现较大的空腔。和瓜摊上见到的烂瓜十分相似。据杨技术员说这就是这年大面积发生的西瓜"炭疽病"。

但是，我认为这里见到的不是西瓜炭疽病。西瓜炭疽病我见过，它在瓜上的危害是在瓜皮上形成一个凹陷斑，不深入瓜瓤，仅在表面生出一些粉色的黏液（图4）。和我在这里见到的不大一样。

在田间我们还见到这个病害在叶部引起的症状。即在叶面上形成大量的水浸状的小型角斑，斑多时，互相融合呈较大的水浸状病斑，有时病斑上覆盖有白色的菌膜（图5），也和炭疽病叶部症状不同。

接着杨技术员又带我们到大兴县定福庄公社梁家务大队、采育公社等地进行了观察，其中以采育公社发病情况最为严重，摘除了病瓜后，病瓜率仍有1%左右。

离开时我们告诉杨技术员，这些地方发生的不是炭疽病，而可能是一种细菌病害，因为它很像黄瓜的细菌性角斑病，暂时称其为"西瓜细菌性角斑病"。防治的方法可以参照防治黄瓜角斑病的方法，即使用200μL/L的链霉素喷雾。

有可能是我们去大兴县看西瓜病害的情况被北京市通县（现为北京市通州区，下同）果品公司知道了，6月28日我们又应邀到通县的宋庄公社摇不动大队看了两块地。发病的症状和在大兴县的差不多，但是病情要严重得多。在一个西瓜上会有多个突起的油浸点。病叶率达到30%，病瓜率达到60%~70%。据接待我们的公司卢经理介绍这里在1周前下了一次雹子，病害严重也与雹灾有关。

通过和卢经理的交谈，我们还了解到许多有关此病的情况。

他也认为这里发生的不是炭疽病，而是一种由种子传播的细菌性病害。实际上早在1977—1978年这种病就有发生，在北京每年各地发生的情况还不大一样。1979年该病在北京市顺义县（现为北京市顺义区）发生的比较严重，通县发生的比较轻。关于该病的发生期卢经理也有自己的观察，他认为在幼瓜期西瓜对这个病比较敏感，即在大批幼瓜受粉后的2~3天遭遇雨水时病害容易发生。所以防治此病，用药的时间要早，即在花期就需要防治。卢经理知道种子消毒是防治此病的重要措施，但是目前多用的是凉热水以2∶1的比例进行浸种，杀菌的温度偏低，也不利于病害的防治。

他认为这种病才刚刚开始，通县果品公司也提出了一套防治的方法，其中包括清除病瓜、排水防渍、药剂防治，但是推行起来也有难度。大家都认为目前的发病和近期的一次雷暴冰雹有关，但是往后的7~8月是北京的雨季，那时雷暴冰雹天气会更多，病害还会进一步加重。想到这些，许多瓜农对以后的防治工作都失掉了信心，不愿意再投入了。这次邀请我们来的目的是希望我们科研单位能够介入病害的研究，明确病原，育出抗病品种，找到经济有效的方法。

通过这两个地方的考察，我认为作为北京市的科研单位，研究解决这个问题确实责无旁贷。但是靠我们"基本调查"项目，是难有进展的。加上我们不具备研究细菌病害的条件，这件事情就被搁置了下来。

几十年过去，目前这个病害已被搞清楚[1]，并有了防治方法。如果再发生这个病害，相信会比我们那时要主动得多。■

参考文献

[1] 张荣意, 谭志琼, 文衍堂, 等. 西瓜细菌性果斑病症状描述和病原菌鉴定[J]. 热带作物数学报, 1998, 19（1）: 70-76.

Example **14**

八十年代北京郊区发生的蔬菜灰霉病

20世纪的80年代，我们和四季青公社联系较多。他们生产检查时，有时会通知我们参加，帮助他们及时地解决一些生产上的问题。1980年3月18日，我们又在公社生产组老霍的陪同下，从彰化村开始进行生产检查。

那时四季青公社新从日本引进了一座现代化大温室，听说温室内的温湿度可以根据需要设定，并自行控制。这样的温室当时还很少，很早就想进去看看。由于它就建在彰化大队的旁边，检查完彰化，在霍同志的带领下，我们走了一趟。

刚一走进温室，管理这座温室的老闻就迎了上来。没有等我们开口便说："快给我们看看吧！挺好的黄瓜，不知怎么，就一个劲儿地烂，打了些农药，也不管事儿。"

这座温室实际上是由东西2个连跨式大温室组成，中间由一个通道相连。我们走进的是东面的一座，种植的是黄瓜。西面种植的是番茄。

我们先看的是黄瓜。果然病得很严重。不仅瓜条腐烂，叶子、卷须、茎秆也都腐烂。腐烂后病部都长出浓密的灰霉。只要轻轻地一动，病菌的孢子便像灰尘一样，扑面而来。再仔细看，灰霉病瓜条多是由开败的花上开始，先是花腐烂，进而向瓜条侵入，并迅速向上发展。幼瓜被害变软、萎缩、腐烂、表面密生淡灰色的霉层。较大的瓜被害时组织先变黄，再生白霉，然后霉层转变成灰色（图1）。实际上有一些雌花，还没有受粉就受危害。被害瓜轻者生长停止，端

部腐烂（图2），重者整条瓜腐烂。叶片被害一般是由掉落的花附着在叶面引起的（图3），形成大型的枯斑（直径20~25cm），近圆形至不规则形，有时有轮纹，

图1 在四季青大温室首次见到的黄瓜灰霉病菌危害瓜条的情况

图2 由灰霉病病花引起黄瓜瓜条发病的情况

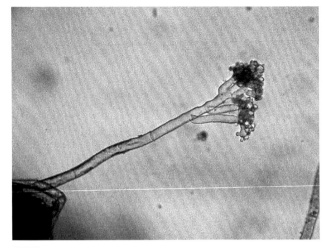

图5 蔬菜灰霉病菌的孢子梗及及其分支状

图3 落在叶片上的灰霉病病花，引起的黄瓜叶片发病的情况

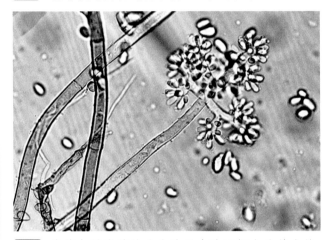

图6 蔬菜灰霉病菌的分生孢子在孢子梗上的着生状

达2.44%。

这种病我似乎见到过，是在此几年前，一个蔬菜冷库的工作人员送到我们实验室的病蒜薹。蒜薹除了腐烂，也长出灰霉。经过鉴定，确定为灰霉病（*Botrytis* sp.），属于一种储藏病害。但是，究竟是属于哪个种，没有能做下去。于是，我对老闻说："您这里发生的是一种灰霉病，以前我们还没有在田间见到过，需要回去做一些观察。"

至于防治，我们建议他们，先将温室中的病叶、病果和病瓜清除一下，清除的病残放到锅炉房烧掉。然后用百菌清防治一次。老闻告诉我们，他们有一种和大温室配套的日本农药，不知是否可用。他拿了一袋，药名叫Euparen（抑菌灵），从说明上看，防治对象中有白粉病和灰霉病。我认为可以用这个农药试试。

图4 黄瓜灰霉病引致的叶部症状，可见稀疏的轮纹

边缘明显，表面着生少量灰霉（图4）。烂果和烂花附着在茎上或茎部有伤口时能引起茎部腐烂。严重时，使下部数节腐烂、折断，引起植株上部死亡。当时粗略地统计了一下，黄瓜被害瓜率可达46.05%，死秧率

我们从田间采集了一些病样，回到实验室进行了鉴定。这种病菌的子实体较大，用肉眼即可见到

病部的表面毛茸茸的。挑下来在显微镜下观察，在粗大的孢子梗中间散落着大量的分生孢子。分生孢子梗直立，密生在基物上，淡褐色，有多个隔膜，顶端有1~2次分支，分枝的基部一般略缢缩，梗顶端一般略膨大，上生小突起，突起上着生孢子。孢子梗的长度变化较大，与着生的部位有关，大小为（811.8~3 207.8）μm×（9.3~24.8）μm（图5）。分生孢子包围在梗顶，易于飞散，球形、椭圆形、卵形、淡色、单胞，大小为（5.5~13.8）μm×（5~12.5）μm（图6）。经过与文献核对最后确认为：*Botrytis cinerea* Pers.。鉴于这个名字是根据其无性世代确定的，而在发现了有性世代后，应当使用其有性世代的学名。所以后来有人使用*Sclelotinia fuckliana*（de Bary）Fuckel（富克尔核盘菌）作为该菌的学名。

根据文献的记载，我们了解到，该病容易在高湿弱光照的条件下发生。虽然主要通过菌核越季，但是在干燥的条件下分生孢子可以成活138天，也就是说没有菌核，病害也可以传播。在此基础上，我们分析：这种病害严重发生是和当时的天气有关。当年从3月3日至19日半个月来基本上是阴天，正符合灰霉病发生的条件。据此提出了以下防治建议：

1. 改善温室的温湿度管理：白天适当地放风，夜间提高室温；降低室内空气的相对湿度，减少植株表面的结露，有条件的地方可采用地膜覆盖和滴灌技术。发病时及时打去植株下部的老叶，以利通风，降低相对湿度。

2. 及时清除病果、病叶及侧枝卷须，烧毁或深埋，切勿乱扔病果，人为地扩大病区，严禁病区人员到无病区串行，以免将病菌带入。

3. 发病初期使用药剂防治：如75%百菌清可湿性粉剂500~700倍液，50%托布津可湿性粉剂800倍液，1∶1∶160倍的波尔多液如果因清除病残造成了一些伤口，可以使用50倍的托布津涂在伤口上进行保护［目前，市场有比上述防效更好的药剂，如甲霉灵（硫菌·霉威）、嘧霉胺等］。

这年4月16日我们又去了一次这个大温室。看到黄瓜灰霉病已明显地减轻。一些社员正在采收。他们见到我们高兴地说：这茬黄瓜完全可以坚持到6月份。同时还介绍了一些他们防治的经验。其一是改变温室的温、湿度。据报道，灰霉病菌最佳的发育温度是21℃。为了避开这个温度，白天的温度由25℃提升至28℃，夜间的温度由10℃提到15℃，使棚室里的相对湿度由92%降低到85%的方法，控制了病害的发展。

图7 番茄灰霉病的晚期病果

图8 由番茄脐部入侵的灰霉病菌引起的症状

图9 灰霉病菌在番茄叶片上危害时引起的症状

另一个办法是将距地30cm范围内的叶子全部打掉，提高植株间的通透性。他们还认为：药剂防治的作用并不是很大，如果田间的湿度大，即使用在伤口涂药的方法，防治效果也不会好。

看完黄瓜，老闻说北面温室的番茄也有发病。开始我们觉得这块番茄灰霉病发生的不很严重，但是仔细调查发现，灰霉病害也不轻。据老闻说这块番茄发生灰霉病大约较黄瓜要晚10天左右，截至我们看时已

图10 灰霉病菌对番茄茎部的危害状

烂了150~200kg。

灰霉菌对番茄的危害，多数情况是病菌先侵染青果上残留的花瓣、花托或柱头，然后向果面发展。被害青果果皮变为灰白色，质软易破。后期在果、花托和果柄上出现大量淡灰褐色的霉层（图7、图8）。被害果不脱落，失水后僵化，皱缩。有时整穗果实都会被害，当新发病的果实开始腐烂的时候，先前发病的果实已干缩。我们粗略的统计发现被害果可达24%。实际上有的还没有坐果的花也会发病，引起大量的落花。叶片发病多从叶尖和叶缘开始，病斑较大。叶尖发病后形成的病斑多为菱形，表面有明显的斑纹和稀疏的灰霉（图9），叶柄和茎部受害往往是通过叶片发展过去的，也可以通过整枝打杈形成的伤口侵入。病部初为水浸状腐烂，后干枯，表面生灰色霉层。如果是茎基发病，可引起整株枯死（图10）。

该大温室番茄上发生的灰霉菌分生孢子梗大小为（1 429.2~3 207）μm×（12.4~24.8）μm，分生孢子（6.25~13.75）μm×（6.25~10.0）μm。似乎比黄瓜的要大一些。但是后来知道这并不是很重要，实际上它们是一个种，有时黄瓜灰霉病的孢子梗的尺寸会大于番茄的。

据老闻说，这个病害的传播性很大。这座现代化玻璃大温室分东西两栋，中间有一过道相连，当东栋灰霉病发生严重时，西栋尚未发病。立即采取减少两栋间来往的措施，经过一个月，东栋基本上没有发病。但是发现设有温湿度观察仪的通道有几行有灰霉发生。有可能是因观察人员往返两个温室的过程中，将病菌携带到西面的温室里。该现象发现说明人为的传播在病害的扩展中起着十分重要的作用。对于番茄灰霉病，他们采取的防治方法除了施药以外，还将第一穗果下面的叶片都打掉，第二穗果以下叶片，打掉一半，用增加田间的通透性方法，使病情得到缓解。

由于黄瓜灰霉病首先在现代化大温室发现，我们很容易联想到这个病是否是从日本在引进设备时携带进来的。但是，进一步的调查否定了这样的疑虑。这年4月1日，我们到四季青彰化大队调查番茄病害，该大队的干部说：这个病的发生至少有3年了，目前已比较普遍。由于四季青现代化大温室就在彰化大队的旁边，黄瓜上的灰霉病很可能就是由彰化大队的番茄上传过去的。另外，4月2日我们在丰台区南苑公社樊家村大队发现了莴笋灰霉病；4月9日在朝阳区太阳宫公社八大队一小队也采到番茄灰霉病的病果，这些情况否定了灰霉病是通过引进大温室带来的猜测。

我们发现当时在国内还没有关于蔬菜灰霉病的报道，就将相关情况整理成文，发表在《植物保护》杂志上（1980，北京郊区春季蔬菜灰霉病调查，《植物保护》5期）。

经过30年的发展，目前灰霉病已经成为设施园艺方面的一大病害。不光蔬菜发生此病，很多园林植物，都有发生。据不完全统计，仅北京就有超过50种以上的栽培植物会遭到灰霉病的危害，甚至保存在冰箱里的蔬菜也会被灰霉病搞得面貌全非。我们也开展过蔬菜灰霉病的研究，但是要战胜这个病害难度很大，我们还任重道远。■

Example 15

番茄和辣椒的脐腐病

1998年11月初，我和我院蔬菜所的张女士应邀到北京市房山区窑上村进行蔬菜栽培技术的培训。

据了解，这次活动是村妇联组织的。她们的妇女主任姓薛，人非常热情。不知怎么打听到我的联系方式，打电话要我给她们村的妇女上一课。

刚一开始，我还有点纳闷，觉得这件事儿应该由农技部门来做，现在怎么搞的，妇联也管起技术培训来了？后来才知道，这是今年她们村妇联办应妇女们的要求，为大家办的几件实事儿之一。目前，北京郊区种地的多是妇女和年岁比较大的男士，这种现象应当说很正常。

在薛主任的带领下，我们先来到镇政府的一个会议室。还没进门，就听到里面的妇女有说有笑，非常热闹。见我们进屋，一下子安静了下来。不过，过了一会儿，又热闹了起来。人不是很多，顶多有20来个。

开会的时间已经过去了10多分钟，薛主任向大家拍了拍手，说："不等了，今天的培训开始。"这时，会议室马上安静了下来。

"今天培训的方法是这样的：先请二位老师到地里去看看，给我们种的蔬菜把把脉。然后再回到这里，讲讲防治和管理的方法。"薛主任说。

我们走进镇政府北侧的一个种植区。一眼看去，大约有几十个日光温室。所建的温室都是干打垒那种。走在前面的薛主任大声地说："淑华（化名），咱们就先看您的番茄好不好？"刘淑华从后面挤了过来，

图1 番茄脐腐病初发病果

图2 严重地块被丢弃的番茄脐腐病病果

图3 植株上出现的甜椒脐腐病病果

图4 辣椒脐腐病病果

图5 被丢弃的甜椒脐腐病病果

高兴地说："好嘞！"

我们一齐走进温室，看到这里土壤不是很好，一是沙性比较大，另外，在洇过水的地方，还泛出了盐碱。但是，里面的番茄长得不错，一眼看去已有一人多高，深绿深绿的，有的果实已经开始变红。

"先让淑华给专家们介绍一下这块番茄是怎么管

理的，有什么问题，请专家给看看都是什么毛病。"薛主任说。

刘淑华说："这茬番茄是用营养钵育的苗，7月15日下的籽，8月15日栽到棚里的。这个棚种前使用过5方有机肥，100kg过磷酸钙。自从定植到现在，共浇了一水。现在的问题是，有些烂果。"

说实在的，我从一进温室，就很注意有什么毛病，还没有发现烂果。就对她说："烂果是什么样子的？能给我们找几个看看吗？"

我们跟着她向温室深处走去。果然从一株上找到几个病果。这些果实个头较小，但是，发育得较快，其他果实还是绿色的时候，它已经开始转红。同时，在果子的脐部，凹陷了下去。凹陷的部位表皮的韧性还比较好，有的表面比较干。一般是灰褐色的（图1、图2）。

"这是脐腐病。"我对大家说。

走在前面的几位也发现了一些病果，举着几个病果挤了过来。边走边说："李老师，您给看看，这些长毛的也都是脐腐病吗？"

我看了看，这些果实和刘淑华摘的一样，只是有一些在脐部凹陷的病灶上长出了一些霉层。霉层的颜色各异，有白的、红的和黑的。

"都是脐腐病。长出的毛都是在脐腐病病斑上长出的霉菌。"我说，"刚才我们看到的第一批病果上的病斑，实际上都是死亡的组织。在潮湿的条件下时间久了，就会有腐生菌在上面生长。如果是交链孢，颜色就是黑的；如果是单端孢或镰刀菌，颜色就是白的，或红的。"

看完了刘淑华的番茄棚，薛主任又带领大家走进张书芝（化名）的棚。她这棚种植的是辣椒。秧子长的黑绿黑绿的，目前辣椒的门椒和二道梁子都已长足，一眼望去也挺不错的。薛主任走在前面，扯着嗓子问："书芝，你这棚有什么问题没有？"

"我这儿没有烂果的问题。但是，果实上一块块的变色。有人说是太阳晒的。"

说着，从田间摘下了几个有病斑的辣椒果实，递了过来。

我看到这些辣椒果上确实有一些斑，多分布在果实下端的任意部分，灰褐色，不定形状，发干。我认为这不是太阳晒的。说："太阳晒的变色的一般都在向阳面，太阳能晒到的地方，我们叫它日灼病。而您的辣椒病斑多数在果尖上，这些地方一般不大会被太阳晒到。考虑到这棚辣椒土壤比较干，完全具备发生脐腐病的条件。这里发生的应当是辣椒脐腐病（图3、图4）。"

接着，我们又到吴素清（化名）的甜椒棚里看了看。她的这个棚里也有一些类似的烂果。不过，腐烂的部分多集中在果实的顶部。灰褐色，一般略有些凹陷。有了上面两种脐腐病，大家似乎对这类病害熟悉了一些，找到了一些规律。还没等我说话，有人就主动地问我，甜椒果实上的这种毛病是不是也叫脐腐病？我说："对，这也是脐腐病，甜椒脐腐病（图5）。"

听了我的回答，有人问如何防治番茄、辣椒脐腐病。薛主任要大家不要着急，等到看完了棚里的蔬菜，回到培训室再给大家一起讲讲。

在这些棚里，除了脐腐病外，辣椒、甜椒叶片上还看到甜菜夜蛾危害的一些虫孔等等，我都一一做了解答。又看了几个温室后，在蒋主任的带领下大家一起回到培训室，开始培训。

首先，由和我一同去的张女士讲甜椒和番茄水肥管理等栽培中存在的问题。而我用投影仪放了以前拍到的图片，重点介绍了脐腐病发生的原因和防治方法。我说：

"脐腐病主要是因缺钙引起的。有人会问我，在种植前还施用了过磷酸钙，土壤里钙素不少，为何还会得脐腐病。这是因为番茄、辣椒和甜椒对钙的吸收不好，就像是一个人，饭量不小，就是不长肉一样。什么原因会影响到番茄、辣椒、甜椒对钙的吸收呢？研究表明，当土壤溶液的浓度较高的时候，钙的吸收就会受到干扰。而且钙素移动性较差，所以在脐部就容易发生缺钙，导致组织坏死。那么，土壤溶液的浓度会受到哪些因素的影响呢？首先，和土壤的含盐量有关。例如，盐碱地、或是施用肥料的量过大，都会使土壤浓度增高。再就是缺水，就像一杯盐水，随着水分的蒸发会越来越咸一样，也会使土壤浓度增高。另外，缺钙还和品种的特性有关，有的品种对钙的吸收能力较差，就对钙素较敏感，容易发生缺钙。您们这里脐腐病比较重的原因，我估计一是和你们这里的土壤盐碱度较高有关。另外，从秧子的长相看，植株有点缺水。"

"根据您们这里的情况，我建议：第一，清除病果。已发病的果实毫无用处，只能消耗营养，诱发病害，最好摘掉。第二，赶快补钙。补钙的方法较多，为了来得快，可以用根外追肥的方法。即将钙素用喷雾器喷在叶面上。目前市场上钙肥较多。比较省钱的方法，可以使用0.5%氯化钙+百万分之五的萘乙酸。第三、立即浇水。我从您们的番茄、甜椒地里植株的长相上都可以看出缺水的情况，赶快浇水。"

这时，有位女士问我："你说我们这里（棚）的毛病是（土壤）缺钙造成的，您没有化验怎么知道的？"

"我这可不是乱说。一般地说，蔬菜得病后都会出现相对稳定的症状。这些症状可以通过查书查到。那书上图片和描述又是根据什么确定的呢？是通过模拟试验。即将番茄、甜椒放在缺钙的环境里培养，看它会出现什么异常的表现。将它拍成照片，记录下来，以后再出现这种表现，就知道是什么原因了。"我答。

还有的问："你说从我们番茄的长相上就可以看出来番茄地里缺水。是根据什么看的？"

"是根据心叶的颜色看出来的。当植株缺水的时候，心叶一般是深绿色，你浇过水再看，就会发现颜色转为鲜绿色（偏黄绿色）。大家可以根据心叶的表现，决定是否浇水。你们这里的番茄心叶颜色很深，是缺水的表现。"

还有的问："那为什么在一行里，种的是一个品种，而且是一块儿栽的，而有的秧子发病，有的秧子不发病，是什么原因？"

"这个问题提得很好。"我答，"这和植株的个体差异有关。就以番茄为例吧，我看到发病的往往是大的植株。大植株需要的水多，但是浇水的时候得到的水和其他植株一样，所以更容易发生缺水，时间久了就会发生脐腐病。解决的方法是：培育出大小一样的苗子，这就看师傅的水平了。有经验的高手在育苗时经常会调整番茄在苗床里的位置。使每一棵植株获得均匀的水分、空间、营养等条件，育出的苗非常整齐，栽出去就不容易得脐腐病。另外，定植的时候还要注意将苗子选一下。尽量将大小一致的苗子栽到一起，这样在定植后管理起来就比较好控制。如果在一行里大小苗混在一起，必然会出现有一部分苗缺水的情况，引起脐腐病的发生。"最后，我总结道："茄果类脐腐病的预防，更重要的是靠栽培措施。只要能做到精细管理，这个病就能得到控制。"

薛主任看了一下手表，说："时间不早了，今天，我们就请这两位老师讲到这吧！如果还有问题，我们再请二位给大家讲课，谢谢二位。"在一片掌声中，结束了这次培训。■

Example **16**

北京发现韭菜及小葱灰霉病

　　在我们北京市农林科学院的北面，有个面积1 000多亩（66.67hm^2）的韭菜菜地，是由天津请来的高师傅指导种植的。一直长得不错。1981年2月我们听到北京四季青公社的技术员反映，这个基地的韭菜上发生了一种新病，即叶子上先起白点，接着就腐烂。不知是什么病害，要我们去看看。

　　发病的地点离我们很近，从我们研究所骑自行车用不了十分钟就到了。看的是在一种比较简单的小拱棚，这种棚的北面是一道土墙，然后用竹片弯成拱形，插在南面，搭成支架，顶部盖上塑料膜，夜里用盖草帘子外覆盖保暖，即可种韭菜。不过这种棚空间较小，钻进去干活的人，总需要弯着腰或蹲着干活。

　　还没有进拱棚，我们就见到拱棚外面扔有一堆堆的烂韭菜。技术员说，这些都是从棚里清出来的发病的韭菜。

　　我们钻进小拱棚，看到菜农正在收韭菜。使用弯弯的韭镰将长有三十多厘米高的韭菜齐根割下。然后抖掉泥土、摘掉烂叶、码放成堆；再用稻草捆成一把一把的，就可以上市了。收完后，韭菜田的地面上还需要盖一层土（他们叫"上土"），即用收韭菜时抖下的土稍加一些新土盖在上面。他们说："几年来这么种都没有出现问题。但今年的韭菜，从一月份开始，普遍生小白点，外叶烂的也比较多。每次收割起来要把烂叶摘掉，很费工。"我们看到在棚里烂韭菜也是一堆堆的，损失不小。

　　我蹲了下来仔细查看这里的病韭菜叶片。多数都有斑点，斑点浅灰色至白色，宽0.2~2mm，长0.5~7mm（极端的可达15mm），椭圆形至梭形（图1）。发病初，病斑表面光滑，后期病斑的表面有灰色的霉层。较老的病斑会融合为较大的病区，引起叶局部枯死。有些病叶下半截还保持绿色，上半截或全部枯死、折倒，在枯叶的表面生有一块块的灰色至灰褐色的茸毛状的灰霉（图2）。还有一些叶片表面的白点不多，但由上次收获时留下的刀口处向下腐烂，初为水浸状，浅灰绿色，后变为浅灰黄色，并伴有轮纹；多为半圆形至"V"字形向下扩展。严重的可以向下扩展2~3cm；这种病斑的病组织在潮湿的时候，表面生出灰至灰褐色茸毛状的霉层（图3、图4）。

　　据四季青的技术员说，这种病不光危害生长中的

图1 韭菜灰霉病白点型症状

图2 韭菜灰霉病叶后期在病部产生的霉层

图3 韭菜收获后切口染病情况

图4 灰霉病重病区韭菜烂做一团

韭菜，在采收下来及丢弃的韭菜上，还能继续发展。时间长了，形成软腐状；有时候一捆韭菜烂成一摊泥，发出很难闻的味道。这种韭菜还怕水洗，洗后会烂得更快。技术员告诉我们：这个基地，几乎各种形式的保护地里都有这种毛病，而以这种小拱棚里发生的最为严重。如果发展下去，损失就大了。大队领导对这种情况十分着急。

那个时候，北京番茄、辣椒上的灰霉病（由灰葡萄孢引起）正闹得沸沸扬扬。我认为，韭菜上发生的和番茄、辣椒发生的都是相近的。可以参照防治番茄、辣椒灰霉病的方法进行防治。因此，提出了四点建议：

1. 建议他们喷药。根据当时市场上常见的农药种类，建议他们使用：50%多菌灵可湿性粉剂1 000倍液、75%百菌清可湿性粉剂500倍液、40%代森锰锌可湿性粉剂400倍液。要从韭菜一露头就喷，每5~7天喷一次。［目前建议使用：硫菌·霉威（万霉灵）可湿性粉剂1 000倍液、40%嘧霉胺（施佳乐）悬浮剂1 000倍液进行防治］。

2. 做好病残的处理。即将清下来的病残株不要长

期地堆在棚里棚外。应当找个地方深埋或烧掉。特别是在上土时，不能再使用收韭菜时抖下的病土。那样等于帮助病害传播。

3. 做好棚内放风降湿。每天上午太阳出来后，放一下风。

此外，还建议他们抽时间做一下调查，以便更全面的掌握病情；同时比较一下不同类型的棚室不同品种发病的情况。后来知道，在这里小拱棚发病较日光温室严重。在不同品种中，"黄苗"要比"汉中韭"抗病。

在四季青远大大队出现了这个病害之后。发现我们家从市场上买回来的韭菜上也有这种病害。这并不奇怪，因为我们家就在四季青的范围内，菜市场和摊上买的韭菜，很有可能是四季青韭菜基地的。通过观察发现，我们家里买来的韭菜叶上的白点，时间长了也会长出灰霉。更糟糕的是发现这种有白点的韭菜就是放在冰箱里也搁不住。没有几天便烂成一摊泥。我下力气从病韭菜里摘出一些发病轻的，和豆腐炒在一起，准备品尝。可是整整的一盘菜都是那种发臭的霉味，根本没法吃。通过这段实践，使我明白了韭菜

上白点和整梱腐烂的关系，原来都由韭菜灰霉病引起的。

后来我们抽时间对韭菜灰霉的形态和生物学做了一些研究。

通过显微镜观察，发现韭菜灰霉病和番茄灰霉病菌在形态上有些不同。韭菜灰霉病菌的孢子比危害番茄、辣椒的灰葡萄孢要大（表1）。最大的区别在于，韭菜灰霉病菌在孢子脱落后，分生孢子梗的侧枝干缩形成波状的皱褶（像手风琴的风箱那样，图5）。此外，韭菜灰霉对温度的适应性较强。在15~33℃的6个梯度下观察了病菌的生长情况，发现菌丝在30℃以下都能生长，在27℃下菌核产生的最多（图6），30℃以

表1　灰葡萄孢及葱鳞葡萄孢分生孢子的比较

寄主	病原菌分生孢子大小（微米）	
	灰葡萄孢 （*Botrytis cinerea*）	葱鳞葡萄孢 （*Botrytis squamosa*）
韭菜		（12.5~25）× （8.75~18.5）
番茄	（6.25~13.75）× （6.26~10.0）	

上不能产生菌核。分生孢子在韭菜浸出液、1%糖水中及水中的萌发率分别为97.2%、96%、23.9%。

最后，我们认定这里韭菜上发生的灰霉病是由葱鳞葡萄孢（*Botrytis squimosa* J.C.Worker.）所引起。

同年3月20日，我们参加北京市植物病理学会的蔬菜考察活动。在北京市朝阳区的周庄子的小葱上，见到有很多的干尖。而且在葱叶上有很多的白色小点。经过室内的鉴定，和韭菜上发生的是同种的灰霉病（*Botrytis squimosa*）。

至此之后，北京发生韭菜灰霉病比较普遍。以至于20世纪末有一年的深秋，在顺义区赵全营镇露地种植的千亩（66.67hm²）韭菜上，也见到很严重的韭菜灰霉病。

1984年，我们将调查研究得到的有关韭菜灰霉病的情况整理成文，发表在1985年第一期的《植物保护》上[1]。■

参考文献

[1] 李明远，刘洁. 韭菜灰霉病[J].《植物保护》，1985，01：49-50.

图5 葱鳞葡萄孢的孢梗及分生孢子的形态（墨线图）

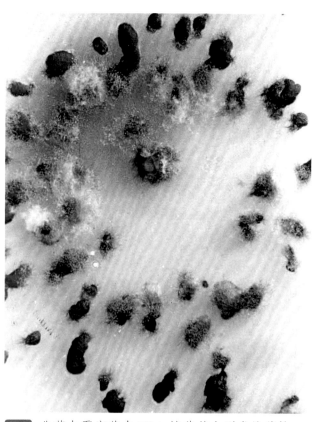

图6 韭菜灰霉病菌在 PDA 培养基上形成的菌核

Example 17

北京发现黄瓜黑星病纪实

北京的黄瓜黑星病发现于1988年。距现在已经有近30年的历史。但是当时的情况，仍历历在目。

1988年5月的一天，我们北京市农林科学院植保环保所接到延庆县植保站打来的一个电话，说延庆监狱里种植的黄瓜发生了一种怪病，希望我们派人过去帮助鉴定一下，并在防治上给出出主意。

由于我此前在北京开展过蔬菜病害的调查，又担任着市政府蔬菜顾问团的植保顾问，这个任务就落到了我的头上。

到了延庆县植保站，在"二马"（站长和管病虫测报的都姓马）的带领下，开车没有走很远就来到延庆监狱。和一般监狱一样，戒备十分森严。我们的车被挡在门外。打了电话进去，过了半天出来一个警察。在他的带领下我们的车才开了进去。一直走到最里面，看到有一些菜田和温室。一些穿着狱装的中、老年人在里面劳动。我想这些大概就是被关押在里面的犯人。

警察对一个在干活的犯人说："去喊你们的组长来。"不一会儿来了个瘦高个儿。

"你们闹病的黄瓜在哪儿？让专家给看看。"警察说。

我们跟着他进了一栋温室。里面种着大约有1m多高的黄瓜秧子。上面结了一些歪七扭八、大大小小的黄瓜（图1）。瘦高个儿指着这些黄瓜说："今年怪了，这些黄瓜没有顺溜的，您给看看怎么整。"

实际上我们也都没有见过这种毛病，来之前也没

图1 在延庆监狱见到的黄瓜黑星病病瓜

图2 由黄瓜黑星病菌危害引起的一种畸形瓜

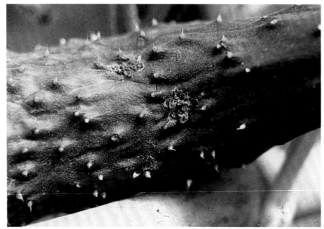

图3 黄瓜黑星病菌在瓜条上引起的伤口及流胶

图4 黄瓜黑星病菌在瓜条上的病斑及霉菌

图5 黄瓜黑星病菌在叶片上引起的穿孔

图6 黄瓜黑星病叶部的初期症状

有作任何的准备，半天没有说话。我看到这里弯曲的黄瓜，都好像有过伤口，愈合了以后，使瓜的这个部位缩缩，引起了瓜条的弯曲。多数弯曲的不大严重，呈弯月形。个别发病严重的瓜条弯呈圆形（图2），像这样的黄瓜在内侧往往有一条缝合线。看了半天也不知这些缝合线是如何形成的。

按照我鉴定病害的常规，首先要排除是生理病害的可能。就问瘦高个儿："你喷过什么东西没有。"

"没有。在这里我们不让使农药。"瘦高个儿答。

"是什么品种？"我问。

"好像叫什么密刺，是我们一个同志从长春老家带来的。"警察回答。

"是长春密刺？"我问。

"对对，就是长春密刺。"

接着又是一阵沉默。我再进一步寻找可能发生问题的蛛丝马迹。在几条较老的黄瓜条上，发现有个窟窿，在窟窿的旁边附着一些胶珠。有的流胶处的组织有些溃烂，似乎在溃烂处还有些黑霉（图3）。我继续观察，还发现一些黄瓜上有些腐烂的病斑，边缘有

些隆起，中间有些凹陷，凹陷处表面上也有黑霉（图4）。我认定这里的病害，可能和这些黑霉有关。我用扩大镜看看黑霉，由于放大倍数太小，只见毛茸茸的，看不清楚。我小心地将这些病瓜放在塑料袋里。对他们说："这里发生的可能是我以前没有见到过的一种新病。需要使用显微镜观察一下上面长的黑霉，才能知道是什么病。"

这时县植保站的小马拿来几个叶片，问我："您看看，这个叶子上的窟窿是否和瓜上看到的病害是一种？"

我仔细地看了一下这个叶片。上面有一些大小不等的窟窿。窟窿的边缘很不整齐；其边缘残留的叶组织已枯死，呈浅黄色。窟窿外侧和健康组织相邻的部分还有皱缩，使较小的病斑的形状变为星状（图5）。其中有一个病斑，边缘有黄色的晕圈，中间呈污绿色，虽当时没有破裂，但是组织结构已遭到破坏，很容易掉落。我想这可能就是那种星状病斑的初期阶段（图6）。

这时我还注意到在植株的叶柄和茎部，也有一些

图7 黑星病菌对黄瓜茎蔓的危害状

图8 黑星病菌对黄瓜植株顶尖的危害状

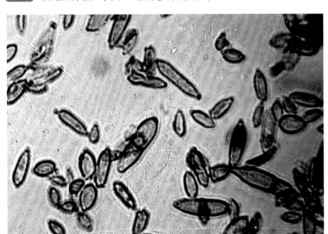

图9 黄瓜黑星病菌的分生孢子

图10 黄瓜黑星病菌的分生孢子在孢梗上的着生状

病斑，一般为溃疡状（图7）。甚至一些卷须也有腐烂的，使其变为浅褐色。还有一些生长点腐烂，扭曲变形（图8）。对后来发现的各种症状表现都分别的取样，装入塑料袋中。然后对他们说："虽然还不能告诉你们怎么防治但是可以将烂瓜、烂叶清理一下，送到锅炉房烧掉。此外，还应对这棚黄瓜加强管理，注意控水、放风，降低温室里的湿度。"

在回北京的路上，我想起最近东北发生的一种黄瓜病害，叫黄瓜黑星病。难道这么快就传到北京了？

回到研究所，我将黄瓜叶片上的黑霉用刀片刮下，放在显微镜下观察。看到了很多大大小小的呈椭圆至梭形的孢子。和文献上报道的相同。证实延庆发生的真的是黄瓜黑星病（*Cladosporium cucumerinum*）（图9、图10）。

后来我了解到，当时吉林省长春市正闹黄瓜黑星病，是他们好心的民警，将这个病害通过引种带到了北京。

时隔不久，在北京丰台区发生了一场纠纷。说是黄土岗乡的菜农和菜贩子打起来了。事情是这样的：一些菜贩子到黄土岗收购黄瓜。讲好价钱后发现有几筐黄瓜，仅上面两层是顺溜的，下面的都是弯弯扭扭的"锛头棒槌"。菜贩子一生气将他的黄瓜都倒在了地上。当地的农民急了，双方就打了起来。事情闹大了，黄土岗科技站找到我们研究所。要我们作出技术鉴定，说清楚这些黄瓜是否有问题。

我过去一看，和延庆监狱出现的问题完全一样。经过室内鉴定，证实黄土岗黄瓜上发生的也是黄瓜黑星病。

我们发现黄瓜黑星病的消息不翼而飞，并得到多方面的关注。除检疫部门将其划为地方性的检疫对象、科委及农业部立项开展研究，此外还为病害防治制作、印刷了不少宣传材料，在我们的帮助下，中国农业电影制片厂拍了一部《警惕黄瓜黑星病的流行》科教片。还好，不久黄瓜黑星病就得到了控制。■

Example **18**

未定种名的茴香霜霉病

1996年的早春，北京市丰台区植物保护站的赵先生给我打电话，说：南苑乡新宫村的一棚茴香上发生了一种病，叶上面长白毛，有些像是灰霉病，打了不少农药也不管事儿，想请我去给看看，怎么能防治住。

那几年我正在研究蔬菜灰霉病菌的抗药性。茴香上的灰霉病我还没有见到过，能采到茴香灰霉菌，会为我增加一种新灰霉菌抗药性的情况。第二天要了个车，背上我的相机和一些塑料袋就出发了。在植物保护站我找到了赵先生，在他的指引下，我们一起来到新宫村。路上我问赵先生，发生的面积大吗？他说："目前不大，就在一栋温室里发现。"又问："发现有多久了。"答："有一个礼拜了。"

说着我们就到了新宫。看到一片较矮的日光温室。我们钻进了一栋，正好遇到温室的主人刘师傅。他正在准备打药。

"刘师傅，这位是市农科院植保所的李先生，专门搞灰霉病防治的。请他给咱们看看如何防治？"赵先生说。

"刘师傅，您好。"我说"这是在准备打什么药？"

"速克灵。……以前用的多菌灵不管事儿。后来听说速克灵对灰霉病特效，可是打过一次，还是不行，想再打一遍。要是还不管事儿，真没招了。"刘师傅说。

在刘师傅的带领下，我们向棚的深处走去。这个棚不是很大，至多有半亩地（333.5m²）。但几畦茴香，种的比较严实。没走几步就见到有些茴香叶片有枯死的。开始是一些零星的，再往里走，还有成片枯死的。最里面的几畦已死得差不多了。我们蹲了下来，仔细地观察。发现很多枯死的和没有枯死的叶片上都长了很多的白毛（图1）。粗看上去，确实很像灰霉病的早期症状。

但是再仔细看，就觉得不大像是灰霉病了。我觉得有下面几个特征和灰霉病不一样：①这些白霉无论生长在哪里都是白色的。如果是灰霉病，早期霉层是白的，在晚期应当变灰。②如果是灰霉病，霉层（病征）应当长在已腐烂的组织上面。而这里所见好像是病征和病状同时出现。甚至叶组织还是绿的，白霉已经长在上面。③灰霉病多从下部叶片开始发生，但这里的病害，中、上部的叶片发生严重，下部的叶片反而没事儿。④如果是灰霉病，打速克灵应当有效。这种农药可是当时防治灰霉病的王牌农药。可能不是灰霉病，用错了药？

于是，我对赵先生说："这可能不是灰霉病。"

"那是什么病？"赵先生问。

"我也是第一次见到。有点像番茄晚疫病。前两年，我在四季青看到的晚疫病病苗和这里看到的很相似。但这儿不会是晚疫病，晚疫病是专性寄生菌，不会发生在茴香上。"我说。

"那么，这里发生的是什么病？"

"还有点像是霜霉病。但是，我也没听说过茴香会发生霜霉病。需要带回去一些标本，用显微镜看看，就明白了。"

"那好！"他转过脸对刘师傅说："那就先别打药了。等李老师搞清楚了再用药也不迟。"

为了回去鉴定，我先是用照相机把茴香的病株拍了下来（图1）。然后又用塑料袋装了一些病叶。让赵先生等我的电话。

由于时间还比较早，赵先生问我是不是多看几个茴香棚的发生情况。开始我答应了下来，但是又一想，不妥。就对赵先生说："这次就免了吧。因为咱们刚刚从有病的日光温室里出来。身上说不定带了不少病菌。接着再去看别人的茴香，搞不好会将病菌给传开。"

回到研究室后，我立即对采集的病菌在显微镜下进行了观察。结果表明，真的不是灰霉病，而是一种霜霉病。这种霜霉比较特别，根据分生孢子梗的形态，应当属于轴霜霉菌（*Plasmopara* sp.）。但是，翻遍了我手头所有的有关真菌分类的书，没有发现在茴香上有关霜霉病的记述。

只要知道这是霜霉病，不知道种名不会影响这个病害的防治。我在当天下午就把结果告诉了赵先生，让他通知刘师傅换药。建议使用25%瑞毒霉（甲霜灵）可湿性粉剂600倍液或问世不久64%克露（克霜氰·锰锌）可湿性粉剂600倍液。7天过去，得到的反馈是用克露把病害控制住了。从防治的结果反证了我鉴定的结果是正确的。

但是，对我来说，问题还是没有得到彻底地解决。我觉得这次发现的茴香霜霉菌很可能是在我国的新纪录。应当集中力量，将这个霜霉病菌鉴定到种，发表出去。

为了将其鉴定到种，我就开始了对病原菌的观察和描述。测量了无性子实体的大小，模仿在显微镜下看到的，还画了一张病原图（图2）。为把种名搞清楚，又查阅了一些文献。发现雪白轴霜霉［*Plasmopara nivea*（Ung.）Schrot］和我看到的病菌有点相似。不同的是在子实体的大小上，差别较大。我们看到的说不定真是一个新种。但是发表一个新种，不是我们这些搞应用研究的所能完成的。鉴定工作被搁浅。

后来，我觉得不能这样不了了之。子实体的大小，会受到寄主生育状况以及使用的测量工具的影响，有点差别应当不大重要吧。就将我观察到的病菌定名为雪白轴霜霉，写成了一篇短文，题为"北京发

现茴香霜霉病"。

但是文章写成，心里仍然不够踏实。我知道给一个新病害定名不是一件小事儿。如果明明知道自己定的种名不准还发表出去，不光会误导了别人。对自己来说更重要的是会关系到一个科技工作者的道德底线。应该是把种名搞准发表才对。

这时，我想起了过去曾帮助我鉴定过锦鸡儿白粉菌的余永年老师。他是中国科学院微生物研究所的真菌分类专家。而且当时他正在研究、编写《中国真菌志》的霜霉菌目[1]，肯定会给我一些帮助，就将我写的"北京发现茴香霜霉病"的初稿寄给了余永年老师。

没有过多久，我收到余老师的回信。从信中我知道，他们在编写霜霉属的时候，大家都有分工；

图1 茴香霜霉病的病叶

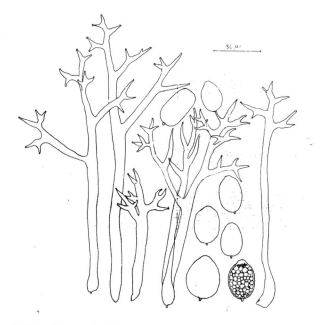

图2 茴香霜霉病原图

*Plasmopara*属归陶家凤老师负责，所以为回答我的问题他花了很多的时间。在回信中除了对原稿做了非常细致的修改（图3），还查列出了很多文献。他回信说：全球报道伞形科的植物轴霜霉共约30种，目前在我国只有6个种。但是，那个种都与我们见到的不一样，更不是雪白霜霉病。应该是个新纪录；是不是新种，有待于研究。所以他认为还是不写到种，写为*Plasmopara* sp.比较合适。建议我最好再花些时间，把它鉴定出来。同时还将应读的专著以及到哪里去找这些专著，都一一列出。

限于时间，我没有把对这个菌继续研究下去。但是，在发表时采纳了余老师的意见，即使用的名字仍是*Plasmopara* sp.。[2]

目前，茴香霜霉病的种名已可在一些大本头的专著上查到。例如，吕佩珂等写的《中国现代蔬菜病虫原色图鉴》[3]使用的学名是水芹拟盘梗霉（*Bremiella oenantheae* Tao et Y. Qin），是根据陶家凤的研究，照搬过来的。最近我将这些资料进行了对比。结果发现：他发表的病菌的病图，是用了我绘制的茴香霜霉菌的图。而描述是郑建秋写的水芹单轴霉（*Plasmopara oenantheae* Tao et Qin）。陶家凤确实发表过水芹拟盘梗霉。但是，病原图和我所见的大不相同（图4）。

现在看，没有将茴香霜霉病的种名强加上去，这件事做对了。至少我没有失掉作为一个科技工作者的基本原则。非常感谢余永年老师对我的指教。■

参考文献

[1] 余永年.霜霉目.中国真菌志[M].北京：科学出版社,1998,6.

[2] 李明远.北京发现茴香霜霉病[J].植物保护,1996,（4）：51.

[3] 吕佩珂,苏慧云,高振江,等.中国现代蔬菜病虫原色图鉴[M].内蒙古：远方出版社,2008：637.

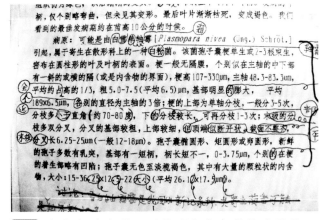

图3 余永年对李明远写的"北京发现茴香霜霉病"一文的修改

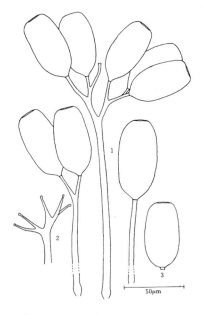

图4 陶家凤等绘制的水芹菜拟盘梗霜霉病原图

Example **19**

认知茄子绒菌斑病

1996年5月，我应邀参加辽宁省一位农民企业家出资举办的培训会。该培训会在辽宁省北镇市举办。一同应邀的还有农业部植保总站防治处和辽宁植保站的几位老师。去前说是要我在会上讲讲保护地蔬菜病害的防治方法。但是到了会上才知道这次培训班名为"蔬菜疑难病害识别培训会"。培训的内容和我带去的课件并不匹配。但是我已经到场，不讲恐怕不好，于是我还是用我带去的课件，较详细地为大家讲解了北京地区保护地蔬菜病害的综合防治技术。讲完后我感觉还不错，可能是北京的蔬菜病害和当地情况多少还是有些差异，大家还比较感兴趣。

培训会的后半程需要老师带着学员进行一次疑难病害的现场诊断。那天会议用大巴车把我们送到北镇郊区，大家走进了一个茄子的大棚里，说是有一种叶斑病他们不认识，也不知道如何防治。

说着一个菜农从茄子上摘下几个叶片，递到我的手里。我仔细观察起来，发现病叶的正面是一些褪绿斑，而在叶背面还长出了一些绒毛状的菌丝（图1、图2），有点像番茄的叶霉病。我确实也没有见到过这种病害，只好说："这种病我也是第一次见，有点像番茄叶霉病。但是不是茄子叶霉病，要等我回实验室，有了鉴定结果再告诉大家。至于防治方法，可以按番茄叶霉病的防治方法试试。"于是我采集了一些茄子病叶，离开了北镇。

图1 茄子绒菌斑病病叶的正面

图2 茄子绒菌斑病病叶的背面

表1　番茄叶霉病和茄子绒菌孢病病原的比较表

项目	番茄叶霉菌	茄子菌绒孢菌
孢子梗	成束不粘合 有较大的产孢细胞 大小：（127~212.9）μm×（3.0~5.0）μm	成束往往粘合在一起 有分散而伸向一侧的突起。大小：110μm×（3~7.5）μm
分生孢子	两端钝圆，一般两隔，新生的有的无隔 孢子大小：（10~45）μm×（5.0~8.8）μm	顶部稍尖至钝，基部倒圆锥形，隔数个体间差异较大， 一般4个隔膜，多时达9个 孢子大小：（15.5~62.4）μm×（6~10）μm

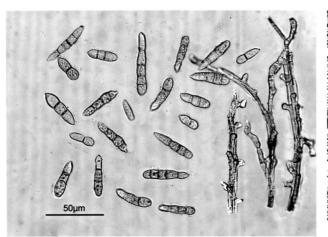

图3　茄子绒菌斑病的病菌孢子及孢子梗

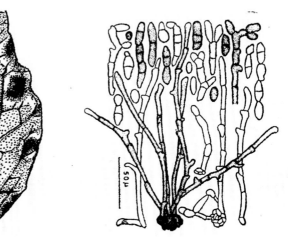

图4　李明远等发表再《北京蔬菜病情志》上的番茄叶霉病的墨线图（1.分生孢子　2.分生孢子梗）

3天停止用药

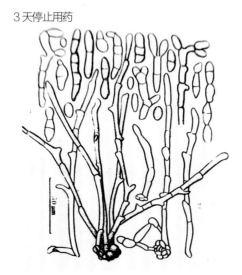

图5　吕佩珂搬用在茄子叶霉病上的墨线图（分生孢子和分生孢子梗）

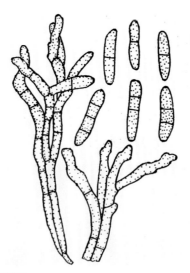

图6　陆家云在书中附上的绒菌孢属的病原图

回到北京我做的第一件事儿就是将采集的病叶放到显微镜下观察，真的看到了一些真菌孢子（图3）。下一步就是看看书上是怎么说的。吕佩珂的《中国蔬菜病虫害原色图谱（续集）》[1]中有这个病的记载，该病名为茄子叶霉病，称褐孢霉，学名：*Fulvia fulva*

（Cooke.）Cif。我很高兴，觉得这次可以向北镇的学员交账了。

从书中对病害的描述来看，和我们在北镇见到的基本一致。病原学名和番茄叶霉病也一样，也是褐孢霉（*Fulvia fulva*）。但是这本书上只有病原图，没有症状图。仔细观察那张病原图，我发现了问题。他们是将我们发表在《北京蔬菜病情志》[2]上的番茄叶霉病的墨线图加了上去（图4、图5）。病原的形态和我们在北镇看到的并不一样，显然这里有错误。我如实向北镇报告，说等有了进一步的结果后再说。

21世纪初，北京也有了这个病害，我又查阅了一些书刊。在陆家云主编的《植物病害诊断》[3]上也有茄子叶霉病，使用的学名也是褐孢霉，和番茄叶霉病相同（*Fulvia fulva*）。后来发现在陆家云的那本书里，

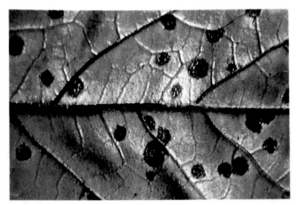

茄子绒菌斑病病叶背面症状

或聚在一起，别于孢子分隔数多为 0~1 个、最多 4 个且梗散生的叶霉病菌。该菌菌丝生长温限 15~35℃，最适生长温度 25℃。茄子叶霉病原过去误为褐孢霉，现发现是灰毛茄菌绒孢，并将茄叶霉病更名为茄子绒菌斑病。

传播途径和发病条件

病菌除可以菌丝和分生孢子在病叶上越冬外，分生孢子还可附着在温室架材、塑料膜等上存活越冬，成为翌年初侵染源。条件适宜时

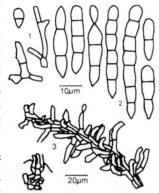

茄子绒菌斑病病菌 (李宝聚原图)
1. 分生孢子梗　2. 分生孢子
3. 分生孢子产生构造

图7 吕佩珂在书中刊出的菌绒斑病的图片

也提到过菌绒孢属并附有菌绒孢属的图片（图6），但是没有指出它可以危害茄子。

这个问题最终是由中国农业科学院蔬菜花卉研究所的李宝聚先生给点破。他从一本西文书上见到对这个病害的描述，该书发表的病原图和我在北镇见到相同。因此"茄子叶霉病"应当是由属于菌绒孢属（*Mycovellosiella nayyrossii* Deighton）的真菌引起。这两种菌之间有明显的区别（表1）。

现在大家并没有将这种病称为茄子叶霉病，而称其为茄子绒菌斑病。吕佩珂在后来出版的《中国现代蔬菜病虫原色图鉴》[4]中也做了更正说，"茄子叶霉病病原过去误为褐孢属，现发现是灰毛茄菌绒孢，并将茄叶霉病更名为'茄子绒菌斑病'"。不过他这本书所用的病原图是不是李宝聚先生的也存在疑问，该图和我在上面提到的那篇西文上所见到的相同（图7）。另外，吕先生提供的症状照片和我见到的也有不同。例如我在北京和甘肃的银川所见到的茄子绒菌斑病的病叶，叶正面只有褪绿（图1），也有可能是在严重时会在叶正面出现霉层，但是在多数情况下仅在叶背面长出霉层。另外，我还认为目前使用的病名也值得推敲，因为在中国植物病害的名称多用寄主名加病原名构成，按此习惯茄子的这个病害应当使用"茄子菌绒斑病"更为合适。■

参考文献

[1] 吕佩珂，刘文珍，段半锁.中国蔬菜病虫害原色图谱（续集）[M].呼和浩特:远方出版社,1996.

[2] 李明远，李固本，裘季燕.北京蔬菜病情志[M].北京:北京科技出版社,1978.

[3] 陆家云.植物病害诊断[M].北京:中国农业出版社.1997:124,430.

[4] 吕佩珂，苏慧兰，高振江，等.中国现代蔬菜病虫原色图鉴[M].呼和浩特:远方出版社,2008:75.

Example **20**

链霉素和新植霉素
对大白菜的药害

周末闲暇之余，我打开柜橱取出封存已久的老照片看了起来。其中一张是1996年拍摄的大白菜药害试验的彩色照片（图1）。这张照片让我回忆起当时研究大白菜病害的相关工作。

那时我参加了由北京市农林科学院蔬菜研究中心主持的"大白菜系列工程"研究课题。这个课题囊括了大白菜新品种选育、栽培技术、施肥技术以及病虫害防治等内容，是一个多学科协作的项目。我负责其中的大白菜病害综合防治研究。

当时的大白菜有5大病害，分别为病毒病、霜霉病、软腐病、黑腐病和黑斑病。而且这5种病害的发生互相关联。一般最先发生的是病毒病和霜霉病，病毒病的发生使植株抗病性降低，导致霜霉病加重。而霜霉病、黑腐病和黑斑病的发生又会给植株增加很多伤口，为软腐病的侵染创造条件。这些病害中最难控制的就是软腐病。因此，做这个项目时我很想深入探究防治大白菜软腐病（*Pectobacterium caratovorum* subsp. *caratovorum*）的方法。

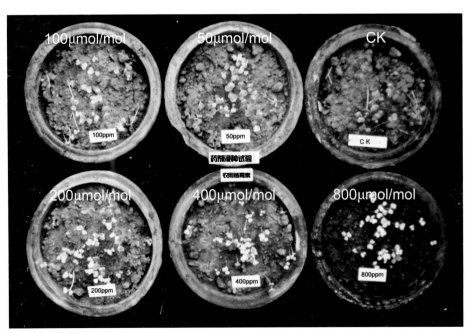

图1 不同浓度的链霉素对大白菜种子浸种引发的药害

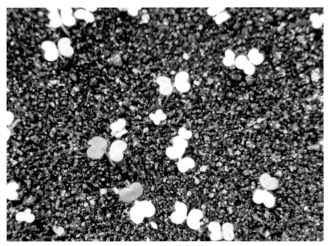

图2 链霉素拌种造成幼苗出现子叶变白的药害症状

图3 用200μmol/mol链霉素喷洒大白菜引发的药害现象

　　我曾到四季青公社曙光大队调查大白菜的病害情况。听大队的农技员说近两年当地的大白菜软腐病比较严重，想让我帮助想一些防治措施，因此我决定和当地的农技员联合进行试验，从而找出防治大白菜软腐病的有效方法。当时露地大白菜已经播种近1个月了，但当地有个小拱棚，准备种一茬生育期短的大白菜，所以试验就在拱棚里进行。准备种植早熟大白菜的小拱棚共有30多个畦完全够试验使用。我和当地的农技员分工合作，我负责制定试验方案，农技员负责提供种子和进行试验。

　　据了解，软腐病的防治需采取综合防治措施，例如使用腐熟完全的粪肥，进行种子和土壤的消毒，及时防治其他病虫害等。另外，大白菜软腐病的发生和黑腐病的关系密切，秋播大白菜往往先是发生黑腐病，随后就会发生严重的软腐病。所以防治软腐病，还需考虑黑腐病的防治。为了做好黑腐病的防治，我先查阅了相关资料，其中《中国农业百科全书（植物病理卷）》（以下简称《农百科》）上记载，在播种前使用医用链霉素处理种子是防治黑腐病的一项有效措施[1]。除此之外，当时南京农业大学的王金生教授新指出，软腐病有潜伏侵染性，所以从播种期就应当用药，同时他们还推出了一种对软腐病菌有效的拌种剂——"菜丰宁B1"（一种生防菌剂）在播种时使用。

　　所以在制定试验方案时，我做了种子处理的对比试验。这个试验使用的农药有"菜丰宁B1""丰灵"（北京通州植保站研制生产的一种和菜丰宁类似的菌剂）"福美双"及链霉素，每个处理以畦为单位，重复3次，共15个畦。

　　准备农药时，"菜丰宁B1""丰灵""福美双"的施用量以说明书为准，因《农百科》上并没有说明链霉素的处理方法和使用量，所以试验中链霉素的用量采用的是链霉素防治蔬菜细菌病害的常用浓度（200μmol/mol）。由于试验地面积小，3个小区加到一起不足33.3m²，按每667m²大白菜用种量为200g来计算，试验需准备10g种子，并配出50ml的浓度为200μmol/mol的链霉素。考虑到曙光大队没有条件精确地配制药液，我将链霉素配制好后装在试管内，并叮嘱农技员浸种10min后将种子捞出，用干布将浮水吸去再进行播种。

　　1周后，我去查看出苗情况时，技术员对我说，试验出问题了。我们进到拱棚，发现大白菜出苗情况比较好，但是链霉素浸种处理的3畦大白菜幼苗子叶都呈白色（图2），这种情况很像是出现了药害。我仔细询问了农技员处理种子的方法和种子质量，均未发现异常。因此我让他再观察几天，看看幼苗是否能缓过来。

　　10天后，当我再次进到棚里观察时，发现其他处理的白菜幼苗已经有10片真叶，而链霉素处理的幼苗只有少量长出了小小的真叶，大部分幼苗都已经死掉。这可能是链霉素用量过多，由于时间紧急，我没能做预先试验。

　　为了弄清这个问题，我又设计了不同浓度链霉素对种子影响的安全性试验。试验浸种的链霉素浓度分别是50、100、200、400、800（单位μmol/mol）。结果表明，各个浓度均有药害现象发生，而且随着链霉素浓度的升高，药害现象越严重（图1）。看来大白菜的种子不能使用这种药剂进行处理，《农百科》中介绍的方法还有待考证。

后来我对链霉素引起的药害现象非常重视，发现链霉素不光是在拌种时会引起幼苗子叶白化，在大白菜成株期喷洒链霉素也会产生药害，引发植株叶缘变白（图3），只是药害现象相对较轻。我还注意到十字花科的蔬菜对链霉素的敏感性是不同的，例如用链霉素处理甘蓝的种子时，对子叶的影响就不明显。我还使用新植霉素（土霉素+链霉素的复配剂）对大白菜种子进行了试验，发现药害现象也很严重（图4）。

实际上使用链霉素、新植霉素防治软腐病的说法，不光是《中国农业百科全书》上有，此前的一些书上都有[2~4]。有了这些试验，我在以后写的书中都会提醒大家注意链霉素、新植霉素引起的药害现象，尽量不要使用它们来处理大白菜的种子[3]。

这件事给我的启示是，作为一个科技工作者在写文章及技术资料时，要有高度的责任感，丝毫的疏忽都会给用户带来不可挽回的损失。此外，当我们面对新技术、新农药、新品种时，应先进行小范围试验，再逐步扩大应用。这次仅仅试了3畦，就造成至少200kg大白菜的损失，若是面积大了，后果将不堪设想。■

参考文献

[1] 中国农业百科全书总编辑委员会植物病理学卷编辑委员会.中国农业百科全书（植物病理学卷）[M].北京：中国农业出版社，1996：410.
[2] 新疆兵团农业技术推广总站.新疆蔬菜病虫草害防治[M].新疆：新疆科技卫生出版社，1996：124.
[3] 李明远，赵廷昌，王园，等.叶用蔬菜病虫害早防快治[M].北京：中国农业科学技术出版社，2006：35.
[4] 郭予元，吴孔明，陈万权，等.中国农作物病虫害物病虫害[M].北京：中国农业出版社，2015：41.

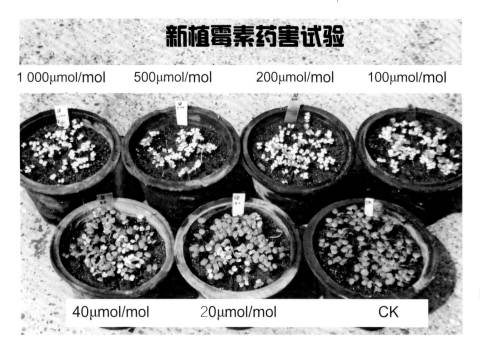

新植霉素药害试验

1 000μmol/mol　　500μmol/mol　　200μmol/mol　　100μmol/mol

40μmol/mol　　　20μmol/mol　　　CK

图4 用不同浓度的新植霉素对大白菜种子浸种引发的药害

Example 21

北京冬瓜枯萎病的发现

大约在1997年5月初，我参加了市科协在北京市大兴区长子营镇开展的"科技下乡"活动。会场就设在镇政府门前的街道上，沿街一字排开放了许多桌子，这就是为我们安排的咨询现场。我刚在放有"蔬菜病害专家李明远"标牌的位子上坐了下来，就被一些拿着瓜秧的妇女围住。她们说：这几年棚里种的冬瓜一到这时候就死秧，搞得大家都不敢再种冬瓜了。我接过她们带来的病秧看了看，看到除了叶片萎蔫外，茎部纵向有一条坏死斑或裂缝，有一些流胶，劈开茎部看到维管束有些变色。认为死秧可能是由枯萎病引起的。因为这种病我以前在黄瓜上见过，就建议按照防治黄瓜枯萎病的防治方法试一试。

这一拨妇女走后，又来了好几拨，都是问冬瓜死秧如何防治的。其中的一个告诉我们，她们是该镇北蒲洲村的，这个村种冬瓜已经有近10年的历史，不少人家因为种保护地冬瓜发了财；村里经过统一规划，盖起了大瓦房，北蒲洲村成了远近闻名的"冬瓜村"。但是，自从闹起了冬瓜死秧，种冬瓜的效益越来越差，"冬瓜村"已面临由富返贫的境地。还听说这个病已波及大兴南部的好几个村，是大兴区的一大难题。经她这样一说，引起了我的重视。

下乡活动结束后，我们专程来到北蒲洲进行了一

图1　因受冬瓜枯萎病菌危害萎蔫的病株

图2　冬瓜枯萎病茎部症状

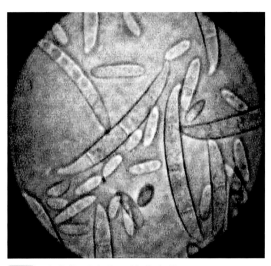

图3　显微镜下的冬瓜枯萎病菌

图4 回接冬瓜后发病的情况

图5 利用黑籽南瓜作砧木的冬瓜嫁接苗

次调查。这个棚的冬瓜品种是'一串铃'，已有近1m高。据介绍从定植就开始萎蔫或枯死，目前约有1/4的植株出现问题（图1）。有的植株在茎的一侧出现一条坏死斑（图2），有的病斑开裂，流出黄色的胶状物。这样的植株往往仅一部分叶片萎蔫。还有的植株下面叶片好好的，顶尖的叶片萎蔫。我们对各类病株都采集了一些标本，想做进一步的观察。

回到实验室，我们对采来的冬瓜病秧进行保湿，第二天有的就长出来白霉。在显微镜下观察，都是镰刀菌（图3）。为了证明它的侵染性，我们还对病原菌进行了分离及回接。证明了所谓的冬瓜"死秧"，都是由枯萎病菌危害所致（图4）。同时在大兴区植保站科技人员的配合下，又到大兴区南部的几个镇（安定镇、礼贤镇）开展了冬瓜死秧的调查，发现这种病在这一带的保护地里发生得很普遍。

这种病菌侵染力较强。经过回接，比较容易使冬瓜染病。在显微镜下观察，可以看到两种无色的分生孢子。其中的大型分生孢子镰刀形，有1~4个横隔膜（多数3个隔膜）；小型分生孢子单胞，椭圆形、长椭圆形，有时一端较尖，直或微弯，无隔膜。我们认为这是一个极好的研究课题。首先它关系到这一地区农民致富，帮助他们解决好这个问题是我们的责任。另外，据我们掌握的材料，在国内对冬瓜枯萎病研究尚少，解决了这个问题，在学术上有一定的价值。通过

我们的宣传及院、所两级的努力，市科委资助了这个项目。

这项研究在1999年启动，由于当时我已经退休，项目由我所的其他同志主持。经过3年的研究，搞清了该病的病原是尖镰孢霉冬瓜专化型（*Fusarium oxysporum* f. sp. *benincasae*）真菌引起。比较几种冬瓜的抗病性，明确当地保护地种植的'一串铃'和'车头冬瓜'都比较感病，而'天津小节瓜'比较抗病，但是'天津小节瓜'这个品种市场占有率不高，普遍利用这个抗病品种防治此病还有一定的局限性。

同时我们还开展了药剂防治试验，发现使用多菌灵等化学农药灌根，有一些效果。但是效果不高，不能十分有效地控制病害。此外，还尝试了利用嫁接换根等几种技术的防治效果及可行性（图5）。最后明确使用黑籽南瓜作砧木嫁接防治效果最好。提出并推广了一套以嫁接为主的综合防治措施。经过几年的示范推广，较好地解决了大兴区冬瓜死秧问题。

2009年春天我去了一次北京市大兴区，顺便了解了一下保护地冬瓜的种植情况。知道近几年大兴区保护地的冬瓜的面积又得到了恢复。绝大多数菜农都知道"种冬瓜不嫁接会发生枯萎病"。不仅我们当初的提供的这套防治技术在大兴区扎下了根，在嫁接使用的砧木及方法上都有了一些创新。听到这些情况，感到十分欣慰。■

Example 22

初识甘蓝枯萎病

2002年的6月13日，福州超大集团北京分公司的两位老总要我带他们去北京市延庆考察甜豌豆。由于我和延庆县植物保护站的人员比较熟，到了延庆就找到了他们作为向导。

在考察甜豌豆时听到他们说，延庆的甘蓝最近在闹一种病，发展得很快，引起甘蓝成片成片地死。发病的地方就在回北京的路上。如果来得及，可以去看看。

等看完甜豌豆，时间还早，我们就在延庆县植物保护站同志的陪同下去看甘蓝死苗，驱车来到延庆县下屯镇簸箕营村。一下车见到一位老羊倌，他认识县植物保护站的那位同志，就对他说："又是来看疙瘩白

（当地对甘蓝的俗称）上的那种病害来了。"县植物保护站的将我们介绍给这位老者："这是市里来的专家，您知道情况的话，就给俺们介绍一下"。这位老者也不客气。就将他所了解的情况告诉了我们。他说："这种病可邪乎了。只要你在发病的地里走上一圈，就能将病害传给没有病的地里。"我们问他是否知道哪里有这种病？他说知道，便主动带我们到发病田的旁边。

病田是处在莲座期的一片甘蓝。远远看去生长得还不错。但是走到里面，就可看到有几片甘蓝发黄。老羊倌站在地边指着发黄的甘蓝说："看见没有，那就是您们要看的那种病。"我们看后，认为这就是这种病的发病中心。病株纵向分布较长，处在病区的边缘的

图2 甘蓝枯萎病的叶部症状

图2 甘蓝枯萎病引起的叶部症状

063

病株发病较轻，一般仅个别叶片中肋、侧脉及旁边的一些组织变黄（图1、图2），而往里病情越来越重，使整叶或全株变黄（图3），进而植株变小，叶片自外向内萎蔫，直至枯死。因此在田间可以见到明显的缺苗断垄（图4）。剖开植株的茎可以见到维管束明显变褐（图5）。

这种病害我确实没有见到过。不过从发病的情况看，它肯定是一种可以通过土传的一种侵染性病害。由于它的维管束变褐，和我们看到的瓜类枯萎病极为相似，初步认为很有可能就是甘蓝枯萎病。

我把上面的想法告诉了延庆县植物保护站的同志，并说：要准确地作出结论，还需要做些工作。例如：我们应当把这种菌分离出来，再在无病的甘蓝上接种。如果能发病，并还可以分离出来同样的病菌，就能证明这种菌就是甘蓝病害的病原。在他们的帮助下我采集了许多甘蓝病株，就告别了老羊倌和延庆植物保护站的同志。

回到实验室，取出病茎。洗净并进行表面消毒，用常规的组织分离法将其转到PDA培养基上，在30℃培养3天后，即可见到有白色的菌落长出，7天即可见到病菌的小孢子及厚垣孢子（图6、图7）。经过15天的培养，将病菌用水洗下配制成接种液，开展侵染性试验。

侵染试验是用消毒土培养的甘蓝苗，苗龄为一叶一心期，共40株。洗去泥土后将其分为两组，将其中20株浸在上述接种液中，并摇动约15min，然后定植在消毒土中。而另20株直接定植在消毒土中作为对照，所有的苗都放在网室中培养（当时夜间最低温约20~23℃，白天最高温29~35℃）。

接种7天后见到症状，其表现为子叶变黄并逐渐枯死，真叶生长缓慢，色略发浅，而对照（未接种）的甘蓝苗子叶和真叶均为绿色，而且明显地较处理要大。至第11天，对接种的植株进行了病原菌的分离，发现变黄而未死亡的植株得菌率较高。从菌落及孢子（小型分生孢子）的形态观察，与分离前相同，证明了病菌的侵染性。

我们以分离在PDA培养基上的病菌为材料，对病原菌进行了鉴定；并作了如下描述：病原菌的菌丝丝状、无色、有隔，在菌丝间常有许多厚垣孢子。但是直至目前见到的绝大多数是小型分生孢子。分生孢子多数为单孢，偶有一个隔膜，长椭圆形至短杆状，直或微弯，无色，大小：（6~18）μm×（2.8~4.5）μm（多数为10μm×3μm）；双孢的孢子长约18μm，下部

图3 甘蓝枯萎病晚期病株

图4 甘蓝枯萎病的发病中心形成的缺苗断垄

图5 病株维管束变色状

的细胞较宽，顶端渐尖；厚垣孢子顶生或间生，表面不光滑，球状至长椭圆状，直径多数为15μm，少数达18μm。根据侵染性试验、病原菌的观察以及收集到文献[1~4]，将此菌定为：尖孢镰刀菌十字花科蔬菜枯萎病专化型［*Fusarium oxysporum* Schl. f. sp. *conglutinans*

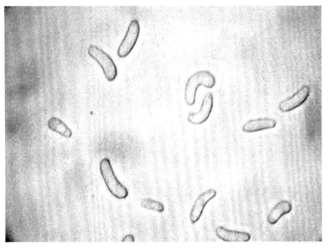

图6 十字花科蔬菜枯萎病菌的小型分生孢子　　**图7** 十字花科蔬菜枯萎病菌的菌丝和厚垣孢子

（Wollenw.）Snyder & Hansen〕。发表在了相关的刊物上[5、6]。

关于该病的防治方法，我们查了一下有关的文献。一般推荐使用以下的方法来控制病害：

1. 严格检疫制度：杜绝该病随产品、种子的传播。同时不要在有十字花科蔬菜枯萎病的地区制种、采种。不要使用在疫区培育的带土十字花科蔬菜种苗，要尽量避免进入病田去观摩，减少病原的传播。

2. 清洁田园：发现病株，应及时将病株连同周围5~10的植株拔除。拔除时，位于下水头植株应当多拔一些。拔下的病株、采收后的根茬以及败叶不可乱扔，要集中深埋或用其他有效地方法销毁。

3. 轮作倒茬：与非十字花科蔬菜实行3年以上的轮作。

4. 种子处理：在疫区种植十字花科蔬菜播前应进行种子处理，处理的方法为：使用种子重量0.3%的50%多菌灵可湿性粉剂拌种。

5. 栽培抗病或耐病的品种:目前我国育出的甘蓝品种大多不抗枯萎病。特别是一些早熟品种中甘系列、‘8132’‘北农早生’更为敏感。由日本引进的‘珍奇’‘百惠’抗病或耐病。

6. 药剂防治：在苗期或定植时使用多菌灵、恶霉灵（绿亨一号）等化学农药处理土壤或蘸根。

我们立即将鉴定的结果及收集到的防治方法告诉了延庆县植物保护站。同时还告诉他们：这些方法所能取得的效果并不一定理想，需要立项研究，在取得结果后，逐步完善。■

参考文献

[1] 广西僮族自治区农业厅广西僮族自治区农业科学院广西农学院.广西农作物病虫害名录[M].广西：广西僮族自治区人民出版社,1964.

[2] 戴芳澜.中国真菌总汇[M].北京：科学出版社,1979：952.

[3] 布斯著,陈其煐译.镰刀菌属[M].北京：农业出版社,1988：178.

[4] 驹田.旦.野菜の土壤病害その发生のしくみと防き方[M].东京：大日本印刷株式会社,1998.

[5] 李明远,张涛涛,李兴红,等.十字花科蔬菜枯萎病及其病原鉴定[J].植物保护,2003,（3）：4.

[6] 明李远.十字花科枯萎病的识别与防治[J].中国蔬菜,2004,（2）：60.

Example **23**

生菜干烧心病

2009年2月6日，一户农民通过于家务网络视频咨询系统的终端给我传过来一张生菜图片。让我帮助他们诊断一下，是什么病害，如何防治？我看了图片，发现图片没有拍清楚，而且图像分辨率低，模模糊糊地看到叶片上有一些褐色的斑点，无法识别。于是决定到现场看一下。

2月12日下午，我在我院信息所的同志陪下来到通州区于家务乡小海字村的温室区。

这个村在冬季一般都种一茬生菜，在2月份收获后，正好可以种一茬温室春番茄。在农户老景的带领下我们走进一个温室（图1），里面种植的是"团生"（结球生菜）。表面看上去，这个温室的团生还长得不错，就是土壤很干。再仔细看，发现田间的植株出现一片片地发黄，凡处于发黄地区的植株都长得不好，除长得比较小外，植株包心也不足（图2）。再仔细地看叶子上生有许多深褐色病斑。病斑呈没有规律的形状，大的病斑可以占据叶片的1/20~1/10，小的病斑仅有几毫米。叶缘和叶中间都有病斑，相比之下，叶缘发病更多一些。病斑变色的部分颜色不均匀，即深一块浅一块，但没有形成轮纹。病斑不呈软腐状，似乎仍保留原有的韧性。表面用扩大镜也看不到生有霉层。拔起来一棵，查看叶球内部生长的情况，见到从外叶到心叶都不同程度的长有褐斑（图3）。

此外，我在田间还看到另一种情况，即有一些叶片上出现大型的污绿色的病斑，被害部也可以深入叶

图1 本书作者（右1）在断病现场（于金莹供稿）

图2 分布着干烧心病株的生菜田

图3 剖开生菜见到的干烧心病株的叶片受害的情况

图4 菜菌核病在田面的危害

球，严重的植株倒向一侧，在病斑的表面及一侧生有浓密的白色霉层（图4）。

我问老景："在您这里我看到两种病害，您说的病害是前一种还是后一种？"他说："是前一种。后面的一种我们认识，叫菌核病。"我告诉他："前一种是生菜干烧心病，这里的主要病害。"他问："干烧心是什么病？怎么引起的？"我说："干烧心属于一种生理病害，是由于缺钙造成的。实际上土壤里也有的是钙。缺钙主要是植株吸收不上来钙素，可以说是因营养不平衡引起。就像是有的人消化系统出了毛病，吸收能力不好；吃的也不少，就是不长肉。植物也是一样。不光是生菜会发生，其他许多的蔬菜都会发生。""有哪些原因可以引起生菜对钙的吸收呢？"他问。我说："影响植物对钙吸收的原因有四个：其一是种植的地区属于盐碱地。如处于盐湖及大海的边缘，这种地土壤中的盐分过多，不处理直接种蔬菜就容易发生缺钙。二是施用的化肥过量，使土壤浓度过大，影响了植株对钙素的吸收。三是浇水不足。即有的是天气较旱或供水系统出了问题，没有及时浇水；也有的是怕水大引起别的毛病，不敢浇水引起缺钙。四是有一些品种对钙比较敏感，稍有不足即出现问题。"据研究造成缺钙的原因主要是土壤中其他溶液的浓度过大，抑制了钙素的吸收。"那您看我的生菜发生这种病的原因可能是哪一种？"他问。我回答："您这里的土壤我没有化验过是否属于盐碱地。但根据我今天看到的情况分析，有可能是浇水不足所引起的。您看，这块生菜，已接近收获期了，正是需要水肥齐攻的时候，田里这么干燥，完全具备发生缺钙的条件。为什么不早浇水呢？"农户答："您说得很对，按常规，早应当浇

水。但是，我们这里去年菌核病很严重，浇水棚里湿度大，容易发生菌核病，没想到避开了菌核病还会出别的毛病。"我说："您这里确实有菌核病。但是相对来说还比较轻，把它清理干净，控制住，该浇水时还得浇水。"他听后问："这种病害是否传染？"我说："不传染。"他听了后说："我看这种病能传染。不然，为什么会发展的越来越多呢？"我告诉他："病害的发展有两种情况：一种是'传染'，刚开始时只有一两棵，后来传得越来越多。另一种是"扩展"，即不断地显现。生理病害的发展就是属于后一类。例如这块地发生的干烧心，显症时间早晚不一样，好像是传染一样。实际上是您的地块干湿不均匀，更干的地方，必然会发生的较早，随着干旱的加重，干旱的面积会越来越大，因此干烧心便不断地扩大，好像是传染一样。如果目前缺水的问题不解决，干烧心病还可能会发展。"

老景点了点头，认为我说的有理。又问："我这棚生菜是否还有救？""要从已发病的植株看，已救不过来了，因为没几天就该收获了。但是抓紧浇点水，对控制病害发展有利。由于您的棚里还有菌核病，要先清一次病残，然后再浇水。"我说。他问："有什么农药可以防治菌核病？"

我告诉他："福美双、腐霉利、抑菌脲、农利灵、嘧霉胺等农药都对菌核病有效。""不过您这块地怕来不及。因为使用农药都有一个安全间隔期，如果收获期在安全间隔期以内就不能使用。关键是明年再种团生时，一定要做好干烧心的预防工作。也就是在植株叶片严垄后，不能缺水。如果，这里经常发生干烧心，还应当喷洒0.5%氯化钙+5×10^{-6}萘乙酸，进行补钙。"干烧心的问题是不难解决的。■

Example **24**

北京番茄黄化曲叶病毒的发现

2006年到云南参加设施园艺会的时候，我首次见到番茄黄化曲叶病毒（Tomato yellow leaf curl virus，简称番茄TY病毒，以下同）的照片。从那以后我就十分关注这个病害在北京的发生。

据了解，烟粉虱在北京发生多年，已完全具备番茄TY病毒发生的条件。还好，一直到2009年的上半年，我都没有在北京看到这种病毒；同时也没有见到该病在北京的报道。

2009年的7月下旬，我在北京大兴区某副食品基地，见到这里烟粉虱非常严重。虽然经过防治，种在塑料大棚里的烟粉虱仍控制不住，虫子分泌的蜜露将叶片和果实污染得黑黢黢的（图2）。两周后还发现了一些植株矮化，叶片黄黄的，发卷。当时我认为是得

了病毒病，但是并没有将它和番茄TY病毒联系起来。

到了8月下旬，发现新定植在14号日光温室里的番茄不爱长，植株瘦弱落花、落蕾。植株上的叶片黄黄的，发卷。接着1号、12号、17号日光温室都不同程度出现了这个问题。这时我才开始意识到这里发生的有可能就是"番茄TY病毒"。

随着病情的加重，该基地的番茄出现的病毒病株的症状越来越像报道的番茄TY病毒，归纳起来有以下几点：

1. 植株不同程度的矮化。植株在田间表现出生长很不整齐。严重的株高还不及无病株的一半（图3）。

2. 叶片黄化。在发生的初期病株的老叶一般仍是深绿色，仅仅从新生叶开始黄化。在黄化的同时，叶

图1 病害专家来到这个基地进行病害会诊时的情况

图2 烟粉虱分泌的蜜露将番茄果实污染得黑黢黢的

图3 感染 TY 病毒的番茄植株的症状表现

图5 感染 TY 病毒的番茄植株易出现开裂的果实

图4 感染 TY 病毒的番茄叶片的症状表现

图6 还没有进温室，大家在温室之间考察了露地茄子烟粉蚤的发生情况

片还有不同程度的向上卷曲（图4）。到了后期整株叶片都会黄化，仅叶脉呈绿色。

3. 已坐住的番茄果实僵化不长。虽可以变红，但容易开裂（图5）。新生的花往往败育，容易脱落。

随着时间的推移，这个基地番茄的这种病越来越重。而在北京当时还没有人注意到这个病害。如果这个病害发展开来，对北京的番茄会造成很大的影响。有必要请在这方面有研究的专家参与，把病原鉴定作实，并引起北京市政府各职能部门的注意。

我将这一情况报告了北京植物病理学会，最后决定在该基地召开一次现场会（图1）。9月14日请来了植物病理和昆虫学会的十多位专家来到这个基地进行会诊。首先去看了该基地已发病的17号番茄温室。还没有进温室，大家在温室之间的露地茄子地停留了下来。原来这块茄子发生的烟粉虱引起了大家的注意（图6）。虽然当时天气已较凉快，但是，翻开叶片，仍可以见到叶背有大量的烟粉虱，稍有触动便扑面而来（图7）。有不少烟粉虱趴在相邻的番茄温室的纱网上，伺机钻入温室。这样多的烟粉虱，使各位专家感到惊讶，有的专家还用塑料袋将粉虱采回去，准备进一步的研究。

接着大家进入第17号温室。此棚种植的番茄尚未结果实，总体上看去比较瘦弱；有些植株较矮，叶片边缘黄化、上卷。中国农业科学院蔬菜花卉所的谢丙炎博士在山东看到过番茄曲叶黄化病毒的病害症状，他指出，这里发生的就是TY病毒侵染的典型症状。目前这棚发生的还比较轻，但是棚里有不少烟粉虱在活动，病情有可能进一步加重。

专家们考察的第二个棚是第14号温室，也就是定植最早的一个温室。走进这个温室，见到番茄植株生长泛黄、瘦弱，虽已近一人高，但是仅在植株下部有一两个果实，果实尚无明显的病斑，但是果实个头很小，看上去没有商品价值。植株上部的花大都畸形和败落，基本上都已无效。据估计该温室的植株已全部被感染，损失极其严重。一些专家用相机拍下了受害的惨状。并采集了一些标样，准备回去作进一步的检测。

专家们又到第12号及1号番茄温室进行了考察。认为1号棚的病情轻于第14号温室，但是由于它们的生育期较晚，未来是否会比第14号温室轻，还不好作出结论。

考察过后，在该基地工作人员的参与下，大家在一起进行了座谈。基地的主任介绍了基地的基本情况和烟粉虱及番茄叶黄花病毒发生的情况。他说："这个基地自建立起来就有白粉虱。开始主要是温室白粉虱（*Trialeurodes vaporariorum* Westwood），到了2006年发现有一种更小的白蛾子，即有了烟粉虱〔*Bemisia tabaci*（Gennadius）〕发生，到2008年即转为以烟粉虱为主，已使用敌敌畏烟剂和吡虫啉防治过，但是，这种虫子从温室进入露地后，根本防治不住。起初主要是粉虱产生的分泌物造成煤污病对蔬菜的产量和品质危害严重。从今年7月开始，首先在大棚番茄上发现黄化的植株，由于受害严重，全部毁掉。实际上今天在日光温室里看到的是第二茬病株。"

到会的专家根据所见，对曲叶黄化病毒流行的原因进行了分析。认为如下：

1. 基地在蔬菜布局上存在不合理的情况。如第17号温室前种植的露地茄子烟粉虱发生严重，成了17号温室番茄烟粉虱的主要来源。今后在番茄温室的周边应当种植一些烟粉虱不喜欢取食、产卵的蔬菜。

2. 基地在防虫纱网的配置上还有不到位的方面。主要是纱帘封闭不严。而且在两道纱门（帘）中间没有一个缓冲地带，烟粉虱较容易通过门进入温室。此外，使用的纱网孔径较大，约20目，应当改用40目以上的才有效。

3. 防治烟粉虱使用的药剂偏老，有待于更换。吡虫啉是对B型烟粉虱防效较好的药剂，但目前北京发生的烟粉虱属于Q型，Q型烟粉虱已对吡虫啉有了抗药性。其替代品种是阿维菌素。据了解这个基地没有使用杀卵及幼虫的农药品种（如吡丙醚），不能有效地控制它的发生。

4. 防虫用的黄色粘虫板数量太少，且已经失效，应当及时地增加和更换。

还有的专家认为基于当前的这种形势，很有可能目前生长着的4棚番茄，已无回天之力。建议从长计议，尽早将虫源彻底消灭。从无虫苗做起，尽早让新一茬无毒番茄发挥作用，扭转当前的被动局面。

同时，专家们建议当前需要尽快地做好以下两方面的工作。其一是用分子手段对病害作出进一步的鉴定，将病原搞准。同时，向北京市政府报告并提出治理的建议。

十多天后，中国农业大学、北京市农林科学院、北京市植物保护站及国家植检局对该病毒的检测报告出来了，都证实这里发生的确实是番茄TY病毒。此后不久给北京市政府的建议也写出，一场围剿番茄TY病毒的战斗，自此开始。■

图7 翻开茄子叶片，在叶背见到大量的烟粉虱

Example **25**

新定植的黄瓜苗遭遇低温障害

2009年2月6日，我在大兴某村为老景解决了干烧心的问题后，同村的一个老农对我说："我的黄瓜出了点问题，您管不管？"。

我问："什么问题？"他说："我新定植不久的黄瓜叶子黄一块绿一块的，不爱长。我的棚离这里不远，就在东面一百多米。"

"可以！"我答。

说着我跟着他出了温室，去看他出问题的黄瓜。

这位老农姓张，他的日光温室黄瓜扣了双层膜，即在温室里面为新定植的黄瓜又扣了一个小拱棚。共两个品种，定植有十天了。小棚里的温度并不是很低，但其中东面的一个品种不但没长，叶片却变黄

图1 本书作者（右）在黄瓜棚里诊断叶片黄化的病因

了，仅叶脉还留有一点绿色（图2）。我让他将棚膜地膜揭开，用手刨开土看了一下黄瓜的根部，发现一点新根都没有长出。

我问他"您定植这茬黄瓜前这个棚里种植的是什么蔬菜？"

"什么也没有种，闲着来着。定植前新扣的棚膜和草苫。"他回答。

"定植前扣了几天，定植时的土温如何？"

"没有量过。肯定比较低。就是为了提高地温，才给黄瓜扣上小拱棚的。"老张回答。

"也没有给小棚放过风？"

"是的。"

听他一说，我明白了。对他说："从叶片上看，直接的原因是由于缺乏营养造成的。但是问题出在根上。"我接着说："据我分析，这是因为您在定植前没有将棚里的地温升起来。那时候正赶上前几天北京夜间零下14℃的低温，定植时棚里的地温较低。一般在定植时要浇一次水，这样一来地温就一直升不上来了。根系的吸收能力是和温度密切相关的。温度低了对水肥的吸收能力也很低。但是，您在扣膜后又赶上最近几天17℃的高温。高温下植株的呼吸消耗加强。这样黄瓜苗会出现入不敷出的局面。也就是说叶片上的营养长时间得不到补充。这样就会表现出缺水缺肥的状况，变黄了。"

"那我这棚里种的另一个品种为什么就没有这个问题呢？"他问。

071

图2 缺乏营养黄瓜植株的症状表现

听了他的话，我们又一起看了种在西侧的另一个品种。发现这个品种实际上也有类似的症状，仅比前一个品种受害的程度较轻一些。扒开土看看根系，这个品种的确要比前一个发达一些。我说："这很正常，后面这个品种根系比较发达，对这种恶劣条件抗性比较强，病情较轻"。老张听后频频点头。

我建议他往后采取以下几项措施：一是要注意小拱棚里的温度，白天最高温保持28℃左右，温度过高时要放放风。如果土比较湿，可以轻轻地松一下土，如果比较干，瓜苗中午打蔫，可以在土坨周围适当地补一点温水。水温不需要太高，有20℃左右就行。用水壶每株点一些。绝不能在沟里灌冷水，那会越浇越重。另外，实行根外追肥，喷施2：1的尿素+磷酸二氢钾。待地温上来，根系开始活动了，就会好转。

最后我对他说："今后您在冬季定植黄瓜等比较喜温的蔬菜时，一定要注意早动手。一方面要加强黄瓜的炼苗，定植前的5~7天白天将温度控制在22~26℃，晚上将温度控制在8~12℃。此外至少要提前两周准备定植的温室。将定植温室的棚膜和草苫盖上。和管理种有蔬菜的棚一样，白天拉起草苫增温，晚上盖起草苫保温，当10cm深土温上升到12℃左右，再定植就比较安全了。"

老张听后连连点头，一直将我们送出温室。

看完黄瓜，我又被拉去看一棚芹菜。从芹菜棚出来时发现时间已到下午3点多钟，因为在这里还安排了培训，再往下看就没有时间讲课了，清理了一下裤腿和脚上的泥，便和大家一起匆匆赶向培训教室。■

Example **26**

韭葱病害的诊断

北京市农林科学院12396科技服务热线接到北京市平谷区岳各庄陈先生的电话称：他们村2009年5月种植的20亩（1.3hm²）韭葱，从10月开始上部叶片变黄，目前仅剩上部两三片绿叶，根系很少。要求帮助解决。

2010年1月28日我和本院情报所的郭先生等，来到岳各庄发病现场（图1）。看到温室里已到收获期的韭葱。总体上看叶色比较黄，确实有一些叶片枯死，但是并没有像描述的那么严重。拔下植株看到，发病植株的根系不是十分发达，没有病斑或腐烂。在茎的下半部有一些枯死的叶片及叶鞘。由于发病较久，目前大部分都已干枯，紧紧地贴在茎上（图2）。在部分叶片上，除可以见到上面长出的一些黑色的霉层外，

还可见到一些早期病斑的痕迹（图3）。由这些病斑的形态看，有点像韭葱的一种叶斑病。仔细地看未枯的植株，可以看到多数叶片生黄绿相间的条纹（图4、图5），而且越是心叶，条纹越严重。实际上在这个温室里，黄化的病株发生的更为普遍。此外还看到，有少量的植株的叶片上生有浓密的白霉及菌核状的菌体（图6）。

经过询问，我们了解到，这些韭葱是在露地育的苗。育苗的时候天气比较热，一直没有覆盖，发生过较重的蚜虫及甜菜夜蛾。后来就发现韭葱的植株发黄，定植后发生的叶斑病曾使用扑海因、速克灵防治过。防治后确实比不防的发病轻。但是，叶子发黄的

图1 本书作者（左2）在发病现场进行韭葱病害的诊断（郭强拍摄并截图）

图2 韭葱茎基残留的枯死叶

073

图3 在枯叶上残留的腐生菌及早期的病斑

图4 韭葱黄化病田概貌

图5 韭葱黄化病田病毒病株症状

图6 韭葱被田间发生的菌核病感染的情况

图7 发病地块的荠菜上生有严重的菌核病

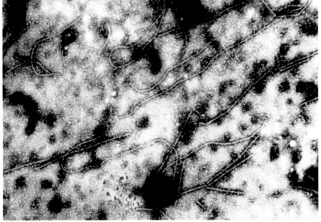

图8 洋葱黄矮病病毒的粒子的电镜照片

问题一直没有能解决。

　　究竟主要是哪种原因造成叶子发黄呢？根据现场所见，初步认为韭葱的叶子枯死是叶枯病（一种真菌病害）造成的。这种病严重发生时，确实会引起叶片枯死。特别是防治不及时，即使是使用药剂防治，一般防治效果也不会理想。

　　大面积地种植韭葱，我还是在也门共和国见过，长得黑绿黑绿的。用它包过饺子，像是葱味，不如韭菜好吃。这么大面积地种植，在国内我还是首次见到。根据调查和陈先生的介绍，我认为这里的问题

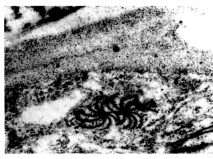
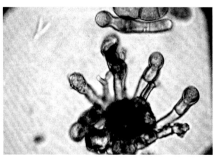
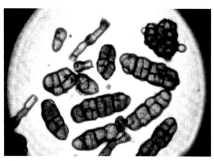

图9 洋葱黄矮病毒在寄主体内形成的风轮状内含体的电镜照片　图10 韭葱黑斑病菌孢子的显微照片　图11 发病地块的荠菜上生有严重的菌核病

比较复杂，并不是简单的一种病害。引起黄叶子的是病毒病。和我在大蒜上见到过的洋葱黄矮病（Onion yellow dwarf virus）十分相似。发病后叶片生黄绿色的条纹，严重的叶片还会扭曲，植株矮小。此外，根据陈先生观察，这些韭葱早期蚜虫严重，而这种病毒就是由蚜虫传播的，这里完全具备洋葱黄矮病毒发生的条件。将植株通过电镜观察，证明这里发生的病毒和大蒜上的洋葱黄矮病相同（图8、图9）。证实了这里出现的黄化主要是由洋葱黄矮病毒引起。洋葱黄矮病毒一般不会造成叶片枯死，但是病毒的存在有可能降低植株对其他病害的抵抗力。

目前见到的枯叶，应当是葱类叶枯病（Stemphylium botryosum）。这种病害属于低糖病害。即：在韭葱植株营养不良的时候，抵抗力下降。因此，后期这两种病害有可能严重的发生，从而加重了植株的受害程度。

那么，造成叶斑病的究竟是不是叶枯病呢？在葱蒜类的叶片上常见的病害中紫斑病和叶枯病十分相似，一般需要通过显微镜观察，才能说准。为此我们收集了许多干枯的病叶，回到室内。通过镜检，果然见到了一些分生孢子及分生孢子梗。孢子梗呈束状生，暗褐色，分隔2~4个，梗顶略膨大，暗色，大小（30.5~50.4）μm×（3.8~5）μm（图10）。分生孢子着生于孢子梗顶，单生，近椭圆形至棍棒形，一般无喙，有横膈4~8个，纵隔2~4个，分隔

处缢缩明显表面似有微刺，大小（20.5~45.3）μm×（9.50~21.4）μm（图11）。证明这里发生的确实是葱类叶枯病。有些文献上此病还叫"黑霉病"或"黑杆腐烂病"。

再说菌核病，我们先是在韭葱地里的杂草上见到一些荠菜上发生有严重的菌核病（Sclerotinia sclerotiorum，图7）。在田间出现的韭葱病株多半是荠菜先感病，后来扩展到韭葱上的。实际上韭葱对菌核病还是比较抗病的。菌核病比较适应较低的温度，估计是入冬后才发生的。

根据发病的现状我们认为陈先生所说的韭葱叶片发黄，主要是由于洋葱黄矮病毒所致。根据这里的情况提出了如下的治理建议：①消灭和阻隔传毒介体蚜虫对韭葱的危害。在露地育苗时，应在覆盖纱网的棚室里进行。在发生蚜虫的季节应喷洒杀蚜剂，及时地将育苗棚及温室周围的蚜虫消灭。②播种对病毒抗性较好的韭葱品种。③发病初使用抗病毒制剂（如菌毒清、吗胍·乙酸铜、菇类蛋白多糖等），针对病毒病每7~10天防治一次，连续防治2~3次。④增施肥料、及时灌溉提高植株的抗病性。⑤在黑斑病菌核病的发病始期及时地进行喷药防治。使用的药剂包括：代森锰锌、扑海因、嘧霉胺等农药，防治黑斑病和菌核病。⑥收获后彻底清园，尽可能降低田间的菌量。■

Example **27**

黄瓜的小斑与大斑

2010年5月4日，我接到我院12396咨询服务热线的一个电话，说北京市大兴区安定镇的黄瓜发生了"黄点病"，从植株的下面向上发展，叶片逐渐枯死，打了一些药剂也控制不住，希望我去帮助诊断一下是什么病。我想起前不久大兴区蔬菜办公室的老赵给我打过一次电话，问的就是"黄点病"，我猜了半天，也没有猜出来。这回有可能还是他说的那种病，应当去看看。

第二天下午，我们先到安定镇农技服务中心，该农技中心是政府投资建起的较为现代化的一个乡镇级的科技服务单位。特别在网络咨询服务方面，一直做得都比较好。我们到后，该站小崔接待了我们。领我

们到该镇的于家务村的一处日光温室区。

这个温室区大约有二三十栋温室，表面上看已经有些年头。承包温室的农户华师傅夫妇站在门口迎接我们。走进温室看到这个温室大约有半亩地（333.5m²）的样子，在当地属于较小的一类。棚里种植的黄瓜已到中晚期，多数植株下面叶片干枯，有少数植株已经枯死。

华师傅一面带我们向里面走一面介绍说："我这块地发生的这种病已经有一个多月了，开始是起黄点。"说着便指着一个叶片对我说："就是这样的。"（图1）我看到这片叶子上确实密密麻麻地生有许多的斑点。准确地讲，是一些浅褐色的斑点（图2），病斑的直径

图1 北京 12 396 热线蔬菜植保专家李明远前往农户地种植田诊断病害

图2 黄瓜褐斑病症状

图3 黄瓜褐斑病引起的枯叶

图4 黄瓜炭疽病的叶部症状

图5 黄瓜炭疽病的茎部症状

有2~3mm，由于边缘有一个黄晕，所以说成"黄点"也不算错。接着他又掐下来一片叶递给我，说道："到后来，叶片就开始一点点地变干。您看就像这片叶子一样。最后整个叶子就枯死了（图3）。"他带我们看了下半架叶片枯死的植株。我一边走一边看，仔细地将大部病株看了一遍，心里也渐渐地有了底。

我对他说"您这里发生的是两种病，一种小斑，一种大斑。小斑十分像是黄瓜的褐斑病；大斑像是炭

疽病（图4）。"

"对了，我也怀疑不是一种病。您看还有一种烂秧子的病害，表面好像还生有霉。"华师傅说。我请他帮我将后说的这种病找出来。看后，我对他说："这些叶片和秧子上发生的是炭疽病（图5）。这种病害不光危害黄瓜叶，还危害茎和瓜条。"接着我问他，您都使用过什么办法进行防治。他说："前不久我们这里请来的一个山东的师傅，说是得了黄瓜靶斑病，给了我们一种药剂。但是防了半天仍是防治不住。"

我说："这种小斑在有的书上确实也叫靶斑病，也有的叫褐斑病，两个名字是同一种病。"这时安定镇农服中心的小崔对我说："我们也查了一下图谱，书上的靶斑病好像和这里发生的对不上号。书上图片靶斑病的病斑是多角形的，较大，我们这里发生的是圆形小点。"

我对他说："您说的也对，我第一次看到这个病害的时候，也是多角形的。时间大约是上世纪八十年代初，发生在门头沟的一家农户的菜园里。不过这两年看到的多是近圆形的小点。这种不同有可能和发生的条件以及品种的反应不同有关。但是症状仅是表面的现象，最终还需要在显微镜下看看病原。我现在说的是初步结果，如果你们中心有显微镜，镜检一下，就知道了。"小崔回答说："没有！""那只好等我回到实验室，看一下，把结果反馈给您。"我说。

我接着问："那位山东的师傅给您的是什么农药？"

华师傅说："不知道，他给我们的药从来不写是什么种类。您认为用哪种药比较有效呢？"他问我。我说："可用的药剂种类比较多，常用农药有45%百菌清烟剂250g/667m²、12.5%腈菌唑乳油2 000倍液、62.25%腈菌唑·代森锰锌（仙生）可湿性粉剂600倍液、10%苯醚·甲环唑（世高）水分散粒剂2 000倍液、20%丙硫咪唑（施宝灵）悬浮剂1 000倍液、40%福星乳油8 000倍液、40%多·硫悬浮剂500~600倍液。保护地黄瓜可以在傍晚喷撒6.5%甲霉灵超细粉尘剂，或5%百菌清粉尘剂，每亩（667m²）每次1kg。华师傅说："我们用的都是防治霜霉病的药，难怪不管事呢。那么防治大斑（炭疽病）可用什么药剂？"

我答："可用农药很多。每亩每次用40%多·福·溴菌可湿性粉剂（多丰农、炭疽清、农增丰）100~150g，加水75kg，稀释成400~600倍液喷雾，以后每隔7天喷药1次，连续喷药3~4次；或用50%咪鲜胺（施保克、扑霉灵、施保功）可湿性粉剂37.6~75g，加水75kg，稀释

成1 000~2 000倍液，每隔7天喷药1次。棚室栽培每亩每次用45%百菌清烟剂250g烟熏，每隔9~11天熏1次，也可以在傍晚喷撒6.5%甲霉灵超细粉尘剂，或5%百菌清粉尘剂，或8%克炭疽粉尘剂，每亩（667m²）每次1kg。常用农药还有50%甲基托布津可湿性粉剂700倍液加75%百菌清可湿性粉剂700倍液，36%甲基硫菌灵悬浮剂500倍液，50%苯菌灵可湿性粉剂1 500倍液，80%多菌灵可湿性粉剂600倍液，50%混杀硫悬浮剂500倍液，80%炭疽福美可湿性粉剂800倍液，25%炭特灵可湿性粉剂500倍液，2%抗霉菌素水剂200倍液，2%武夷菌素水剂200倍液。每隔7~10天左右防治1次，连续防治2~3次。

最后我对他说，他们关注的多是用何种农药进行防治。但是，防治蔬菜病害应当采用综合防治措施。也就是说要用栽培的措施做好预防工作。其中包括：

1. 与瓜类以外的蔬菜轮作，最好能达到3年。让病菌长时间找不到适合的寄主，等病菌死亡后，再种黄瓜等瓜类蔬菜就没事儿了。

2. 种子处理：55℃的温水浸15min进行消毒。这两种病都可以通过种子携带，种前将其杀死，就安全了。

3. 通风降湿，减少叶面结露。这两种病的传播和发生都和棚室里的湿度和水分有关系，通风降湿不利于病害的发生。

4. 及时清除病残株和叶并集中销毁。病残株不仅是对自己有害，也会传给周边的农户。在清园时，要做好病残株的处理。处理时应在黄瓜收获后带秧处理，每亩（667m²）使用4~5kg硫磺发烟熏棚，熏后再拉秧。

回到实验室，我首先使用解剖镜对黄瓜小斑的病斑进行了观察，在较高的倍数下，即可看到黄瓜靶斑病的孢子及孢子梗。再将孢子用刀片刮下来，用显微镜观察它的形态及大小。如这种菌分生孢子梗多数单生少数呈几根在一起丛生，单生时多数从菌丝上垂直生出，丛生时有时有子座，但不发达。孢子梗基部稍膨大，不分枝，浅褐色，有1~7个隔膜，靠基部的隔膜，有时缢缩明显。孢子梗大小：（90~320）μm×（5.75~12）μm。分生孢子幼嫩时为浅榄褐色，成熟后为棕褐色。孢子梗与孢子连接处有无色的连接体，

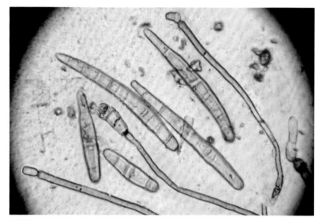

图6 黄瓜褐斑病菌的分生孢子（左）及分生孢子（右面5个）及分生孢子

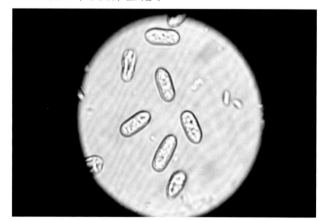

图7 黄瓜炭疽病病菌的分生孢子

连接体比孢子梗及孢子均细。分生孢子呈倒梨形、棍棒形、钝圆柱形，形状各异；有的基部粗大，顶部尖或较尖；有1~16个横隔膜，大小为：（35~145）μm×（12~20）μm。与文献报道的黄瓜褐斑病菌：即多主棒孢霉［*Corynespora cassiicola*（Berk.& Curt.）Wei］基本一致（图6）。

对黄瓜大斑直接刮取孢子，使用显微镜观察。这次仅观察到大量的分生孢子，孢子单胞，无色，多数正直，少数微弯，两端钝圆，内有颗粒状内含物，大小：（12.5~20.0）μm×（3.5~5.75）μm，与文献报道的黄瓜炭疽病菌：葫芦刺盘孢［*Colletotrichun orbiculare*（Berk.&Mont.）Arx］基本一致（图7）。

结果出来两天后，将情况通报给安定镇的农技服务中心。通过防治，这两种病害都得到了控制。■

Example **28**

是玉米丝黑穗还是瘤黑粉

2010年7月17日我接到某育种中心刘经理的电话，说他们的玉米种子售出后，有几户农民反映丝黑穗病发生严重，要我下周和他到现场去一趟。帮他们看看发生的是不是这个病害，严重程度如何？是否需要赔偿？

7月19日上午7：30出发。同去的还有主管这一地区的陆经理。路上，我了解了一下情况，知道出问题的玉米是一个夏播的玉米品种，该品种具有较好的综合抗病性，种子是经过包衣的。在当地销售了10万kg（每亩用种仅2kg）。这里出问题的玉米有3~4户，都是

图1 经理拿出了已经发干的一个发病的玉米雄穗

图2 雌穗发病的玉米丝黑穗症状

图3 雄穗发病的玉米丝黑穗症状

图4 田间见到的叶部症状　　图5 田间见到的雄穗症状之一　　图6 田间见到的雄穗症状之二

一些春播的地块，据说发病率高达20%~30%。

对于禾谷类的黑穗病我早年研究过，知道玉米丝黑穗为系统侵染，自发芽至玉米5叶期（多数在3叶期以前）都可以侵染。病菌来源是多年落在土中积累起来的厚垣孢子。种子也可以带菌，但在发病中起的作用不大。该病多发生在春播的玉米上，夏播玉米很少发病。适合夏播的玉米如果春播，有可能引发较重的丝黑穗病（土壤温度较低，增加了植株的发病机会）。在防治上除了使用抗病品种外，主要是药剂拌种或使用种衣剂包衣（含三唑酮、烯唑醇）。此外，利用高土温及良好的墒情加快种子出苗以及清除病残也有一定的防治效果。我们分析，出现这种问题，很可能是夏播的品种春播的结果，播种时气温低、墒情不好，种子发芽慢，在发芽的过程中接触病菌的机会较多，所以"发生严重"。

大约行程3h，到达这个县的某种子公司。这个公司的经理拿出了已经发干的一个发病的玉米雄穗（图1）。介绍说：这就是问题种子种出的玉米。发病时先是叶片发病，接着长出的雄穗，便都是黑穗。出现问题后，县农技站的技术人员来看过，确定为玉米丝黑穗（*Sphacelotheca reiliana*），说是由种子带菌引起。

我接过了发病的雄穗看了看，和我以前见到的玉米丝黑穗不同。以前见到的玉米丝黑穗，有两种情况，一种是雌穗和雄穗全为黑色的丝状物及粉状物所取代（图2）；还有一种情况是一些雄穗上部为健康的，雄穗下部及雌穗为黑色的丝状及粉状物所取代（图3）。而这里看到的是一些小的雄花被感染，形成大大小小的瘤子，倒像是瘤黑粉（*Ustilago maydis*）。

但是，我没有系统地观察过玉米丝黑穗，是不是丝黑穗病发病的早期都是这个样子？不过可以肯定这里采下的病穗不是典型的丝黑穗。我便说："这个标本不像是丝黑穗，倒像是瘤黑粉。是不是没有采到真正的病株？我们还是到现场看看吧。"

我们来到了出问题的那个村子，请了村里一个卖籽的人陪同，他比较清楚究竟是哪块地病重。

来到这块所谓丝黑穗比较重的地里，我们首先觉得问题没有那么严重。病株率应当在3%以下。他们说农民已经打掉了一些病穗，但是，无论如何到不了5%。

通过观察，我更进一步的相信这里发生的是瘤黑粉，不是丝黑穗。主要根据如下：

1. 首先我们没有能看到系统侵染的病株。我以前见到的玉米丝黑穗病田，由于病菌是系统感染的，感染的时间不同，植株都是高高矮矮的；分蘖的多少也不一样。会有一部分植株长不起来，成为灌丛状。而这里的病田植株高度基本一致，很容易可以认出不是发芽时感染的，而是后期感染的。

2. 在田间我们也见到有些叶片先长出了病瘿（图3），后来抽出的雄穗也跟着长出病瘿的植株（图4、图5、图6）。是一种典型的局部侵染引起的症状。而丝黑穗的病株叶片不会发生病瘿。

3. 这里病株都是雄穗发病，雌穗无病。而丝黑穗是系统侵染，多数病株的雌穗和雄穗同时发病（图7）。

当然这里发生的瘤黑粉，多在雄穗上发病，这种情况也比较少见。

我将鉴定的结果告诉育种中心、种子公司和卖籽的人。由于病原鉴定结果的变化，发病的原因自然就有了新的说法："玉米瘤黑粉不是种子带菌，可以说遍地都是，只要条件合适，即可能发病，和种子带菌无关。"

村里卖籽的那位听了我的话，仍然认为病害的发生和种子带菌有关，带我们到了另一块地。说这块地是同一天播种的两个品种，玉米中心的发病较重，而另一个品种几乎无病。不过我们发现这两个品种的生育进度不大相同，那个无病的玉米已经开始扬花，瘤黑粉病较重的那个品种刚刚吐雄穗，他举出的证据无说服力。

我们认为，玉米瘤黑粉的发生是和温度、湿度、植株的抗病性以及其感病的生理阶段有关。很有可能这几户种植的玉米在抽雄时刚好遇到了适合的条件。旁边的那个品种，生育期略早，病菌已无力侵染。

我们知道防治瘤黑粉病主要有以下几点措施：

1. 种植抗病品种：可以选择发病较轻和果穗不发病的品种。但是目前没有对瘤黑粉免疫的品种。

2. 减少病源：在病瘤破裂前及时清除并深埋。收获后彻底清除病残株。

3. 合理密植平衡施肥：增施含锌硼的微肥，防治玉米螟，轮作两年以上。

4. 使用福美双药剂拌种（用种子重量0.2%的50%福美双）。

根据目前的情况，有些措施实施起来为时已晚。我们建议发病的农户趁黑粉瘤尚未破裂，将病雄穗及时清除干净，深埋或销毁。不仅可以减少当前病害的传播，将来对防病也是有利的。

关于去掉了雄穗会不会影响玉米花粉的供应，引起减产问题。搞玉米制种的人都知道，制种时应将母本的雄穗去掉，也就是说比一般田雄穗少一半，授粉效果无大影响。这里去掉的雄穗只有5%以下，对授粉不会有影响。相反的去掉了部分雄穗还可以减少植株的消耗，增加通透性，有利于玉米的生长。

一般来说，对于病害的鉴定，通过观察病原应当更为准确。因此该育种中心希望我们观察一下病原，将这个病害搞准。于是我们又采集了一些标本带回室内，作了观察，拍了显微照片（图8）。但是，瘤黑粉和丝黑穗的厚垣孢子的大小差异很小。仅在颜色上略有区别，观察厚垣孢子的形态，不做深入的工作，还不如用症状鉴定准确。

此外，我们还查阅了一些有关玉米黑粉病的记述。在王晓鸣等编著的《玉米病虫害田间手册》上有一张被瘤黑粉感染玉米雄穗的图片，和我们在田间见到的完全一样。在《中国农作物病虫害》一书上介绍："高温多雨有利于厚垣孢子的萌发。特别是在玉米抽雄的前后，对环境十分敏感。这时如遇干旱，又不能及时灌溉，常造成玉米膨压降低，这时如有数小时微雨或多雾多露时，有利于孢子萌发侵染，加重发病。此外前期干旱后其多雨，或旱湿交替出现，也容易发病。"通过查阅资料，更增加了鉴定结果的可靠性和对玉米黑粉病类的了解。

后来了解到种植户和中间商对鉴定的结果，较为信服。平息了一场可能发生的种子质量纠纷。■

图7 这里病株都是雄穗发病，雌穗都是无病的

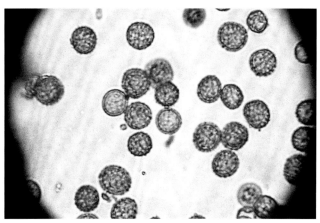

图8 显微镜下的玉米瘤黑粉菌的厚垣孢子

Example 29

北京的十字花科根肿病

2010年8月的一天，我在北京12396服务热线值班，接到北京市顺义区木林镇石师傅的一个咨询电话，说他们家种的白菜有一些植株不知是什么原因总打蔫，问是什么病？

我问他是否缺水？回答说不缺水。

我又问根上有什么问题？回答说有的植株根上有白色的瘤子。我听后立即想起大约在20多年前这个镇发生过的十字花科蔬菜根肿病。这次发生的可能还是根肿病。

记得1989年9月的一天我应邀和北京农业大学的几位老师到该镇去看大白菜。据他们说，那里有相当面积的大白菜不爱长，有的晴天打蔫，严重的死亡。

图1 本书作者在荣各庄的大白菜田了解发病情况

我们来到田间，看到这里种的大白菜面积很大，由于是新发展起来的菜地（上茬是小麦），地面不太平，田间大小棵不匀比较严重。由于前几天多雨，有的地段还有积水。我们发现，越是积水的地方，白菜长得越是不好。植株呈现出深绿色，严重的叶片有一些发蓝，外叶往往有些萎蔫、枯黄（图2）。我们拔下一些植株，发现根部发育得不好。除有少量侧根正常外，主根畸形、膨大，表面已木栓化，呈浅褐色。我们分析，此病有可能是根肿病。

就在这天，我们还无意中在田间间作的萝卜上，见到一些根肿病株。这些萝卜的地上部的症状不太明显，圆锥根也可以膨大，但是在下面的侧根，生有许多瘤子，和大白菜相比，更像根肿病（图3）。但是据报道这种病往往发生在南方的酸性土地区。难道，北方也有这样的条件？我们分头采集了一些病样，带回室内观察。

在实验室，我将一块病根切成片，用清水作浮载剂，在显微镜下观察。开始，因切得较厚，仅看出有一些颗粒从组织块中散出，后使用挑针挤压盖片，看到有大量的颗粒溢出。这些颗粒很小，在高倍镜下仅是一些近圆形的表面光滑的颗粒，直径也就有2~3μm，更细微及结构就看不出来了。这些颗粒比较均匀，可以在水中做布朗运动。据文献报道，我初步认定，这就是根肿病（*Plasmodiophora brassicae* Woronin）的休眠孢子囊。

当时，我正在研究的课题是大白菜的抗病性鉴定，正好有现成的幼苗供我做接种实验。我将采到的病根洗净，加水后用组织捣碎机打碎。将得到的乳状液经过离心，取上清液在显微镜下观察，发现其中有大量的直径均一的颗粒状物（休眠孢子囊）。我将它浇在10株两叶一心的大白菜根上。两周后，看到，每株都不同程度地发生了肿瘤（图4）。证明北京市确实可

图2　1989年木林镇发生的大白菜根肿病田间表现

图3　1989年木林镇发生的萝卜根肿病

图4　1989年回接根肿菌后白菜苗发病的情况

图5　1989年北京农业大学拍到的大白菜细胞中根肿菌鱼籽状休眠孢子囊团的电镜照片（唐文华供稿）

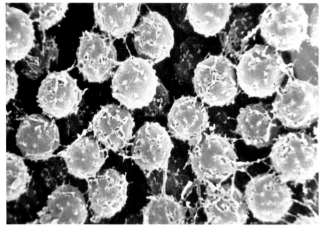

图6 1989 年原北京农业大学拍到的大白菜细胞中根
肿菌休眠孢子囊的电镜照片（唐文华供稿）

图7 2008 年平谷峪口发生的青花菜根肿病根

图8 2008 年平谷峪口发生的青花菜根肿病株

图9 2010 年木林镇大白菜根肿病受害株地上部
分的症状表现

以发生十字花科根肿病。

此时，北京农业大学老师们鉴定的结果也出来了，他们测定了发病地区的土壤酸度，pH 为 6.56~6.74。同时还拍到了根肿病休眠孢子囊的电镜照片（图5、图6）。

与此同时北京市植物保护站也对全市大白菜根肿病发生的情况进行了调查。据他们调查，此病最初发生在8月下旬，9月上旬进入盛期。主要分布在顺义、密云、怀柔三个县。发病总面积约1 300亩（约合 86.7hm²），其中有400亩（约合26.7hm²）损失严重。发病的三个区县中，以顺义木林镇（当时称木林乡）发生的面积最大，损失最重。严重的面积约300亩（约合20hm²）。此外，怀柔发生100余亩（约合6.7hm²），分布于西庄乡的四个村。密云县发生约60余亩（约合4hm²），主要分布在季庄、城关两个乡镇。此外顺义的北务、小店、李遂等乡镇仅有少量的发生。一般发

生在前茬是小麦等大田作物的地里。

1990以后的一段时间，此病在本市似乎销声匿迹。2008年8月在北京市平谷区峪口镇的一个农业集团公司再次发现。那次见到的是青花菜根肿病。发病的田块大约有1.3hm²，主要分布在沿地块西侧及南侧的大约有10m宽的局部地区。发现时青花菜已快到结球期，植株表现生长迟缓，外叶在中午时期明显的萎蔫。在根的上端，接近根颈部分，可以见到十分明显的瘤状物。瘤状物为不定型，大的直径有十多厘米（图7）。由于着生的位置比较表浅，大部分不需要拔下，在田间即可以见到。有的瘤子因长时间地裸露在地面，表面转为绿色（图8）。待到晚期，由于天气转凉有些植株仍可以存活或继续生长或结出花球，但因营养不足，花球较小，减产十分严重。从这个地区根肿病危害的部位看，发病的时期较早。公司的技术员也说在育苗期就见到过有植株发病。但该基地使用的

图10 2010年木林镇受到根肿菌危害的大白菜根

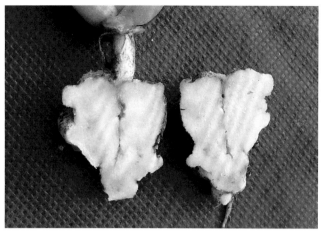

图11 受到根肿病危害的白菜根部肿瘤剖面

是穴盘育苗，病原是从哪里来的，一直不太清楚。2009年青花菜在苗期没有发生根肿病，但是在青花菜结球前又在同一地块同一位置发生了根肿病，受害的情况和2008年没有明显的不同。2010年这块地改种其他作物后，就不再发生。

根据上述的经历，我告诉石师傅今年（2010年8月）他那里发生的有可能是大白菜根肿病。但是对方说，他们这里发生的面积较大，希望我们能到现场给诊断一下。

2010年8月24日上午我和12396服务热线的技术人员一起来到位于木林镇荣各庄的大白菜病田（图1）。面积大约有30亩（约合2hm²），分属于几户农民。石师傅种植的这块大白菜面积约5亩（约合0.34hm²），品种是'新三号'，播期为7月28日。较其他的农户要早6~7天。

粗看起来，他种植的大白菜长得还不错，当时植株大约有12~13个叶片。仔细地观察有些植株叶色浓绿，部分外叶略有萎蔫（图9）。有时还可看到病株有一两个叶片发黄。拔下这样的植株，即可看到主根膨大呈肿瘤状。目前肿瘤着生的位置多距叶基处向下2cm的地方，少数也有一些处在叶基6~7cm的地方。一般着生部位越远的，直径越小。甚至小到肿瘤不甚明显。最大的肿瘤直径可达2.8cm，瘤表面有些粗糙。这样的植株主根变粗，侧根和须根很少、很细（图10）。切开肿瘤所见多是一些类似生姜状白色幼嫩的组织（图11），挤压有白色液体流出。做成切片，可见到许多的巨型细胞，胞内原生质较少，往往有一团聚集在其中的休眠孢子囊。根据这种情况，可以将此病准确无误地确定为是由根肿菌引起。

由于根肿病是地下部发病，症状比较隐蔽。轻的

病株也不萎蔫，而无病株但缺水也可发生萎蔫，所以在调查的时候，必须要将植株拔下观察根部被害的情况。给调查造成一定的困难。据粗略估计病株率可达到30%~50%。

我们还察看了邻近播种较晚的地块。如旁边的一块8月4日播种的大白菜田，也有一些根肿病株，但病情较这块轻。

情况表明，经过20多年，这一地区的根肿病，仍没有彻底地解决。农户也反映，这里的根肿病每年都不同程度的发生，只是今年发生的比较重而已。此外农户认为今年根肿病发生较重，其原因是这块地是今年分来的新菜地。前茬主要是种植玉米等禾谷作物，比较贫瘠，土壤有机质少。如果连续多种几年蔬菜，提高了有机质含量及肥力病情有可能得到缓解。他们的这些看法，和我们所掌握的情况基本一致。

据记载，十字花科蔬菜根肿病应贯彻以栽培措施为主的综合防治技术进行防治。包括以下几方面：

1. 实行植物检疫措施，封锁疫区

目前该病在我国北方各省、市的发生仍属局部。而十字花科蔬菜产品、菜苗及种子的调运，会造成病害的扩展。特别像北京等新发生的地区，加强根肿病的检疫仍是首要的预防措施。

2. 结合深耕，实行轮作

在我国北方，选择十字花科蔬菜种植田时应尽可能地避开酸性土壤，有条件的地方实行水旱田轮作和与非十字花科蔬菜轮作6年。利用长时间的淹水消灭土壤中残留的休眠孢子，可以有效地减轻病害。

3. 增施石灰

在酸性土地区种植大白菜。应依土壤的酸度来增施石灰（见表1）。施用时间以播种前7~10天为好。可撒

表1　不同pH值的土壤为防白菜根肿病石灰施用量
参考表（仿A. F, Sherf 1986）

土壤pH值	石灰施用量（kg/667m^2）
5.0	400
5.5	300
6.0	230
6.5	160
7.0	115
7.2	115
8.0	0

在土表，然后翻入土中。也可在定植时将石灰集中用在穴中，每穴约半两。还可以在白菜根肿病株出现时，用15%石灰乳浇根。控制病害造成的危害。

4. 选用无菌苗床和进行土壤消毒

无病苗床用含有机质丰富、碱性、未种过十字花科作物的园土做成。无此条件时可用旧苗床进行土壤消毒。即在播前20天，每平方米用30ml的40%福尔马林加水100倍将床土喷湿，然后用塑料布覆盖5天。揭开后晾两周再播种。如在苗床上发现病株，应及时拔除。

5. 加强栽培管理

注意土地平整，修好排灌系统，防止雨后及灌溉后长时间田间积水。定植期应选在晴天多的时候进行。施肥时，必须使用充分腐熟的堆肥及厩肥，避免施用酸性强的化学肥料，增施硝石灰。在我国北方秋季种植大白菜因气温下降较快，发病较轻时，可以采用增施肥料，适时浇水，促进新根的发育，增强植株的耐病能力，弥补根肿病造成的损失。

6. 药剂防治

在播种前使用福帅得（50%福帅得悬浮剂300ml/667m^2）处理土壤。此外使用百菌清、托布津等（2kg/667m^2）也都有一些效果。发病后可以考虑使用这两种药剂灌根。使用75%五氯硝基苯1.5~3kg/667m^2，栽培前条施畦面。也可用75%五氯硝基苯可湿性粉剂700~1 000倍液，移植前每穴250~500g药液浇灌；或在田间初出病株时用药浇灌。国外介绍在种植前施用硝石灰（300kg/667m^2）再用五氯硝基苯（6~18kg/667m^2）处理土壤，不仅对根肿病有很好防效，而且可防止药害。在发病初用苯来特每株400ml（含有效成分0.28g）每个月浇灌一次，防治效果好。此外，对十字花科根肿病有效的物质还有：氯化苦、棉隆、D-D混剂等。

7. 选用抗病品种

在有条件的地方可选用抗病品种防治此病。但是，根据目前农户的种植情况，采用上述的措施已为时过晚。可以使用福帅得、百菌清及托布津或石灰等灌根的方法来防治。同时我们还告诉他们，随着气温的下降，病菌进一步的侵染会减少。灌根处理比较费力、费钱。不如合理灌溉，增施肥料，促进新根生长，挽回部分损失。■

Example **30**

北京市万寿菊黑斑病考察纪实

2010年9月26日，本人应我院生物中心花卉和重要经济植物研究室的黄博士的邀请，到北京市延庆县四海镇进行了一次万寿菊病害考察（图1）。据黄博士介绍，在四海镇发展万寿菊，是他们研究室和当地政府一个合作项目。今年是试种，面积有1 000亩（约合66.7hm²），三年后要发展到3万亩（约合2 000hm²）。万寿菊的花可以提取叶黄素等重要食品及医用的植物源添加剂，远销欧美。茎叶可以作为育苗基质的代用品，对发展山区经济具有重要的作用。因此这次调查，关系到今后这项产业的发展。

我们首先来到该镇的南湾村，这里试种植有约300亩（约合20hm²）万寿菊。苗子是以每株0.06元的价格由赤峰买来。5月下旬定植。一直生长得很好，但是从9月初开始发病，9月中旬茎叶大量枯死（图2）。我们来到其中一块病田，见到大面积的万寿菊的茎叶及部分的花朵基本上都因枯死变成了褐色，只有少量花朵及叶片仍保持原有的颜色。仔细察看发现，未枯死的叶面上生了很多的叶斑。这种叶斑多数比较小，直径为1~3mm，不定型，边缘不整齐，在中心有一个淡色的区域，密密麻麻地分布在整个叶片上。除了叶片，在茎及花托上，也有许多类似的斑点（图3、图4），但是数量没有叶片上多，病斑的纵向较长。茎上的病斑多时，茎表面变为褐色。在地头，大家对植株枯死的原因进行了分析。概括起来有几种可能：

1. 不久前这里发生了草地螟，这块地喷过一次高效氯氰菊酯（1 500倍液），有可能是杀虫剂引起的药害。

图1 黄丛林博士（右二）和本文作者（左二）等在发病现场考察万寿菊叶斑病

图2 万寿菊黑斑病叶部症状

图3 万寿菊叶斑病茎部症状

图4 万寿菊叶斑病花梗及花蕾症状

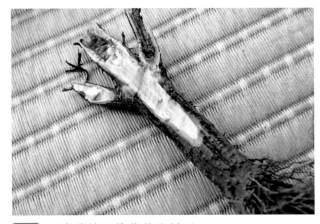

图5 万寿菊枯死株茎基的剖面

2. 9月23日这里下了一次霜，许多玉米叶枯死。早霜有可能促进了万寿菊植株的枯死。

3. 9月上旬发生了一种叶斑病，随着叶斑病的加重，植株的叶片自下而上干枯，最后导致植株的枯死。

4. 发生了一种当地称为"立枯病"的病害，引起了茎枯，并导致植株枯死。

我们逐一地对以上的几点可能进行排除。

首先认为药害的可能不大。如果是药害，应当

有一定的方向性，而且不会这样均匀。这时龙副局长说，在黑汉岭有一块没有用过农药的地块，应当到那里看看。我们驱车来到黑汉岭，看到这块地的万寿菊和南湾村没有什么区别，大部的植株都已枯死，少数仍保持绿色的植株；叶子上也有大量的叶斑。由于这里植株枯死的程度不比南湾轻，南湾植株的枯死不大可能是药害引起。

至于早霜引起的冻害确实存在。特别是一些花瓣遭霜打了以后，使得花瓣枯死。但是早霜在多数情况下只能引起上部茎叶受害，不可能像这些田多数是从植株的下部叶片开始枯死。

此外，也不大可能是立枯病。这是因为立枯病个苗期病害。四海万寿菊的枯死是发生在植株都已到发育晚期才出现的，不可能再发生立枯病。这些枯死株的根部正常，木质部为白色，仅表皮变为褐色，可以排除疫病等其他根病的侵染（图5）。我们也从枯死株里，找出了几个像是疫病的茎，但是这种植株的数量极少，不大可能造成如此普遍的植株枯萎。

最后本人认定万寿菊的提早枯死是由黑斑病引起。在病害初发阶段，没有引起人们足够的重视，严重后，叶片及茎部的感染使植株从下部逐渐向上干枯，这时才得到重视。

在田间我告诉大家：由于本人对花卉病害缺乏研究，目前还不能准确地说出这里发生的病害是由哪种病原菌引起的。但是，我注意到每个病斑的中央都有一个浅色的圆斑，和我在其他植物上见到的真菌性的黑斑病（*Altrernaria* sp.）十分相似。这个问题也许很简单，用显微镜看看，就可以得出结论。也可能很复杂，需要较多的工作。但是，这不影响防治。可以按照防治真菌病害的方法来防治。

真菌病害可以分为两大类：卵菌或非卵菌，两类病害防治用药不同。这种真菌性叶斑病属于非卵菌。一般使用百菌清、多菌灵、扑海因、三唑类等化学农药就可以得到控制。考虑到我们的产品要供出口，可以选择出口国（包括欧盟）允许使用的农药。也可以错开花期用药，避免农药对产品的污染（实际上还可用一些非化学农药，如武夷菌素等）。完全可以生产出合格的产品。

下午，我回到实验室，立即对采集到的标本进行了镜检。用从叶面直接刮取孢子的方法，观察到了数量不多的交链孢属（*Alternaria*）的真菌孢子（图6、图7）。此外我还收集了一些有关该病的文献。

这些文献告诉我们，目前国内对该病的称呼尚不

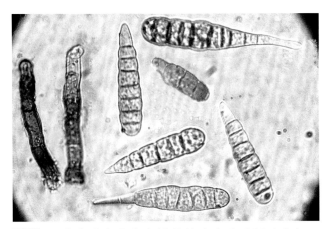

图6 万寿菊叶斑病的病原菌的分生孢子梗（左）及分生孢子

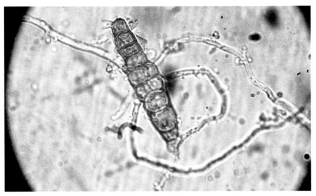

图7 万寿菊叶斑病的病原菌的分生孢子萌发状

统一。有的文献将万寿菊的这个病害叫叶斑病，还有一些文献将这个病害称为黑斑病、叶枯病（marigold feaf wilte）。此外，对于引致的病原菌的认识也不统一。有的认为是细交链孢（*Alternaria tenuis*）引起的。有些认为此病是由万寿菊链隔孢（*A. tagetica* Shome et Mustafee）引起的；还有些认为所分离到的病菌与上述两菌差距较大，暂将其称为*Alternaria* sp.。我们这次见到的万寿菊叶斑病的病菌孢子大小为（44.2~114.4）μm×（14.3~15.6）μm。一般以纵隔为主（横膈3~10个），个别的有纵隔0~2个，接近文献中对万寿菊链隔孢的描述（表1），因此暂将该病的病原定为：万寿菊链隔孢（*Alternaria tagetica* Shome et Mustafee）。

考虑到*Alternalia*属中的真菌有很多种都属于腐生菌，因此在确定病原时应格外的谨慎。为此，我建议进行病原菌的分离培养，通过单孢分离、回接及再分离，将病原搞准。

根据目前鉴定的结果，可以认为，延庆县四海镇发生的万寿菊叶斑病的病菌与甘肃发生的不是一个病原菌。可以排除病原从甘肃传入的可能。鉴于目前没有查到赤峰有关万寿菊叶斑病的报道；也不了解该

表1　不同资料来源万寿菊叶斑病的大小比较

资料来源	分生孢子大小（μm）	横个数	纵隔数	备注
本人观察	（44.2~114.4）×（14.3~15.6）	0~10	0~2	仅观察10个孢子
中国真菌志	孢身：（72.5~109.5）×（15.0~25.05）喙：（46.5~133.0）×（2.5~4.5）	8~13	0~5	
甘肃农大	（18.3~25.4）×（8.8~12.0）	2~4	0~3	

菌寄生的专化性，因此尚不能认定此菌是通过幼苗从赤峰引入。如果有条件，应当将这个问题列为一个专题，进行调查。

关于此病的防治，据文献报道，建议延庆县四海镇明年在种植万寿菊时，应注意的问题还有以下几点：

1. 防治此病应当从种子处理做起，培育无病苗。建议使用种子质量0.3%的50%扑海因可湿性粉剂拌种。

2. 成株期加强水肥管理。缺水缺肥，植株衰弱，抗病性低。特别是久旱后遇到连阴雨，病害发生的就比较重。一定要及早防治。

3. 避免密植，加大田间的通透性。

4. 注意清除病残株。像延庆四海今年的这种发病情况，入冬前应发动农民，认真地将病残株集中起来销毁。

5. 在药剂防治方面可用的药剂除上面已经提到的，还有福星、扑海因、代森锰锌等杀菌剂。在发病前，应组织货源，保证供应。■

参考文献

[1] 张天宇.中国真菌志（链隔孢属）[M]. 2003，（16）：86-87.

[2] 徐公天.园林植物病虫害防治原色图谱[M].中国农业出版社，2003:8.

[3] 侯启雷，张肖凌，何冬云，等.甘肃垦区万寿菊叶斑病的药剂防治[M].植物保护科技创新与发展，2007: 599-600.

[4] 王龙，何冬云，张霄云，等.万寿菊叶斑病的发生与病原鉴定[M].南方农业·园林花卉版，2007，（2）：9.

[5] 谢忠清.万寿菊叶斑病的发生及防治[M].农业科技与信息，2008（1）：27-28.

Example **31**

菊花白色锈病的诊断纪实

2010年"十一"长假的最后一天，我接到黄博士的一个电话，邀我次日陪他到北京市顺义区看菊花病害。正好这天我有空，行程就这样定了下来。

但是，我对菊花病害并不熟悉。为了应对这次活动，我打开张忠义主编的《观赏植物花卉病害》，查了一下菊花病害。但是，在这本书上仅记载了3种菊花病害。而且仅有病原，没有防治方法。我又上网查了一下"菊花病虫害"发现网上的资料还不少。加起来有菊花病害十多种，虫害十来种。但是，大都十分简单，多数资料连病虫的学名都没有，有的注有"学名"，但只是一堆拉丁文字母，属名和种名没有分开。有的资料将白锈病归在菊花锈病中。说明这些资料的可靠性较差。但是，这些资料让我了解了菊花病虫害的概貌，心里踏实了一些。

10月8日早八点出发。在路上我才知道是到顺义区赵全营镇的北郎中村，这时他们课题组的菊花试验基地。据说这个基地的菊花上发生了一种比较怪的病害。"从叶正面看是一些褐色斑点，在叶背面，叶组织有一些肿起。"但是，光听他说，很难作出判断。还是到现场看看再说。北郎中一带，在20世纪80年代我来过，印象中破破烂烂的，但是这次来大不一样，宽阔的马路，一座座工厂和车间拔地而起。2004年胡主席还到此参观过。

黄博士课题组的菊花基地设在一个大型花卉企业的旁边，面积有2hm²。里面除露地花圃外，还有三栋日光温室，一座连跨式的现代化温室。

由于我对菊花的分类不清楚，只知道里面种植的菊花大体上有两大类：大型菊花及小型菊花。据说大型菊花大都是观赏用菊。小菊花除了用作观赏还有茶用菊、药用菊等［后来知道这些菊科植物都属于 *Dendranthema morifolium* （Ramat.）Tzvel.］。目前有一部分大型菊已经开花。我发现，这些开花的大型菊，都有棚架，曾用黑塑料膜扣过。我问该试验基地的黄经理扣黑膜的原因。他说："菊花在短日照下花期可以提前，为了让菊花的花期提到国庆节，就得用人工遮盖缩短日照促其早开。"

在黄经理的带领下，我们来到一个目前已开花的大菊花棚（图1）。看到一些植株叶片上散有很多黄绿色近圆形的斑点，边缘比较清晰，直径0.5~6mm；有的病斑

图1 菊花白色锈病的发生又给黄博士（左）与黄经理（中）增加了新的麻烦

图2 菊花白色锈病的叶部症状
（正面）

图3 菊花白色锈病的叶部症状
（背面）

图4 菊花白色锈病系统侵染株病
叶的正反两面

图5 菊花白色锈病系统侵染株锈
菌孢子堆外观放大

图6 畸形生长的菊花白色锈病病
株的分蘖

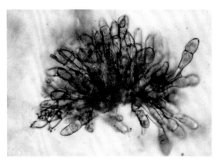

图7 菊花白色锈病孢子堆的显微
照片

的中部有一黄褐色至褐色的小点（图2），翻转叶片，可见到叶背病斑明显地鼓起，呈浅黄色。一些较大的病斑中部为橙黄色，但是没有粉状物散出（图3）。我告诉他们菊花锈病就是这个样子，是菊花的一种常见病。

黄经理说："我们也怀疑是锈病，也查了一些资料，知道这个病害发生的适温是5~25℃，现在天凉了，很适合这个病害的发生。我们也用粉锈宁防过一次。但是，效果不明显。想让专家给确认一下，别用错了药，等以后闹大了，就更不好办了。"

我告诉他："您对病原判断正确，使用的药剂也是对的。但是，发病后喷药只可能使病害不再发展，不可能把叶片上的病斑去掉。所以说对这种观赏用的菊花来说，更应当注重提前预防。"我建议他对所有观赏用的大菊花，普遍地施用一次农药。

关于普遍用药的问题，我们开始有一些分歧。黄经理说："这种病最早是在东侧一棚南端的食用菊上先发现的，后来传到这边来了。现在我已将东南角的病株剪掉，只要将棚里的这部分防住，病害就不会发展，没有必要都用药。"

我对他说："您说的是一种可能。但是据我所知，锈病是一种气传病害。病菌的孢子可以通过大气进行传播。遇到适合的寄主和条件，就引起发病。这里看到的可能和最先发病的食用菊有关。但不能排除无症菊花没有被感染。"但黄经理对我的分析未置可否。我

在棚里边调查边拍照。拍照的时候发现，黄经理总是跟着，生怕我弄伤了叶片。遇到需要摘下来拍照的叶部症状，都舍不得让摘。这使我打消了多采几片病叶到室内鉴定的想法。经过允许，仅采下了一个带病斑的病叶。对此我也比较理解，种花和种菜不一样。蔬菜是为吃的，少几个叶没有关系，但种花，在关键部位少一点都会影响到它的商品价值。

看完这个棚，黄博士和黄经理一起谈起了其他工作。我就利用这段时间，对基地其他菊花发病的情况进行了调查。调查中我看到不同品种间发病情况差异明显。一般小型菊都比较抗锈病。大型品种有些品种比较感病，还真有一些大型品种一点病都找不到。

在调查时，我在一些生育期较晚的大型菊花上，又发现几株发生了白色锈病。它的位置处于食用菊的东面，这一发现，打破了黄经理对病菌仅从西南面食用菊上传过来的推测。我把这个发现告诉了黄经理，进一步强调了将大菊花都作为锈病防治对象的必要性，这时他才表示赞同。

另外，我找到了早期发生锈病的食用菊。看到被剪掉的植株下面新生出的叶片锈病十分严重，有些新生的叶片为浅黄色，明显的肿起，使叶背变得坑坑洼洼的（图4、图5）。有的枝子畸形（图6），我认为这是病菌系统侵染所造成。说明这里也需要用药防治。鉴于这些食用菊没有观赏的问题，我又采了一些病叶，解决了鉴

定用锈病标本较少的问题。并叮咛黄经理抓紧时间用药防治；这种病株如果用处不大最好作销毁处理。

黄经理还向我打听了防治菊花白色锈病可用的其他药剂。我告诉他，除了粉锈宁，目前可用的种类很多。包括：氟硅唑（福星）、苯醚甲环唑（世高）、腈菌唑（仙生）、丙环唑（敌力脱）。其实只要用药及时，多菌灵也很有效[1]。但是，使用时要注意抗药性，最好多准备几个品种的农药，每年每种杀菌剂只用一次。这些农药大都可以内吸传导，但是喷药时最好喷头向上，将喷嘴有个掏着喷药的过程，使叶背面也喷上农药。

为了进一步确认病原，我将带回的叶片作了镜检及描述：冬孢子聚生在一起（图7），剥离后单个孢子倒卵形至棒状分隔处缢缩明显或不明显，浅黄至无色，有隔0~3个，多数1个。孢身大小（20~83）μm×（13~35）μm，一般有孢梗（有的3个隔的孢子有时未见孢梗），孢梗长短相差较大，大小为：（20~115）μm×（5~10）μm（图8）。

根据文献记载，菊花锈病有多个种。例如：吕佩珂等著的《中国花卉病虫原色图谱》[2]认为有：菊柄锈（*Puccinia chrysanthemi* Roze）、蒿层锈菌（*Phakopsora artemsiae* Hirato）以及堀柄锈菌（*Puccinia horiana* P. Henn）三个种。庄剑云主编的《中国真菌志》第十九卷锈菌目中有两个种：菊柄锈菌（*Puccinia dendranthemae* S. X. Wei & Y. C. Wang）和堀柄锈菌都可寄生在菊花上[3]。也有的文献将菊花锈病分为黑锈、褐锈及白锈［"白锈"的提法不科学，容易和白锈菌（*Albugo* sp.）相混］[4]。

鉴于我们见到的菊锈病仅有冬孢子，而吕佩珂列出的*Puccinia chrysanthemi* Roze、*Phakospora artemsiae* Hirato都有夏孢子，故都和我们见到的锈菌不相同。

在《中国真菌志上》列出的菊柄锈菌（*Puccinia dendranthemae* S. X. Wei & Y. C. Wang），寄主为拟亚菊［*Dendranthema glabriusculum*（Smith）Shin］。这种菌和我们这次见到锈菌相似的是仅有冬孢子。但是，菊花柄锈菌孢子堆较小（仅0.3~0.8mm），成熟

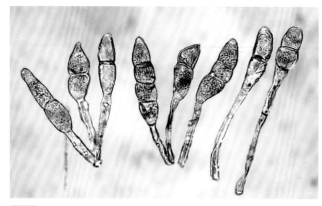

图8 菊花白色锈病的冬孢子形态

即萌发，这两点和我们所见不同。只有堀柄锈菌和我们见到的相近。该种锈菌寄生在野菊（*Dendranthema indicum*）及菊花［*D. morifolium*（Ramat.）Tzvel. = *Chrysanthemum morifolium* Ramat］上，仅有冬孢子。但该文献说，该菌在菊花上的发生，国内尚无报道。所不同的是，在笔者见到的锈菌冬孢子中，孢身有无隔的、两隔的和三隔的。

经过比较（如表1）笔者认为这次所见到的锈菌应属于*Puccinia horiana* P. Henn（堀柄锈菌，俗称白色锈病）。■

参考文献

[1] 蔡祝南，张中义，丁梦然，等. 花卉病虫害防治大全（彩图）[M]. 北京：中国农业出版社，2003：45-46.

[2] 吕佩珂，段书销，苏慧兰，等. 中国花卉病虫原色图谱（下册）. 北京：蓝天出版社，2001：446-445.

[3] 庄剑云主编. 中国真菌志 第十九卷：锈菌目（二）[M]. 北京：中国科学出版社，2003：225-226.

[4] 张中义，王英详，徐同，等. 观赏植物真菌病害[M]. 成都：四川科学技术出版社，1992：56.

表1 菊花上的几种锈菌冬孢子的比较

锈菌种名	孢子堆直径（mm）	孢身大小（μm）	孢柄大小（μm）	颜色
P. chrysanthemi	1~2	（33~60）×（16~32）	110	栗褐色
P. dendranthemae	0.3~0.8	（36~52）×（22~29）	长达113	淡黄或黄褐
P. horiana	2~5	（35~52）×（11~18）	长达50	淡黄至近无色
笔者采集	0.5~6	（20~83）×（13~35）	（20~115）×（5~10）	淡黄至近无色

Example **32**

嫁接苗为何不长？

2010年11月接到山东省某县农民的反映，他们引进的一批黄瓜新砧木，嫁接后不发苗。由于面积较大，希望我们能去帮他们分析一下原因。

早上6：00我们就出发了，大约在上午10:30抵达出问题的地点。限于时间，我们仅在三个村各选了一个日光温室分别开展了调查。

在第一个村看了一栋陶师傅的日光温室，里面安排的是黄瓜嫁接品种对比试验。据介绍这些黄瓜是9月15日播种，10月1日使用靠接法嫁接的。7天后断根，10月13日定植。砧木主要是"A砧"（化名），此外还有一部是用的"B砧"（化名）。

出问题的是用"B砧"作砧木的那部分黄瓜。远远看去即可看到用"B砧"作砧木嫁接的黄瓜植株十分瘦弱、矮小（图1、图2），整株叶片黄绿色，而且还有一些"花打顶"的现象（图3）。拔下植株，看到根部发育不好，根量很少，但是根仍是白色的。仅有少数主根的下部有干缩及褐变的现象。根部直径较细，一般为4~5mm，个别6mm。而随机从旁边拔下使用"A砧"作砧木的植株，主根的直径有10mm左右，根系发达，没有出现褐变的情况。此外，使用"B砧"作接砧木的嫁接苗在接口上大都产生许多未长大的不定根。而在以"A砧"为砧木的嫁接苗上，没有这种情况发生。

我们还进一步地了解了同一砧木不同接穗的嫁接苗生长的情况，结果是使用"B砧"作砧木的嫁接苗无论接穗是哪个品种，所有的苗都生长得不好（图4）。

而使用"A砧"作砧木的，都比较正常。最典型的是有一个使用"A砧"作砧木的小区，由于苗不够了，中间栽了一行用"B砧"作砧木的植株。到目前就是这一行长不起来。

图1 使用"B砧"嫁接出的黄瓜植株叶片变黄的情况

图2 使用"B砧"嫁接的植株出现的症状

图4 两种不同的砧木嫁接苗长势比较。右侧为"A砧",左侧为"B砧"

图3 用"B砧"嫁接出的植株出现的"花打顶"现象

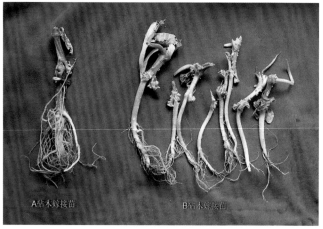

图5 A砧"与"B砧"定植一月后根部发育情况比较

调查的第二个点是金师傅的日光温室。看到这里的黄瓜长得很不整齐。有一架已长得很高,进入结瓜的盛期;但有的才长到半架。还有三架有发黄的病株,情形与第一个点看到的病株一样,长得异常瘦弱。我们进入温室时,看到温室的女主人正在拔除这些瘦弱的植株。

金师傅介绍该棚的种植面积为80m×11m。也是9月15日前后育苗,10天后嫁接,过10天定植。使用的"B砧"作砧木的黄瓜,在定植后,出现了植株不发秧的情况。眼见别人不用"B砧"作砧木的黄瓜开始结瓜,自己的却不动窝(图5)。于是就陆续的将其拔掉,换用了其他品种的砧木。那一架长的高、已经结瓜的黄瓜就是最早换的。靠门的长到半架高的黄瓜都是后来换的。现在正在拔的(指那三架不发秧的黄瓜)是用"B砧"作砧木的黄瓜,拔掉后准备重栽。

我们走到不发秧的黄瓜田里,看到黄瓜植株和第

一个棚里的情况基本一样。所不同的是有一些植株好像是有所好转。再仔细看,这些貌似好转的植株在接口的上方长出了大量的根(图6)。原来是一些接穗长出的不定根接触了土壤,长出了新根,取代了砧木的根,使植株得以继续生长。

我们调查的第三个温室是郭师傅的日光温室黄瓜。据介绍温室长100m,宽13m。走进温室我们看到这棚黄瓜总体上长得不错。只有几行出现不发秧的情况。据郭先生介绍,他这个温室黄瓜是9月3日育苗,使用的砧木是"B砧"。接穗是津优35。出苗约10天嫁接,又过10天定植。栽后开始还可以,但是以后苗子越来越抽抽。大概是定植后20天,郭先生觉得没有希望,下决心换栽了新一茬黄瓜。新换的这茬黄瓜砧木是正大金光,全部用的是插接。现在看凡是换了的苗子,生长比较正常,已开始结瓜。他还留下的一行砧木是"B砧"的黄瓜,现在仍都不发秧(图7),生长点

图6 恢复生长的黄瓜接穗接触土壤的部分长出了大量的不定根，取代了砧木的根系，使其生长得到恢复

图7 郭先生留下一行以"B砧"为砧木的嫁接苗生长迟缓的情况

不舒展，叶片黄化，表现出严重的营养不足。幸运的是他果断地重栽了新的嫁接苗，虽然较正常定植期晚了一些，但是，损失比不换的要小得多。

看过三个温室，我们觉得基本上能够下结论了，就结束了这次考察。

第二天，我们将采到的标本，作了病理分析。看到大部分使用"B砧"作砧木的嫁接苗根系正常。三个调查点取了8株不长的植株，仅有一株根系异常。即：表现为根的下端变为淡褐色，有的似有些失水。在解剖镜下没有看到病菌的子实体。没迹象表明是一种常见的侵染性的病害。

通过调查我们看到的情况概括如下：

1. 根据所见到的嫁接苗，无论使用哪个品种作接穗，只要砧木是使用"B砧"的嫁接苗，定植后普遍出现不发苗的现象。

2. 将所有出现不发苗现象的幼苗换掉后，再定植使用其他品种作砧木的嫁接苗时，不发苗的现象立即消失。

3. 使用"B砧"作砧木的嫁接苗，在定植后接口上端接穗部分都会产生数量及长度不等的不定根，说明接穗的营养下传受阻。

4. 在接穗与土接触时，产生大量的新根替代砧木的根系，使嫁接苗得以恢复生长。都证明问题出在砧木与接穗亲和性不好方面。

5. 以"B砧"作砧木的嫁接苗仅有少量的植株根部出现失水或褐变，说明不存在嫁接苗染病造成的植株不长。其不长的原因属于生理的而非病理的。这批出问题的砧木，不存在因管理不善染病的情况。

经过观察我们认为出现这一问题的原因是使用"B砧"嫁接砧木的结果。很可能是由于"B砧"与黄瓜的亲和性不好，虽然接穗和砧木可以愈合，水分沿导管的输导比较通畅，但是营养物质沿筛管的输导不够通畅。这样的苗在定植的初期还可以生长，但是随着植株的长大，叶部制造的营养不能有效地传导到根部，而使砧木的根部长期处于饥饿的状态。由于根部不能很好地发育，进一步影响了地上部生长所需要的营养，使嫁接苗茎叶的水分及营养供应严重不良，导致植株瘦弱、变黄，出现花打顶。

根据调查的结果，我们希望他们今后不要再使用"B砧"来嫁接黄瓜。同时今后在更换砧木的品种时，一定要经过试验，由少到多，保证使用亲和性好的嫁接砧木。■

Example **33**

菜豆叶上出现白线是怎么回事儿?

2011年5月19日，我在北京市农林科学院的新农村12396科技服务热线值班。有一位农民打来电话问："我们家种植的菜豆在叶上长了一种虫子，它爬过的地方会在叶面上留下一道道白印儿（图1）。这是什么虫子，如何防治？"

他问的这个问题不是十分准确。但是我猜想可能是这两天发生较多的美洲斑潜蝇。我就向他核实了一下，说："这种虫子是将卵产在叶肉里，孵出的小虫子就在叶的上下表皮间取食，边吃边长大，形成一根越来越宽、弯弯曲曲的白线（图2）对不对？"

他回答说："你说得太对了。就是这种虫子？以前好像没有见过，这些年来好像越来越多。希望将这个虫子的识别方法、发生的条件以及如何防治，做一个

详细的介绍。"

我告诉他这种虫子叫美洲斑潜蝇。

美洲斑潜蝇是一种外来的害虫，又叫它"入侵有害生物"。1993年后陆续传入我国，给蔬菜生产带来了极大危害。

这使我想起了对这个虫子认识的过程。

美洲斑潜蝇，我是1994年在广西考察时首次见到的。那时我正在研究番茄早疫病，收集全国各地的早疫病菌，准备做一下菌系的分化。那天我们考察组在南宁市郊看到一片番茄，远远地望去，下部的叶片都干枯了。和发生的早疫病较相似，我便走了过去。但是走到地边发现叶子上的斑块不是早疫病斑，而是些弯弯曲曲的空泡，灌入雨水后，引起了腐烂。好像是

图1 美洲斑潜蝇危害菜豆的初期

图2 美洲斑潜蝇危害菜豆的晚期

图3 掉落在菜豆叶上的美洲斑潜蝇的老熟幼虫及蛹

图4 停歇在菜叶上的美洲斑潜蝇成虫

有一种虫子危害的结果。

我拍了一些照片，带回到研究所内，向搞昆虫的专家求教。他们说，有可能是一种潜叶蝇危害的。但是是哪种，因为仅是危害状的照片，没有见到虫子，不好认定。不过有可能这种虫以前在北京还没有发生过。由于要搞清楚比较费劲，当时也就没有深究。

第二年的春天，北京植物病理学会在四季青乡考察蔬菜。在保护地番茄、黄瓜和丝瓜上发现了一种害虫，危害时会在叶片上形成大量弯弯曲曲的潜道，严重时造成叶片的枯死。这和我去年冬季在广西见到的那种危害状十分相似。这件事引起了我的注意。采了一些被害的叶片，找到中国农业科学院从事蔬菜害虫研究的专家，才知道它是一种危险性入侵害虫"美洲斑潜蝇"。从文献上知道世界上有80多个国家都把这种虫子列为检疫对象，在20世纪90年代初已传入我国广东、广西及海南岛。

当时我非常惊讶的是这种害虫传播速度如此之快，觉得有必要尽快的将这一情况报告政府，以便采取措施，防止这种害虫在北京市蔓延。

我首先向北京市科协负责信息工作的同志打了招呼。然后着手起草"警惕美洲斑潜蝇在我市蔓延"的建议。建议不光写明了情况，还提出了三条应急处理的建议。

很快这个"警惕美洲斑潜蝇在我市蔓延"的建议。在政府的《昨日市情》第197期上刊出。当时的市长李其炎批示："请燕丽同志（农业局长）采取措施防止此况在我市蔓延。这对'菜篮子'工程是威胁"。副市长段强批示："请农业局研究提出意见"。

后来知道，北京市政府拿出了经费给农业局，在全市开展了美洲斑潜蝇的调查研究。以后北京市科

委又资助了美洲斑潜蝇综合防治的科研项目。十多年过去了尽管已搞清楚了这种虫子的来龙去脉、发生规律，有了一套可行的防治措施。但是，时不时地还会在一些地方造成危害。

美洲斑潜蝇（*Liriomyza sativae* Blanchard）属于双翅目潜蝇科。体长2.0~2.5mm，亮黑色，鲜黄色的小盾片看起来十分明显，头部鲜黄色，腹部每节黑、黄相间，体侧面观黑黄约各占一半，有一对翅膀。幼虫：棒状透明，一端略尖。体长2.5~3.0mm，鲜黄色。蛹：长圆形，有一道道横纹，体长2.0~2.5mm，浅黄至橙黄色。

在危害的时候，幼虫的潜道主要在叶正面，幼虫在叶片的栅栏组织中钻蛀，逐渐加粗，透过叶面可以看到幼虫的轮廓。幼虫老熟后，大都从叶正面钻出，滚入土中化蛹（图3）。少部分留在叶中化蛹。

美洲斑潜蝇在南方温暖和北方温室条件下，全年都可以繁殖，一年可以繁殖十多代。温度超过34℃时该虫发生受到抑制，北京露地5月初可见危害，6~9月为发生的盛期。但该虫在露地不能越冬。该虫在保护地发生有两个高峰：即5~6月和10~11月。11月以后逐渐下降，12月至翌年3月发生量较小。因此，目前正是美洲斑潜蝇在露地及保护地的主要发生期。保护地是该虫的主要越冬场所。

美洲斑潜蝇成虫的羽化高峰是在7：00 ~ 14：00。成虫取食、产卵在白天进行。羽化当日即可交配。温度越高，交配越早，且可多次进行（图4）。雌虫用产卵器刺破植物的表皮，供雌、雄成虫吸取汁液，补充营养，因此会在叶表面留下大量的近圆形的小白点。该虫在26.5℃时产卵前期的时间最短，日均产量最高，总产量最大。平均每虫产卵519粒，最高780粒。成虫

的飞翔能力较弱,多数可飞数米至数十米。对黄色和光有趋性。但是远距离的传播主要靠卵及幼虫随寄主的苗木、果实的出售而转运。

美洲斑潜蝇的自然天敌资源十分丰富,目前共发现天敌17种,在夏季露地天敌对美洲斑潜蝇的控制作用更加明显。幼虫的寄生率可达60%以上,不施农药的地块寄生率最高可达98.3%。

如何防治美洲斑潜蝇呢?目前普遍认为应当采取农业防治、物理防治及药剂防治多种措施互相配合的方法进行。包括:

一、农业防治

1. 合理安排茬口。利用美洲斑潜蝇对寄主的选择性,合理安排茬口,达到拆桥断代、减轻危害的目的。如斑潜蝇不危害藜科的蔬菜可用这类蔬菜阻断。

2. 适时灌水及深耕(20cm),消灭落入土中的虫蛹。

3. 堆沤幼虫的残株。可将残株集中在一起,用塑料膜封严,在阳光下堆沤2天(无阳光时5天)将幼虫杀死。

二、物理防治

1. 保护地利用低温冷冻进行晾垡,消灭越冬虫源。在北京地区应利用1月的低温期间,将温室敞开7~10天,冷冻土壤,冻死潜入土中的虫源。

2. 保护地利用高温闷棚杀死虫源。即利用夏季换茬的时候,在未清除残茬前将棚室封闭7~10天,使温度达到60~70℃,杀死土中的虫源。也可在蔬菜生长期,利用6~8月的晴天,先将棚内浇一水,次日闷棚,将棚温提升到45℃,处理2h,逐渐放风。

3. 覆盖防虫网。即在保护地的上、下风口、内、外间的门及后墙的通风处,覆盖25目以上的尼龙纱网(图5、图6)。

4. 黄板诱杀。采用市售的不干胶粘虫板(大小40cm×25cm)20~30块/667m²的数量悬挂在植株的生长点20cm处(图7)。

三、生物防治

释放姬小蜂(*Diglyphus* spp.)、反颚茧蜂(*Dacnusin* spp.)、潜蝇茧蜂(*Opius* spp.)等,这3种寄生蜂对斑潜蝇寄生率较高。

四、药剂防治

在美洲斑潜蝇幼虫3龄前,每667m²用48%毒死蜱(乐斯本)乳油50ml兑水20~50L喷雾。每667m²用50%灭蝇胺可湿性粉剂7.5~11.25g,兑水20~50L喷雾。此外,在幼虫2龄前(虫道很小时)还可用98%巴丹原粉1 500倍液、1.8%阿维菌素乳油3 000倍液、25%杀虫双水剂500倍液、98%杀虫单可溶性粉剂800倍液、1.5%阿维菌素(阿巴丁)乳油3 000倍液、20%阿维·杀单(斑潜净)微乳剂1 000~1 500倍液、40%绿莱宝乳油1 000倍液,以及其他含有阿维菌素成分的复配剂。20%吡虫啉(康福多)浓可溶剂4 000倍液、5%抑太保乳油2 000倍液、5%卡死克乳油2 000倍液。40%仲丁威·稻丰散乳油600~800倍液,在发生高峰期5~7天喷1次,连续防治2~3次。还可选用25%增效磷喹硫乳油1 000倍液、75%赛灭净可湿性粉剂5 000倍液、2.8%第灭宁乳油1 000倍液、50%辛硫磷乳油1 000倍液。掌握在发生高峰期5~7天喷1次,连续2~3次。采收前7天停止用药。因这种虫子可以在土里化蛹,所以比较难防治彻底,多防治几次才可以控制住。

保护地内防治美洲斑潜蝇可使用10%敌敌畏烟熏剂、氰戊菊酯烟熏、异丙威烟熏剂防治。使用量一般为250g/667m²。释放烟剂应当在傍晚进行,将烟剂分成若干堆,从里向外,边点燃,边撤离人员。最后将温室密闭。■

图5 温室(外间)操作间的门上挂的上防虫网

图6 温室内间挂的防虫网

图7 利用不干胶粘虫板防治美洲斑潜蝇的温室

Example **34**

茭白和黑粉菌是什么关系

近几年，每逢周一，我都要在北京市农林科学院的"12396农村服务热线"值班，给农民解答有关植物病虫害方面的问题。

这周一和往常一样，我来到值班室打开电脑，等待农民朋友的提问。因为一开始，提问的人不多，我趁这段时间，忙着赶一个材料。一抬头发现有两位女士站在我的电脑旁边。

"李老师，我是某某单位的，有个问题想打扰您一下。"其中的一位对我说。

"请讲。"我说。

"你对茭白的栽培是否熟悉？我们想采访您。"

"对不起，我是搞蔬菜病虫害的。茭白北方较少，又不是病虫害问题，我不熟悉。"我回答。

可是她们还不罢休，向我解释说："是这样的，我们要拍一个有关如何种茭白的科教片，其中介绍了茭白的形成需要有一种真菌参与。那么，它们到底是寄生关系，还是共生关系。"

"这我知道，当然是寄生关系了。茭白是'阎氏黑粉菌'寄生了一种禾本科的植物'菰'而形成的。应当是寄生关系。"

"太好了，您能仔细地给我们讲一讲吗？"另一位女士恳求道。

"不行。就这点知识。还是我在上大学的时候听老师讲的。你们最好去找武汉水生蔬菜所的有关专家。"

"那你能帮我查一下阎氏黑粉菌的一些资料吗？"

她们还不依不饶。

我记得在王云章写的那本《中国的黑粉菌》里好像见到过有关阎氏黑粉菌的描述，也许对她们有帮助。而且我的书橱里好像还有这本书，事情就答应了下来。

这天整个中午，我都在找《中国的黑粉菌》这本书，结果没能找到。我想到在另一本书——《中国真菌志·黑粉卷》会找到答案。可是翻箱倒柜在我家和办公室的书厨里的也没有找到这一本书。我忽然想起我们研究所的刘老师也是搞真菌（研究）的，何不找他问问有无这本书。

跑到楼上，找到了刘老师，他告诉我有关黑粉菌的《中国真菌志》还没有出版。但是，他知道中国科学院的郭老师在搞黑粉菌研究，并帮我找到联系电话。可是打过去，没有人接。

我又回到自己的办公室，通过查书和"百度"网页，仍没有得到直接的答案。但是，找到了一些有关茭白的资料。资料说，茭白是由茭白黑粉菌（*Ustilago esculenta*）寄生引起。跟我说的阎氏黑粉菌完全不同。因此，还是回答不了上午两位女士的问题。这时我又给中国科学院的郭老师拨了一次电话。还好，这次打通了。她告诉我，这些年来黑粉菌的分类变化很大。您说的阎氏黑粉菌确有其事。但是，最后国际上没有能接受"阎氏黑粉菌"的这一命名。所以，目前仍都用*Ustilago esculenta*来表示茭白黑粉菌。

原来是这样。

图1 感染了黑粉菌的玉米，也会长出类似菱白状的"黑粉包"

图2 未被黑粉菌感染的菰，也会抽穗、开花与结籽

图3 开花的菰穗的局部放大照片

　　我将这一结果告诉了上午的两位女士，她们说还想见见我。我心想，问题不是已解决了，还有必要来吗？但还没等我回话，那边就挂上了电话。

　　不一会儿，有人敲我办公室的门，打开一看，果然是她们。还带了个摄影师及摄像的全套设备，挤满了我小小的办公室。

　　采访开始。她们边拍摄边向我提出了4个问题。我想，就这么点事情，这两个女孩还真想出了这么多问题。我用自己已有的积累和新获得的知识，一一作了回答。整个采访延续了半个小时，进展得还比较顺利。看得出她们对我的答卷还比较满意。

　　下面是我对记者提出的4个问题的回答：

　　问：黑粉菌是如何引起菰产生菱白的？

　　答：您也许见过玉米瘤黑粉病，我们一般叫它"黑粉包"。在我小的时候可吃的零食不多，放学后常和同学到玉米地里找嫩的黑粉包吃。甜甜的很好吃，但有的时候会吃得满嘴黑（图1）。

　　实际上，菱白和黑粉包是同一类东西。菱白是由菰黑粉菌（*Ustilago escuienta*）侵染了菰（*Zizania caduciflora*）形成的病变组织。菰相当于"玉米"，菱白相当于"黑粉包"。

　　在古代，菰是可以开花结籽的，叫菰米（图2）。早在2 000多年前，菰米就是一味主食。据说用菰米做出的"雕胡饭"香脆而甘，在历史上颇享盛名。目前印第安人还吃它，所以又叫"印第安米"。菰的茎、叶均可疗疾：根茎清热、止渴、止呕、利小便、治肠胃痼热；烧灰与蛋白掺和后则可涂烧疮；叶可利五脏、去烦热，除热，润肠胃。但虚寒病者忌用。

　　在早期，菰常常会发生黑粉病。得了黑粉病的菰就不再结籽了。整个菰米穗变成了一个白的肉质的嫩茎。质地很嫩、微甜、很脆，口感不错（图3）。发生严重时感染率还比较高。被人发现后，常被采走做菜。由于菰籽实容易脱落，收获困难，产量较低，后来人们干脆不再吃菰米，专吃肉质的嫩茎；并将这种嫩茎称之为"菱白"。为了获得更多的菱白，人们见了菰穗就抽掉。这样时间久了，菰就不再抽穗了（相当于人工选择）。由于人们得不到菰的种子，菰完全靠分根蘖繁殖。这样菰植株基部的根蘖里一般都潜伏有黑粉菌；种出来的菰，到后来就会自然而然的长出菱白（图4）。时间久了，许多人把菰给忘了，将这种植物直接称为"菱白"。

　　问：我们在采访时有人说菱白和黑粉菌是共生关

系，您怎么看这个问题？

答：这里涉及一个专业名词的定义问题。第一个是什么叫"共生"？共生即为两种以上的生物生活在一起，彼此相互依赖的现象。据我所知，有一种叫"菌根"的东西，和它依附的高等植物之间属于共生关系。这是因为菌根需要高等植物为它提供营养，高等植物从菌根那里获得了更多的水分和无机盐，互相有利。

和共生相对应的是寄生。寄生的定义应当是：一种生物寄居在另一种生物体表或体内，并从其中直接获取营养，使其遭受损害。从上面茭白产生的情况看，黑粉菌是生活于菰的体内，靠菰维持生活。并会使菰不能结籽，没有给菰带来好处。所以，符合寄生的定义，不属于共生关系。

有人会问，既然长出的茭白对菰有害，是不是算作一种病害呢？这又涉及一个概念问题，即什么是病害？植物病害是指，植物在生物或非生物因子的影响下，发生一系列形态、生理和生化上的病理变化，这种变化阻碍了植物的正常生长和发育的进程，从而影响人类经济效益的现象。

请注意最后提到的"影响人类经济效益"这几个字。从实际情况不难看出，黑粉菌对菰的寄生与玉米黑穗病不同的是，它的寄生对人们还是有好处的。不需要防治，不算作病害。而玉米黑穗病对玉米的产量影响较大，需要防治，属于病害。我觉得说它们是"共生"的人也许是从这一点来理解它们的结果。

问：是不是各种黑粉菌都可以引起菰产生茭白？

答：不是的。这种真菌被称为菰黑粉菌（*Ustilago esculenta* Henn.），属于担子菌亚门（Basidiomycotina）黑粉菌目（Ustilaginales）黑粉菌科（Ustilaginaceae）。这一类寄生菌的寄主范围都比较窄，目前所知仅危害菰。刚才所说的玉米黑粉菌 [*Ustilago maydis* （DC.）Corda] 也仅危害玉米，形成瘤黑粉。

问：在北京种植茭白会有哪些优势和缺点？

答：这属于栽培方面的问题了，我知道得很少。我认为茭白也有很多的病虫害。例如，茭白瘟病、胡麻斑病、纹枯病、锈病；蝗虫、螟虫、飞虱等。这些病虫害的发生与气候、生境、茬口关系密切。在南方，气温高，可以种植两茬，这是优势，但是有利于危害茭白的病虫越冬；种植的规模较大，病、虫较易被积累，病虫害就比较多，使用的农药也会比北京多。因此，从用户来讲，北京生产的茭白会比南方运来的更加安全。此外，在北京种植的茭白品质要好一些，比南方的茭白更好卖。所以，有一些聪明的南方人专门来到北京种植茭白（图5）。

通过这一番折腾，几乎占用了我一天的时间。但是，我觉得自己也有收获。就是说，在她们的促使下，使我对茭白有了更进一步的了解。使我认识到带着问题学习，是学习的一种最好的方式。

实事求是地讲，我对茭白缺乏研究。是抱着学习的态度，将我对这四个问题的认识公布出来，恳请大家指正。■

图4 被菰黑粉菌感染后的菰不再抽穗，而长出茭白

图5 一些聪明的南方人专门在北京种植茭白

Example **35**

真有"红花黄瓜"吗?

2012年1月,我们几位顾问到福建仙游参加"利农现代农业"公司在此举行的年会。8日上午是参观生产基地。早饭后大家在宾馆大厅等车的时候,利农北方基地的孙总从楼上捧出了一个方盒子,让我们看他从北京某蔬菜批发市场特意购买的"红花黄瓜"。

打开方盒,见到经过包装的4根黄瓜,瓜条大小差不多,并且都带有花。其中有两根花是红的,称为"红花黄瓜"。另两根普通黄瓜,花是黄的(图1)。孙总说:"红花黄瓜是新发地当前比较抢手的黄瓜。普通黄瓜的批发价2.4元/500g,红花黄瓜2.6元/500g。按亩产10 000斤计算,种植红花黄瓜每亩可多卖2 000

元。我们公司如果种1 000亩,就可以多赚200万元。"他问我们是否见过这种"红花黄瓜"?哪里可以买到这种黄瓜的种子?

在场的有4位来自北京和南京的蔬菜栽培老专家,大家看后都感到新奇。摇头说:没见到过。根据黄瓜的生物学特性,黄瓜的花应当是黄的。出现的这个"新物种"还真值得研究。于是大家拿出相机,纷纷将这个新品种拍了下来。

我虽然是搞蔬菜病虫害的,对这个新品种也很感兴趣,便将它拿起来仔细的观察。我发现这种黄瓜的花果然是红的,但是花已经蔫了,看不到里面的情况。

图1 孙总带来的"红花黄瓜"(右面两根)与普通黄瓜(左面两根)的比较

图2 撕开的"红花黄瓜"的花,可见到着色不均的花瓣

不过看了一阵子使我想起了我以前研发的农药——"保果宁二号"（一种加有食品红色素专门用在花上的农药），用后的黄瓜花和这里见到的十分相似。为了搞清是不是被人染红的，应当解剖一下这种红花，看看里面的情况。

我问孙总，能不能让我看一下红花黄瓜的内部结构。他说："先别动，等给我们的董事长看后再说"。又将4根"宝贝"黄瓜，重新包装了起来。

在田间，我们见到正在接待德国专家的董事长。他看后，也觉得很奇怪，就让我们研究研究，我们便在田边开始解剖"红花黄瓜"的花。发现这种黄瓜的花瓣着色不均，在花瓣内的下半部，仍是黄色的（图2）。不过，有人说在一朵花上出现两种颜色并不是没有可能的，光解剖还说明不了问题。我建议用水泡一下，如果颜色是染上的，颜色就会被水溶解下来，水会变成红色。大家听后认为，这是一个区别真假"红

花黄瓜"的好办法。

正好包装黄瓜的盒子里有两个纸杯，我们将红花黄瓜的花放进去加上清水，摇了摇。再看时，我觉得水有些变红。但是孙总说："不对，那是红花在白色杯子里的反光"。

但我仍觉得不像是反光，让他接着再泡。

又泡几分钟，并将红花黄瓜的花从杯子里捞出去，再看纸杯里水的颜色。这时大家都清楚地看到，杯子里的水确实被染成红色。证明了这些所谓的"红花黄瓜"花，都是用红颜色染的。谎言被我们的实验揭穿。

但是，广大的市民不可能都像我们那么认真。因此，"红花黄瓜"仍在以高价卖着。我希望看到我这篇文章的朋友，不要刻意去买这种黄瓜。搞不好，吃了它还会对人体有害呢。■

Example **36**

难防的二斑叶螨

2012年1月17日，我来到北京市大兴区某部队基地。由于这里的温室保温不好，最冷的时候清晨棚温只有2~3℃。往年里每到此时，种植的果菜类都长不好。特别是喜温的茄子，一到这个时候，都结不了果实。

可是今年有些例外，他们有一棚茄子长得挺好的，到冬季最冷的这个时候，仍然有新的果实长出。一问，原来是由外地新买的苗子。品种名为'布利塔'。

但是，到了1月31日，我们发现植株生长的比较慢，而且上部叶片发卷，叶片也比较黄（图1、图2）。基地的管理人员问我：是不是（茄子）有病。我说不像，倒有点像"茶黄螨"的危害。但是，这么冷的天气，不大适合茶黄螨活动。我就采了一些嫩叶准备带回研究所用解剖镜观察一下。如果有茶黄螨，一般都会聚集在嫩叶处取食。

我将嫩叶在解剖镜下找了半天，结果一无所获。倒是在比较大的叶片的背面，见到了几头叶螨（图3）。我将情况告诉了基地的技术员。让他们用阿维菌素进行防治。

两周以后，我又来到这个基地，问技术员是否防治过这棚茄子的叶螨。回答说：防了。但是，我用肉眼看看，似乎并没有将其完全控制住。新生的叶片仍然不舒展。我又采了一些叶片，回到实验室观察。防治效果果然不好，叶面确实有些死的虫子，但是总体数量还在增加（图4），并且还增加了

图1 布利塔茄子发生二斑叶螨后的田间危害状

图2 田间发现受二斑叶螨危害的叶片

图3 在解剖镜下见到的二斑叶螨

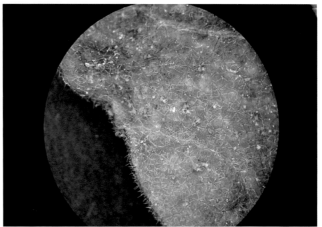

图4 在解剖镜下见到的茄子叶片上的大量叶螨

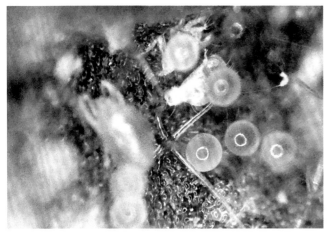

图5 在解剖镜下见到的二斑叶螨的卵及若虫

图6 在发生的盛期叶螨在植株上结下的大量丝网

不少的卵（图5）。说明虫子已对阿维菌素产生抗性，建议改用哒螨灵进行防治。

又过了两周，发现用哒螨灵防治效果仍然不好。用扩大镜就能见到爬来爬去的虫子。我让他们将阿维菌素和哒螨灵混合起来，再加大防治力度试一试。过两周后我又去看，防治效果仍然不好。甚至有越防治叶螨越多的现象，同时在植株上还出现了一些网状物（图6），很多叶螨凭借着网子的保护，使药剂难以喷进去。

我将这一情况，告诉了我们研究所搞害虫防治的专家，希望他能到这个基地看看，并为防治这种害虫，给想个办法。

这位害虫专家到这个基地看过后对我说："那里发生的是二斑叶螨——一种寄主广泛、易产生抗药性的害虫。他认为，该基地使用的药剂应当是有效的，有的地段还是被控制住了。有的地方控制不好，有可能是用药不均匀的结果。同时，他们还取回了一些二斑叶螨，准备测定一下它们的抗药性水平。

我是学植物病害的，对我来说这个问题的出现，倒是一个很好的学习机会。因此，查阅了一些资料。

据资料介绍：二斑叶螨，又称：二点叶螨、叶锈螨、棉红蜘蛛、普通叶螨。蛛形纲蜱螨目叶螨科叶螨属。拉丁学名：*Tetranychus urticae* Koch。凭借风力、流水、昆虫、鸟兽、人畜、各种农具和花卉苗木携带传播。

这种叶螨的雌成螨：体长0.42~0.59mm，椭圆形，体背有刚毛26根，排成6横排。生长季节为白色、黄白色，体背两侧各具1块黑色长斑，取食后呈浓绿、褐绿色；当密度大，或种群迁移前体色变为橙黄色。在生长季节绝无红色个体出现。滞育型体呈淡红色，体侧无斑。与朱砂叶螨的最大区别为在生长季节无红色个体，其他均相同。雄成螨：体长0.26mm，近卵圆形，前端近圆形，腹末较尖，多呈绿色。与朱砂叶螨难以区分。卵：球形，长0.13mm，光滑，初产为乳白色，渐变橙黄色，将孵化时现出红色眼点。幼螨：初孵时近圆形，体长0.15mm，白色，取食后变暗绿色，眼红色，足3对。若螨：前若螨体长0.21mm，近卵圆形，足4对，色变深，体背出现色斑。若螨体长0.36mm，与成螨相似。这种害虫的寄主植物范围很广：除危害多种蔬菜外，还危害：大豆、花生、玉米、高粱、苹果、梨、桃、杏、李、樱桃、葡萄、棉、豆等多种作物和近百种杂草。

二斑叶螨主要寄生在叶片的背面取食，刺穿细胞，吸取汁液，受害叶片先从近叶柄的主脉两侧出现苍白色斑点，随着危害的加重，可使叶片变成灰白色及至暗褐色，抑制光合作用的正常进行，严重者叶片焦枯以至提早脱落。取食中的二斑叶螨每隔30min把相当于身体25%的水分通过后肠以尿的形式排出。另外，该螨还释放毒素或生长调节物质，引起植物生长失衡，以致有些幼嫩叶呈现凹凸不平的受害状，大发生时树叶、杂草、农作物叶片会呈现出一片焦枯。二斑叶螨有很强的吐丝结网集合栖息特性，有时结网可将全叶覆盖起来，并罗织到叶柄，甚至细丝还可在树株间搭接，螨顺丝爬行扩散。

据介绍，在我国北方12~15代。在北方以受精的雌成虫在土缝、枯枝落叶下或小旋花、夏至草等宿根性杂草的根际等处吐丝结网潜伏越冬。在树木上则在树皮下，裂缝中或在根颈处的土中越冬。当3月候平均温度达10℃左右时，越冬雌虫开始出蛰活动并产卵。越冬雌虫出蛰后多集中在早春寄主如小旋花、荏草、菊科、十字花科等杂草和草莓上危害，第一代卵也多产这些杂草上，卵期10余天。成虫开始产卵至第1代幼虫孵化盛期需20~30天，以后世代重叠。（现在看其实冬季的保护地蔬菜，也应当是十分重要的越冬场所）。

二斑叶螨营两性生殖，受精卵发育为雌虫，未受精卵发育为雄虫。每个雌虫可产卵50~110粒，最多可产卵216粒。该虫喜群集叶背主脉附近并吐丝结网于网下危害，大发生或食料不足时常千余头群集于叶端成一虫团。

关于防治方法，目前介绍较多的是在果树上如何防治的技术。在蔬菜上主要有以下几种方法：

1. 实施各项农业措施，改善田间生态环境。在越冬雌成螨进入越冬前，在菜地里铺上草，诱集其在此越冬。冬季清园，及时清除地下杂草并集中销毁；越冬雌成螨出蛰前，深翻根际周围土层，消灭其中的越冬雌成螨，温室蔬菜应注意后墙等墙缝及土缝中的二斑叶螨的清除，天气干旱时及时浇灌、喷水，增加相对湿度，造成对二斑叶螨不利的生存环境，控制氮肥施用量，增加磷肥和钾肥，以增强植物长势，恶化二斑叶螨的发生条件，定时摘除老叶、病叶，集中烧毁，减少虫源。

2. 药剂防治。常用药剂有20%三唑锡悬浮剂1 500倍液、5%霸螨灵乳油2 500倍液、5%尼索朗乳油2 000倍液、20%双甲脒乳油1 200倍液、10%浏阳霉素乳油1 000倍液、5%增效浏阳霉素1 000倍液、1.8%阿维菌素（齐螨素）乳油3 000倍液。

3. 生物防治。主要是保护和利用自然天敌，或释放捕食螨。

又过了一些日子，那位搞害虫防治的专家对我说，他们在大兴部队基地取的二斑叶螨的抗药性结果已出来，即该二斑叶螨对阿维菌素的抗药性增加了10倍以上，如使用阿维菌素来防治浓度应增加到100倍液才能有效。后来知道，联苯肼酯（Bifenazate）对二斑叶螨比较有效。但是，等找到这个药剂，二斑叶螨已开始在茄子上大量结网，用什么好药，都打不进去了。

值得注意的是，二斑叶螨的寄主较广。如果长时间的保存这些茄子，这种害虫有扩大蔓延的危险，应当立即将其清除掉。可是从经济效益考虑，该基地久久不肯将其处理掉。后来又传给了人参果、圆茄、西瓜、黄瓜，危害的面越来越大。基地才决定将茄子拉秧。

为了避免将这种抗性叶螨传开来，我建议在拉秧前要做好茄秧的处理。即：收完果实先使用硫磺熏蒸一次，再将植株砍倒。砍倒的茄子先不要移出温室，而在种植棚里多扣些日子，让叶螨死掉，再进行清理。清理完有虫子的茄秧后，不要急于种下一茬蔬菜，应尽早地将地旋耕一次，消灭所有的杂草。一直到秋天再种下一茬蔬菜。以免匆忙从事，将叶螨传到整个园子里。

通过这次对二斑叶螨的防治，使我们对这种害虫防治的难度有了更深的认识。同时，通过这件事，我们还认识到，基地在引种蔬菜时存在的失误，即：不可随意地引进种苗，要避免引进带病虫的种苗。如果将带有病虫的种苗引入，会给自己带来很大的麻烦。■

Example **37**

原来是番茄斑枯病

2012年4月的一天，我来到某农业园区，到一座高标准的蔬菜栽培温室观摩。

这个温室里的苗子刚刚定植，总体上看，苗子长得不错。但是有一个品种的番茄苗上出现了一些叶斑（图1）。

园区技术员告诉我，这些苗子是从远郊买来的，当时没有发现有问题，听我说有病，就问我所见的是什么病害？我仔细地看了一下，这些病斑深褐色，似有轮纹。就认为是"番茄早疫病"。建议他们将有病的叶子打掉，然后使用代森锰锌防治两次。

但是，说完后我还不大放心。因为仅根据症状来鉴定病害，往往只能看个大概。只有使用解剖镜或显微镜才能够看得比较准确。于是我就收集了一些病叶（图2），带回实验室进行观察。

我在解剖镜下观察第一个病斑时，仅看到叶面变成了褐色，没有看到有任何的病原体。再换一个病叶，才看到叶斑上有很多的小黑点。而且有的小黑点还顶着一小块胶状物。又看了一片，还有这样的小黑点。我的直觉认为，这应当是番茄斑枯病。小黑点是它的分生孢子器，顶着的那块胶状物，是它放出来的孢子角。我又看了几个病斑，情况都差不多（图3）。说明我在园区的判断是错误的。

为了进一步确认，我将病斑上滴上水，5min后用刀片将小黑点刮下来放在显微镜下观察。果然见到一

图1 在某农业园区高标准的蔬菜栽培温室见到的番茄病苗

图2 在番茄叶片上见到的叶斑

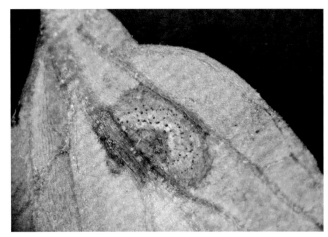

图3 在解剖镜下见到的叶斑上着生的黑点（真菌的分生孢子器）

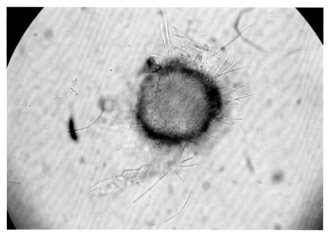

图4 显微镜下见到的病菌分生孢子器及分生孢子

图5 成株期见到的番茄斑枯病叶部症状

图6 成株期见到的番茄斑枯病田间危害状

些针状的孢子。再看，还找到一个分生孢子器，证明了我见到的确实是番茄斑枯病（图4）。

本人对于番茄斑枯病并不陌生，最早于1980年的4月17日，在北京市黄土岗公社太平桥大队就见过。后来，分别在北京市的朝阳、海淀、昌平、大兴、房山、门头沟、怀柔、延庆、密云都有所见。但是发生较重的地方是北京市的延庆和房山两个区县。大都在夏季多雨的季节比较严重。

当时我们是这样记载的[1]：

番茄可以在任何生长阶段染病，但主要流行期是在开始结果的时候。受害部位为叶片和叶柄。据报道，果实和茎也可以受害，但是我们没有能见到。叶片受侵的初期，叶背呈水浸状不规则小斑，继而出现于叶正面。病斑扩大为近圆形，大小一般为1.5~4.5mm。病斑周围暗褐色，中间灰白色（发展快时往往见不到变白的情况），以后上面散生黑色小粒点，即分生孢子器（图5）。叶柄上的病斑为椭圆形，

后变为灰褐色，上散生小黑点。从整株而言，叶片自下向上干枯。使植株蒙受较大的损失（图6）。

该菌的病原菌为番茄壳针孢。学名*Septpria lycopersici* Speg.。本菌分生孢子器黑色，扁球形埋生于寄主表皮下，后期部分分生孢子器突破表皮外露，器细胞比较疏松，壁外常沾带一部菌丝体，孢子器大小为（49~122.5）μm×（49~128）μm。孢子器孔口处壁较薄，孔口直径在7.5~57.5μm之间。分生孢子着生于扁球形的器底部，丛生，数量较大，成熟后孢子呈孢子角状由孔口溢出。分生孢子无色，线形，直或微弯，1~4个隔膜，大小为（45~90）μm×（2.3~2.8）μm（图7）。

我又查了一下防治方法。当前推荐的防治措施如下[2]：

防治番茄斑枯病应采取农业防治和化学防治并重的措施。包括：

1. 轮作倒茬。苗床用新土或两年内未种过茄科蔬

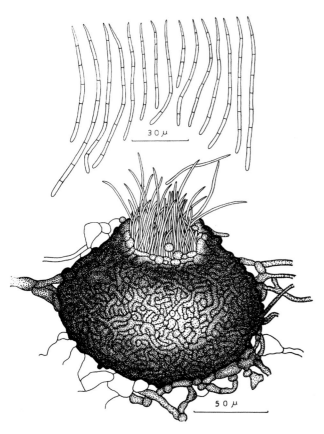

图7 番茄斑枯病的病原墨线图

菜的阳畦或地块育苗，定植田实行3~4年轮作。

2. 从无病株上留种，并用52℃温水浸种30min，取出晾干催芽播种。

3. 选用抗病品种，如'浦红1号''广前4号''蜀早3号'等。

4. 高畦栽培，地膜覆盖，适当密植，注意田间排水降湿。

5. 加强田间管理，合理用肥，施足基肥，增施磷钾肥，可提高抗病力。

6. 发病初期喷洒75%百菌清可湿性粉剂600倍液、或80%代森锰锌可湿性粉剂500倍液、50%混杀硫悬浮剂或40%多·硫悬浮剂500倍液、50%多菌灵可湿性粉剂500倍液，隔10天左右1次，视病情连续防治2~3次。

这些文献上虽然介绍的防治方法不少，但是在已经定植了的这些番茄上，可行的防治法主要是加强管理和使用化学农药。

我立即将这个鉴定结果告诉了该园区。更正了我当初的判断。不过在防治措施上，除强调了一下合理施肥、增施磷钾肥，使用的农药和番茄早疫病相同，即仍可继续使用代森锰锌进行防治。

这件事再次地提醒我，在做病害鉴定时，有条件的时候，要尽可能地使用显微镜看看病原，避免诊断上的失误。■

参考文献

[1] 李明远，李固本，裘季燕. 北京蔬菜病情志[M].
北京：北京科学技术出版社，1987：94-95.

[2] 李明远，吴钜文，薛光，等. 番茄、茄子病虫草害识别与防治[M]. 北京：中国农业出版社，2004：28-29.

Example **38**

"难分离"的万寿菊黑斑病菌

万寿菊黑斑病菌（*Alternaria tageitica*）属于交链孢属真菌。这个属在真菌中比较常见，腐生和寄生的都有。20多年前，本人研究过的大白菜黑斑病就属于这个属，应当说在分离培养交链孢方面还是有点经验的。

本人写的《北京市万寿菊黑斑病考察纪实》发表之后（见2011年《温室园艺》第9期）。北京农林科学院生物中心的黄博找到我，说他想要筛选抗黑斑病的万寿菊，问这种病菌是否容易分离到。根据做大白菜黑斑病的经验，本人告诉他，这类病菌比较好分离。从叶片上的病斑上挑孢子就行。

2012年6月中旬，田间发病了。黄博带我到疫区采回了一些病叶（图1），让我帮他分离病菌。本人就参

图1 田间发生的万寿菊黑斑病病叶

考分离白菜黑斑病的方法做了起来。

白菜黑斑病的病原是芸苔链格孢（*Alternaria brassicae*），孢子较大，很容易诱发。将大白菜病叶洗净，放在培养皿里保湿一晚上，第二天病斑表面就会出来一层直立的大孢子。在无菌室的解剖镜下用最细的昆虫针沾一些培养基，就可能粘下单个的孢子。将它移植到PDA培养基上，即可得到黑斑病的单孢子系。

拿到黄博给我的万寿菊病叶，本人就开始用这种方法分离万寿菊黑斑病菌。但是，事情并不像分离大白菜黑斑病那么简单。保湿一晚上的病叶，在解剖镜下却找不到病菌的分生孢子。

开始以为是保湿的时间不够，继续保湿。但直到叶片腐烂也没有出现那种直立在病斑上的孢子。我认为，这可能是病叶太老的原因。一周后，又去采了一些比较新鲜的病叶。经过保湿，似乎有几个孢子，但是，数量极少，根本挑不下来。

看来，同是一个属的病菌，生物学特性还不大一样。对待万寿菊黑斑病菌的分离还真得下点工夫。我跑到我们院的信息所查了一些资料。里面还真有几篇关于万寿菊黑斑病菌分离方法的文章。

我按照文献上介绍的方法，花了一段时间，得到了一些病菌的分离物，对照目前有关文章，其中有一类形态上很像是发生在甘肃一带的万寿菊黑斑病菌：极细链格孢（*Alternaria tenuissima*）（图2、图3）。我喜出望外，认为就可以交账了。但是，当我用分离到的这种菌回接到万寿菊上的时候，却出了问题。得到的

这个菌，不能侵染万寿菊。

开始，我以为是接种条件的问题。增加了保湿的时间，将保湿的时间从24h增加到48h，还是不发病。我开始怀疑自己分离到的病菌可能不是真正的病原菌。为了找到万寿菊黑斑病真正的病原，开始在田间注意出现的各种黑霉。在整个夏天，我还真的在万寿菊上一年留下的病残及当年枯死的花蕾和枝条上发现不少交链孢属的病菌孢子。将它们洗下来进行人工接种。但是，都接种不上，分离万寿菊黑斑病菌仍然没有结果。这时，我才认识到，分离交链孢属病菌的难度，即这个属的孢子较难从形态上区别出它是寄生和腐生的，需要花时间一个个的试。

说实在的，那段时间我很怕见到黄博，更怕他问起万寿菊黑斑病菌。

后来我想，既然病害可以得到蔓延，肯定在植株上会有孢子存在。何不用田间出现的病枝做一次诱发，将诱发出的孢子做一次人工接种。如果发病了，就证明病枝上有病菌存在。

接种时，我用的是8个叶龄的苗子，保湿时间用了24h、46h、48h三个时间。5天过后，发现苗子发病了。结果表明，保湿24h即可发病。说明我使用的接种方法没有问题。但是，再仔细地一想，我转了一圈，又回到了原处。将得到的病叶还得进行组织分离，得到的仍然是许多类似细链格孢的孢子；回接在万寿菊的苗子上，仍然接种不上。

从6月开始，我们一遍遍地回接，一遍遍地失败。要进入10月了，万寿菊黑斑病的疫区开始下霜了，还是没有结果，所以非常着急。

为了有所突破，我又拿出那几篇报道万寿菊黑斑病病原菌的文章，想从中得到答案。可喜的是，从中发现了一位作者的电子邮箱。我将一张症状和一张病原的照片发给他，问他这是不是万寿菊黑斑病？是否也遇到过这类问题？问题是如何解决的？邮件没有被退回来，说明已经发到。可是，一直没有接到对方的回复。看来人家有难处。问题仍没有结果。

为了有所突破，"十一"长假期间我没有休息。在整理获得的万寿菊的分离物时，看到被遗弃的培养皿中有很多不产孢的菌落。因为没有孢子就没有把它当做交链孢属（Alternaria），更不会想到它们会是万寿菊黑斑病菌。这时我忽然奇想，有没有可能我们要得到的病原菌就在这些没有产孢的菌落中。于是我就安排了一个实验，即将不产孢的培养皿中的菌丝刮下来，接种在万寿菊上试试。出人所料，5天后万寿菊的

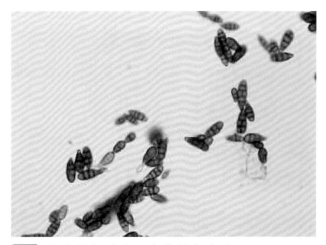

图2 某文献报道的万寿菊黑斑病（*Alternaria tenuissima*）的分生孢子

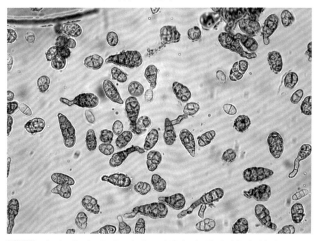

图3 本文作者分离到的无侵染力的交链孢属真菌孢子（此图与图4的比例相同）

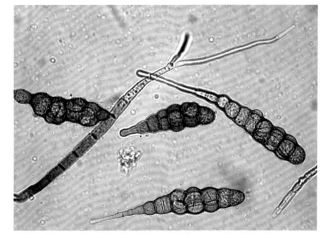

图4 本文作者分离到的对万寿菊有侵染力的交链孢的分生孢子

苗子发病了，原来能致病的黑斑病菌，就隐藏在这些不产孢的菌落里。接着我又做了诱发孢子的试验，得到的孢子都是大型的链隔孢。而且这些孢子都对万寿

表1　不同来源万寿菊黑斑病菌（*Altrnaria tagetica*）孢子形态的比较

孢子种类	孢身				喙		
	长度（μm）	宽度（μm）	横隔数（个）	纵斜隔数	长（μm）	宽（μm）	隔数（个）
Alternaria tenuissima	18.3~25.4	8.8~12.0	2~4	0~3	2.47~4.5	2.4~4.16	0
Alternaria gypsophilae	17.6~136.4	8.8~26.4	6	3	1.5~4.5	—	—
本人接种未发病的病菌	10~38	10~20	0~4	0~2	0~30	4~5	0~4
Alternaria tagetica（张天宇）	72.5~109.5	15.5~25.0	8~13	0~5	46.5~133.0	2.5~4.5	—
本人接种成功的病菌	65~140	15~42	3~8	0~7	7~110	3~10	0~3

图5 用新发现的大型孢子回接后的发病病叶

菊有致病力。即接种在万寿菊的苗子上的病原菌，5天以后苗子上出现大量的小褐点（图5），回接终于成功了。这个意外的发现，使我知道，我在分离这个病菌时一开始就走错了路。

当时，我已经收集保存了50多个从万寿菊上分离到类似极细链格孢的分离物，由于回接失败，全部扔掉。重新对采集到的病样进行分离与回接。经过一年的努力，目前又收集到42个分离物。尽管这42个分离物它们之间在形态上并不是很一致。但是，个体都比较大。经过一番测量，和从文献上发表的数据比较如下（表1）：

从表1可以看到，我们早期分离到（未能接种成功）的病菌的孢子很小，与某些文献上发表的极细链格孢（*Alternaria tenuissima*）及石竹链格孢（*Alternaria gypsophilae*）有些相似。而后来分离到（接种成功）的病菌和张天宇在《中国真菌志》上记载的万寿菊链格孢十分近似。据此，我们认为在北京发生的万寿菊黑斑病应当是万寿菊链格孢（*Alternaria tagetica* Shome et Mustafee）。

现在回想起这个过程，觉得这种交链孢并不是很难分离。主要是自己在分离时急于求成，选错了菌落。同时也很高兴。再次地认识到做一件事儿，只要不断地坚持，就会取得成功。■

Example **39**

雨季菜园断病

每年一到雨季，菜园里的病害会多了起来。这一方面是由于高温、高湿的条件有利一些传染性病害的发生。另一方面是由于连阴天和田间积水，阳光变弱，还会引起一些生理病害的发生。

2012年7月，北京的雨水较多，特别是7月21日经历了有记录以来最大的一场雨。除了洪涝灾害给山区人们的生命安全带来了威胁，出现的高温高湿，给农业生产也带来了不少困难，其中包括一些果菜类蔬菜病害的猖獗。

7月31日，我冒雨来到北京市大兴区的某蔬菜基地，那里在7月21日也下了近百毫米的雨。虽然没有地质灾害，但是泡水的地不少。给蔬菜生产带来不小的损失。

我被技术员带到了一个温室，这里是一棚定植不久的茄子。由于进了水，发生了一些死秧。此外，还有一些烂果及烂叶。死秧的受害部分在根颈部分及茎

基部。皮层变为暗褐色腐烂，稍有些缢缩，表面有稀疏的霉层。在茄子果实上出现一块块淡褐色的大型斑块，互相融合后，形成大面积的腐烂。潮湿的时候表面还会长出大量的白霉（图1）。在叶子上会引起较大的病斑，这些病斑一般也是淡褐色，有稀疏的轮纹，很容易破裂。我对他说，这里发生的是茄子绵疫病（*Phytophthora nicotianae*），俗称茄子"掉蛋"，是高温多雨季节常见的一种病害。他们问我是不是需要打药。我看后觉得进水的地方不是很多，建议他们首先将进水的地方堵住，清理掉病残，再观察几天，如果病害不再发展，暂不打药也可以。

离开了茄子温室，我们来到一个塑料大棚，里面种植的是番茄，由于地势较周围低，下大雨的时候里面进了水。目前水虽然下去了，但是仍然比较泥泞。在这个棚里的低洼处，有一些番茄植株打蔫（图2）。拔下植株见到茎基和根部有些变褐已致腐烂。特别是

  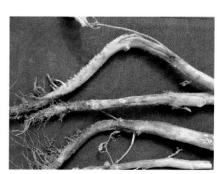

图1 温室进水引发的茄子绵疫病病果　　图2 大棚进水引发的番茄根腐病　　图3 番茄根腐病症状细部

图4　受番茄绵疫病危害的病果

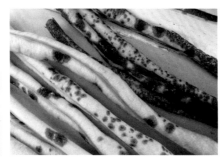

图5　受豇豆炭疽病危害的病荚

图6　雨中受炭疽病危害的病叶

侧根与毛根，很多都变为褐色（图3），丧失了吸收功能。我告诉他们这是因水泡，根部窒息，加上病原菌的侵染而造成的，一般称其为根腐病（*Fusarium solani*）。发病较轻的还可以恢复过来，严重的就只有拔掉。目前重要的是在大棚周围挖一条排水沟，保证再下大雨时棚内不再进水。至于有病的植株，可以使用50%的多菌灵可湿性粉剂500倍液喷1~2次根颈。

离开大棚，我们冒雨来到露地种植园，那里种植的有番茄、茄子、黄瓜、豇豆，在雨水的滋润下远远看去绿油油的，长得还不错。但是走到地里，也见到一些病害。除了茄子发生有"掉蛋"以外，番茄也有"掉蛋"。这种病害在书本上叫番茄绵疫病（*Phytophthora capsici*）。发病果实上的病斑也是褐色，有稀疏的轮纹；但不像晚疫病会在果面出现不整齐形凹陷斑，而像是充了气一样，病部果面比较光滑（图4）。另外，番茄晚疫病一般不掉落，而发生了绵疫病后，病果会落得满地都是。技术员问我，这种病害发生在叶片上是什么样子的？我对他说，番茄叶片对绵疫病的抗病性较强，到目前为止，我还没有见到过番茄上绵疫病的病叶。但是，有的时候可以在茎基看到。病部有些缢缩，略有些变褐，严重时也会引起地上部萎蔫。他问用什么办法防治？我对他说：这种病应当以预防为主。不要造成有利的发病条件。包括：有良好的排水系统，整地要平，力争做到番茄田雨停水净。当然，打药会有一些效果，但是这种病发生得较快，往往发生了才引起重视，那时再用药已经有些来不及了。

我们接着向前走，来到一片豇豆地，雨水将植株打得很湿，坑坑洼洼的地表积有或深或浅的水。目前正是豇豆的结荚期。但是，结出的豆荚上面有很多斑点。斑点直径一般1~2mm，褐色，病斑边缘有个水浸状的区域。病斑多时连接成片，使豆荚毫无实用价值（图5）。在病株上还有一些红褐色的叶斑发生。技术员问：这种斑是不是炭疽病的病叶。我对

他说这些是豇豆煤霉病（*Cercospora cruenta*），豇豆炭疽病在叶上往往危害它的微叶脉。我翻过叶片指着一些叶脉有一些发红的部分对他说，这就是炭疽病（*Colletotrichum lindemuthianum*）在豇豆叶上的症状。关于炭疽病的防治，也比较难。这种病是种子带菌，如果种子消毒不彻底，在播种时便被带到田间。苗期引起植株茎基部发病。出现一些死苗。以后该病就在田间传来传去，危害叶片和豆荚。在结荚期遇到阴雨天，病害便严重了起来。由于前期病害存在的时间较长，而且不严重，不为人们重视。到了雨季大发生的时候再防治，就有一些晚了。目前，也有一些化学农药对炭疽病有效。如：50%异菌·福可湿性粉剂800倍液、溴菌腈（炭特灵）500倍液、25%咪鲜胺（使百克）乳油1 000倍液、30%苯噻氰（倍生）乳油1 200倍液等。连续防治几次，应当能取得一些防治效果。

我们走到一块露地黄瓜田，雨下得更大了，我们虽然打着伞，但雨水通过植株反溅到衣服上，显得一点用都没有。地里也积着少量的水，技术员指着一些能引起叶片穿孔的黄瓜叶斑，问我是什么病？我说是黄瓜炭疽病（*Colletotrichum orbiculare*）（图6），还见到一些黄瓜白粉病（*Sphaerotheca fuliginea*）。技术员说：以前听您说过，白粉病菌比较怕水，为何这个病在雨天还这么严重。我说：长时间的泡水确实会引起白粉病的孢子破裂，不大有利它的发生这也是实情。但是，雨前这段时间高温、高湿，通风不好，也有利白粉病的发生。

我们顶着雨继续在田间走着。看到一块甜椒田的植株死了一大片。走到发病区的旁边，见到地里还积着水。原来，这里的地势较低，要将水都排出去有一定的难度。技术员问我，这些辣椒得的是什么病？我们拔了几棵，看到根部也没有什么病变，认为是水泡死的（图7）。并对他说：根系也需要有充足的氧气供应才能进行水和养分的吸收和输导。甜椒的根系较浅，最不耐涝。长时间的雨水会使根系窒息，轻者造

成其抗病性的降低，重者会导致植株的萎蔫、枯死。

接着，我们还在这个基地看到雨后发生的黄瓜褐斑病、腐霉引起的十字花科腐烂病、花椰菜的烂头病［由黑腐病菌（*Xanthomonas comperstris*）引起］等等病害，我都一一介绍了防治用药。

听了我的介绍，技术员对我说：要用这么多种的农药，哪能记得住呢？能否有些简单的方法便于记忆。

我说有啊。目前常见的真菌病害可分为两大类。即"卵菌"和"非卵菌"。两类病菌用药的种类不同。如绵疫病、疫病（早疫病除外）、晚疫病、白锈病都属于"卵菌"，使用的药剂相仿。如甲霜灵、霜霉威、乙磷铝、安克、含霜脲氰的复配剂（克露）等对"卵菌"都有较好的防治效果。而炭疽病、白粉病、早疫病、棒孢叶斑病、枯萎病、锈病、灰霉病、菌核病都属于"非卵菌"。一般，使用甲基硫菌灵、多菌灵、异菌脲、乙烯菌核利、腐霉威以及三唑类的农药比较有效。记住他们的区别，这样就比你生记硬背不是方便一些了吗？

我们继续在雨里走着。看到越来越多的积水通过没有堵好畦口回灌到地里。马上请技术员打电话，找来农工一起将其堵好。我对技术员说：在雨季防病实际上不光是打药。更重要的要有防汛的意识。这包括：①提前做好本地区排涝系统的建设。这是因为：如果你处的地区排水系统不通畅，雨水没有办法排出

去，大雨过后整个地区都会泡在水里。遇到这种情况会一点办法都没有，眼睁睁地看着被水泡的植株慢慢地萎蔫和枯死。②在设施的设计与建设上，一定要考虑到方便排水。特别是一些建成半地下的温室，要有水位更低的排水沟，以便将周围和进入温室的水放出去；更不能形成雨水倒灌的局面。③在种植前注意提高整地的质量，力争做到蔬菜田能灌、能排；在作畦的时候每畦不要太长，做到雨停、水净。④在遇到大雨、特别是大暴雨时，菜地的管理人员要尽可能早地抽时间到田里去查看水情。如有积水的地方或者隐患，应尽早地将其排除（图8）。

技术员最后还抱怨说：我们也经常在地里转、知道有些蔬菜应当打药。但是，目前是雨季，几乎天天预报有雨，不敢打药。而且常会出现"预报有雨不下雨；预报没雨反而下雨"，三等两等，就贻误了最佳的防治时期。他问我：在这种情况下如何安排打药？我告诉他，我的原则是：只要不是预报有大雨；在预报有雷阵雨、或小雨、甚至中雨的时候，只要人可以进地，照打不误。就是打后下雨，也会有一些效果；比拖着，总不打药要强。当然，能再补打一次，那会更好。

总之，在雨季到来之际，会给蔬菜生产带来不少新的问题。只要积极地认真应对，还是可以挽回一些损失的。■

图7 田间积水引起的甜椒死秧

图8 下雨时要对积水田及时排水

Example **40**

原来是西花蓟马

2012年8、9月份，我们为做万寿菊黑斑病的病原鉴定，在北京市农林科学院生物中心的日光温室请王师傅帮助育了100多棵万寿菊的苗子。好不容易长到有4~5个叶片，准备用它接种病菌的时候，发现叶片上长了许多白斑（图1）。大家都知道，像这样的苗子用作病原鉴定是不合格的。因为有白斑的干扰，无法准确地认定病菌对万寿菊的侵染性。

这些白斑是怎么来的呢？首先想到的是农药的药害，问管温室的王师傅是否打过什么农药？王师傅说什么药也没打过。再仔细看，还看到白斑上有一些黑点，很像球壳孢类真菌的子实体。为此，我们把生斑的叶片剪下，在解剖镜下观察了一番。但是，在这些黑点上没有能看到有菌丝等细胞的结构，不像是真菌的子实体，倒像是一些堆积物（后来知道是蓟马的排泄物）。费了不少劲，最后还是没有搞清楚这白斑是如何形成的，只好重新再育苗。

由于原因没搞清楚，很担心新育出的苗子再出现这样的白斑。我们在该中心新开辟的自控温室又培育了一批万寿菊的苗子。还好，也许是避开了引起白斑发生的条件或是天气较凉的原因，新育出的万寿菊苗子，没有再出现白斑。而且整整一冬，在那里育了4、5批苗子，都没有出现叶片生白斑的情况。

到了2013年2月，我们在自控温室又育了一批万寿菊的苗子。由于天气渐缓，苗子出的很好，但是，到了两片真叶期，子叶上突然又长出很多白斑。从病斑的形态上看，和2012年8、9月发生的基本一样，只是

数量没有去年的多。

此间，我正在整理去山东考察的照片。突然发现其中有几张黄瓜蓟马的危害状也是些白点，和万寿菊上的白点有些相似。我马上意识到，万寿菊苗子上的白斑有可能是蓟马危害的结果。我立即回到自控温室，仔细地观察了起来。果然，在叶背见到有个灰黄褐色的棒状小东西。用手碰一下叶片，这些小东西会"蹦"掉。好不容易按住了一个小棍棒状的东西。我将它带到了实验室，在显微镜下观察。才知道我捉到的真的是一头蓟马（图2）。

原来造成万寿菊苗叶片上小白点的是蓟马。如何防治蓟马我是知道的。用2 000倍的菜喜（多杀菌素）喷了一遍，就没了。

图1 花蓟马对万寿菊幼苗的危害状

图2 在低倍镜下看到的万寿菊幼苗上的蓟马成虫

图3 石老师将万寿菊的苗子拿到白瓷盘的上方,拍打了几下,获取到不少花蓟马

图4 石老师在和他的学生用扩大镜观察用毛笔沾到的花蓟马

但是,这两年我在调查、收集万寿菊病虫害的种类,光知道是"蓟马"是不够的。应当找人将它鉴定到种,充实我的调查记录。

我将在显微镜里看到的蓟马用数码相机拍了下来。通过QQ发给了我们研究所搞昆虫的石宝才老师。这几年他在搞蓟马的防治,说不定他能帮我解决这个问题。

两天后,我接到了石老师的回复。说:图片看到了。但是光根据照片还是无法鉴定到种。问我这张照片是在哪里拍的,能否到现场看看。我告诉他就在我们院里生物中心的自控温室万寿菊上捉到的。但是,我已经打药了。他说,没关系,还会有的。

我们一起来到自控温室。里面有着不同苗龄的万寿菊,大的苗子已有7、8片真叶,定植到营养钵里。还有一些已用病菌做过接种大苗,还没有清掉,仍长在那里。

石老师直接走到新育的万寿菊旁仔细地看了被害的苗子,指着叶片上的白点说:"没错,这些白点就是蓟马危害的。"但是,他端起苗盘找了半天,也没有发现虫子。我对他说:"这些苗子我已经打过了药,如果先请您看看再打药就好了。不过没关系,实在没有的话,我抓到的那头还在实验室里。"可是石老师没理我,而走到我已用过的大苗旁问我:"这些苗子是否也打过药。"我说:"没有。"他便端起营养钵用扩大镜仔细地看了起来。不到5分钟,石老师说:"有了。"说着从口袋里取出一支小毛笔和一个戴帽的小指形管,打开小帽,一股酒味扑鼻而来。我问:"是酒精?"他点了一下头。我看到他用毛笔蘸了一点酒精,对准叶片,一下就把蓟马粘了下来,收到小指形管里。我看了后感到很神奇、很专业。

于是,我就帮石老师找蓟马。但是,当我将找到的蓟马指给石老师的时候,蓟马早就跑了。一连几次都是这样,实际上我帮了倒忙,抓了半天还就是那一只。

这时,石老师拿出手机打了个电话。

一会儿,他的学生拿着一个白色搪瓷盘走了进来。石老师将万寿菊的苗子拿到白瓷盘的上方,拍打了几下。从植株上就落下5、6头蓟马(图3、图4)。很快就抓到许多头。看来,比我用眼睛去找,方便多了。我心里想:"还是人家搞专业的,绝招真不少。"

第二天,鉴定的结果有了,是西花蓟马[*Frankiniella occidentalis*(Pergande)]。我很高兴,因为我不光是知道了蓟马的种名。还向石老师学到了调查、获取蓟马的方法。■

Example **41**

西瓜茶黄螨的诊断

2012年9月的一天，我们去北京市大兴区魏善庄镇东枣林村，调查与大兴区植物保护站合作进行的TY病毒（番茄黄花曲叶病毒）综合防治示范。一早就到了该村，在大兴区植物保护站的配合下，调查进行得很顺利。在调查结束时，离中午还有一段时间。大兴区植物保护站的同志对我说，他们区庞各庄镇的大棚西瓜发生了一种怪病，想让我们去给诊断一下。我们就一起开车来到发病的庞各庄镇南里渠村。

一下车，一个彪悍的农民正站在一排塑料大棚前等候。见我们下车，便主动迎了上来，握着我的手说："这位我认得，是李老师吧。我是小贾，听过您的课！"我说："能听到我讲课的都是村里的生产能手。贾师傅您好。"一席话，使我们感觉亲切了许多。我问他西瓜出了什么问题？他说了一声"跟我来"，便将我们带进一个大棚。

这个大棚种植的是名叫"京秀"的一种小型西瓜。目前结的瓜已有拳头大，吊在秧子中间，数量不少。没走两步，就看到一些瓜秧上半部的叶片抽缩不长（图1）。贾师傅指着病秧子对我们说："就是这种病。开始的时候叶片不舒展，长到一半就不长了，叶片有点鸡爪形。越往上越小，生长点附近的叶片结成了一团，上面的叶毛长得倒挺长。"我仔细看了一下，这段茎上，没有光泽，倒有一些木栓化的纵纹。我问贾师傅这种毛病发现有多久了？他说："在半个多月前就有，那几天天气还比较热。开始以为是热的。但是这几天凉快了，好像还在发展。真没招了。"

说实在话，这种病我也没有见到过。从症状上看，有点像病毒病。但是，病毒病发生时植株会变矮，在瓜上会出现黄绿相间的斑驳。而且，茎上不会出现木栓化的纵纹。再仔细看，我发现有些病株新生

图1 南里渠村抽缩不长的西瓜植株

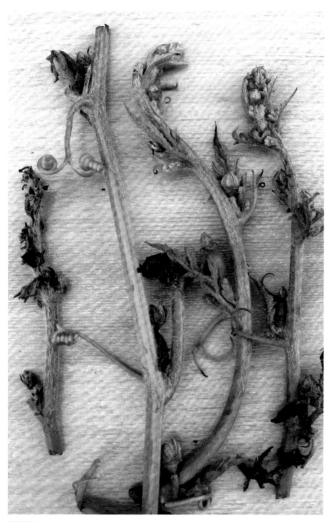

图2 南里渠村抽缩不长的西瓜植株的细部

图3 抽缩部分上面新长出的正常瓜秧

图4 西瓜棚里的茄子受到茶黄螨危害后表现的症状

出的叶片，有恢复的情况（图3）。这种情况，在病毒病上是不可能出现的，病毒病往往是生长点的病情更加严重。倒是像由茶黄螨［*Polyphgotarsonenemus latus*（Banks）］引起的危害状。

这时，一位和我同去的技术人员说："这是蓟马危害的。您看，这是不是蓟马。"我们围了过去。果然在叶片上有一头蓟马。再找，又找到了几头。但是，我觉得出现的这种症状不是由蓟马引起。蓟马在危害蔬菜时确实会放出毒素，在被害处形成一些枯斑，但是不会引起植株畸形。不过，他确实找到了虫子，我却没有能找到虫子。但我仍然不认为抽缩不长是蓟马危害的。便对贾师傅说，茶黄螨太小，往往用肉眼看不到。我得带回实验室，用解剖镜看看才能作出结论，等有了结论给你打电话。他虽然说了声"好的"，但是看得出，他对我的许诺，有一些失望。

我在棚里采集了一些发病的枝条，准备回去用解

剖镜做进一步的观察。这时发现，在棚的右侧有半行种植的是茄子及甜椒。据说是因为西瓜苗不足，后补的。我看了看这些茄子、甜椒，发现上面有典型的茶黄螨危害的症状。茄子的茎表面出现一段木栓化、果实不仅出现木栓化还开裂（图4）。甜椒叶片发皱，顶尖枯死（图5）。就问贾师傅：你有没有发现这棚里的西瓜发病的时候，茄子、甜椒也发生过这种"病"？他说："发现过。西瓜正在发病的时候，茄子和甜椒也出现了这种毛病。"我听后便对他说："您的茄子、甜椒也发生这种毛病，我认为是茶黄螨危害的结果。它们和西瓜种在一起，所处的条件一样，西瓜的抽缩不长，肯定就是由茶黄螨引起。"从茄子茎部发病的情况看，只有一段茎变成木栓化，上面已经正常，说明茶黄螨对茄子的危害已经过去。说不定西瓜上的茶黄螨，是由茄子和甜椒上带进来的。目前，西瓜抽缩部分的上面新长出的瓜秧恢复了正常，说明随着天气的

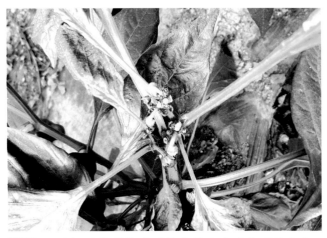

图5 西瓜棚里的甜椒受到茶黄螨危害后表现的症状

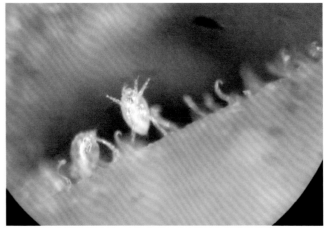

图7 在解剖镜下看到的茶黄螨

图6 南里渠村受害西瓜开裂的情况

变凉，这种毛病正在消退。

看完茄子、甜椒上的茶黄螨，我在临近甜椒的西瓜秧上见到了一个开裂的小西瓜。这个西瓜开裂的情况和茄子十分相似。它的表面也有一层木栓化，然后果皮裂开，使瓜露出了里面的种子（图6）。这个瓜的发现，更进一步证实了西瓜的抽缩是茶黄螨危害的。

这时，大家统一了认识，都认为西瓜上发生的所谓"病害"，确实是由茶黄螨所致。后来，我将带回的

病样在解剖镜下做了观察。看到了活跃在西瓜生长点上的茶黄螨虫体（图7），再次证明我的判断是准确的。

在现场，我还介绍了茶黄螨的防治方法。说：

"防治茶黄螨要采用栽培防治与药剂防治相结合的方法进行控制。"

"第一，栽培防治。包括：清除田间杂草，蔬菜收获后及时清除枯枝落叶；改善通风条件，恶化越冬场所；温室育苗期间，防止将螨源带入。"

"第二，药剂防治。要勤检查，及时地发现受害植株，进行早期的药剂控制。药剂要重点喷洒到嫩叶部分，特别是顶部几片叶的背面。可选用1.8%阿维菌素2 000~4 000倍液，或2.5%联苯菊酯乳油（天王星）2 000倍液，或2.5%功夫乳油兑水1 500~2 000倍液，或73%克螨特乳油1 200倍液，或35%杀螨特1 000倍液，或20%哒嗪硫磷1 000倍液，5%尼索朗乳油2 000倍液。每隔10~14天喷洒1次，连喷3次。"

我的诊断和介绍，得到了贾师傅的认可。我们离开时他握住我的手连说谢谢、谢谢。我通过这次诊断增加了见识，也很高兴。■

Example **42**

哪里有合格的防虫纱网？

2012年的10月，我应邀到北京市某有机蔬菜园区去看草莓的病虫害。在园中偶然发现有一棚番茄病得很厉害。不仅黄而且矮，叶片缩在一起（图1）。再仔细看，许多卷曲的叶片和稀稀拉拉的果实上染上了一层黑霉。轻轻触动一下植株，烟粉虱扑面而来。一吸气，就有可能将小白蛾子吸到鼻孔里。

我对管理人员小邢说："你们这里烟粉虱〔*Bemisia tabaci*（Gennadius）〕和黄花曲叶病毒（Tomato yellow leaf curl virus）这么严重，怎么也不防治一下？"

小邢不好意思地说："防了，没有防住。"

"你们是如何防治的？"我问。

"我们这里是有机蔬菜。不能使用化学农药，采用的多是预防措施。例如，使用防虫网和遮阳网。也用过有机蔬菜允许使用的农药清源保，但是都不管事儿。"

"您用的纱网是多少目的？"我问。

"50目。"小邢回答。

"按说50目应当够用。我担心的是这里的纱网不够50目（图2）。我这里有一个卡，可以量出来您用的纱网是多少目。"我对小邢说。

说着，我从随身的记事本里找出一张纸质卡片。对小邢说："看到没有，这张卡片上有一个方孔，面积是一平方英寸。用它框住您要测量的一部分纱网，纵向和横向数一下每行是多少孔，就知道您用的纱网是多少目了。"我们走出温室，将带孔的卡片罩住温室下风口的纱网，一平方英寸纱网的格数便显露出来（图3）。

图1 北京市某有机蔬菜园发生的番茄黄花曲叶病毒病

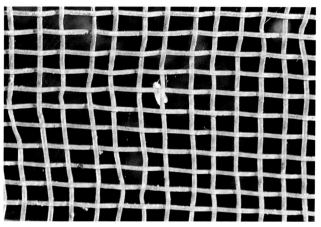

图2 从落在上面的烟粉虱的大小可知这种型号（实测为24目）的纱网在阻挡烟粉虱面前毫无用处

表1　不同地区使用的尼龙纱网密度的调查

地名	使用单位	温室类型	尼龙丝线数/1英寸
泰安	永黄庄	生产用日光温室	20×20（仅相当20目）
岱岳	岱绿特科技开发有限公司	育苗用温室	28×50
即墨	国家农业高新技术开发区	联跨式大温室	25×36
即墨	国家农业高新技术开发区	韭菜生产网棚	28×50
平度	马家沟芹菜产业园	联跨式大温室	23×32
寿光	文家街董家屯村	生产用日光温室	23×35
寿光	乐义农业国际	联跨式大温室	20×30
北京	大兴区长子营镇东枣林村	生产用塑料大棚	27×46（按60目进货）
北京	大兴区长子营镇东枣林村	生产用塑料大棚	22×31（按50目进货）
北京	顺义区大孙各庄绿奥合作社	生产用塑料大棚	27×47（按60目进货）

"您的这张卡很难拿。不稳，能数得清楚吗？"小邢问。

"别急。"我说。

我从背包里拿出一部数码相机，调出"微距摄影"功能，放到纱网上拍了一张照片。并将拍的照片回放出来，对小邢说"这不就能数了"。我们从相机屏幕上数出了这一平方英寸纱网的目数，纵向为32孔，横向是24孔。告诉他："您用的这个防虫网严格地说只有24目，不到标明的50目的一半，能有效地阻挡住烟粉虱吗？"我说。

"喔，差这么多？……原来都是防虫网的事儿。"

"确切地说，烟粉虱没有防住还和你们使用纱网的方法是否到位有关系。例如：在扣纱网时，有没有将温室里残留的烟粉虱消灭干净。如果棚里扣进去了烟粉虱，它在室内繁殖很快，再好的网子也没用；此外，这还和管理人员出入温室是否放好纱门帘有关。如果图方便，长时间地揭开纱门帘不放下来，也会放进大量的烟粉虱。但是，如果没有使用合格的纱网，就如同你温室的通风口都是开着的，能不进虫子吗？"我说。

小邢对我说："您说得很有道理。可是我们从哪里才能买到合格的防虫网呢？买的时候人家说这就是50目的。一是我们初用纱网也不明白一目是多大。就是明白，也不知道如何测量，能知道这些纱网会缺斤少两吗？"

他的一番话，反而说得我无言以对。

说起防虫纱网，我早在2011年春，就写过一篇文

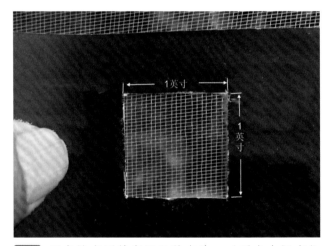

图3　用来检查网纱实际目数卡片。（黑卡中间套住纱网的方孔面积为1平方英寸，用它框住的格数即为本纱网的目数）

章[1]，指出过这是当前防虫纱网使用中存在的问题。但是，至今不但没有解决，反而愈来愈甚。

这几年，我在湖北、山东、辽宁还有北京，用那张小卡片调查过目前生产上使用过的防虫网。除了密度很低的，纱网网眼多是长方形的。合格的纱网几乎没有（表1）。

2011年我们做番茄黄花曲叶病毒的示范，很怕给示范点的防虫纱网不合格。还专门请教过南方某省（他们做防治番茄黄花曲叶病毒示范较早）的植保专家，并按照他们提供的厂家进了货。但是他们介绍过来的，仍然是不合格的纱网。经检查发现，我们要的防虫纱网是40目，而发来的每平方英寸仅有24×32孔（目）。起初以为是发错了，后来一问才知道，他们所

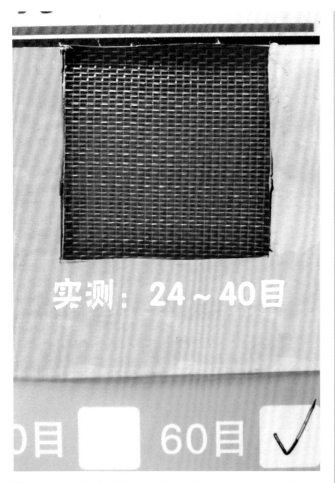

图4 浙江台州某纱网厂发来的所谓 60 目的纱网
实测还不到 40 目

谓的40目的防虫网就是这种密度。厂家还理直气壮地说："防虫网目前没有标准。我们说是多少目的就是多少目，不信可以去法院告我们。我们还有更密的你们要不要？"由于这种20多目的纱网不能有效地阻挡烟粉虱的入侵，必须更换。但是原来买的纱网都已扣在温室上，无法退货。再加上时间紧迫，只好按他说的重新买了一批更贵的所谓的60目的纱网（实为每平方英寸32×48目），多花了一倍多的钱，我们成了首当其冲的受害者。

为防治番茄黄花曲叶病毒，北京有个示范协作组。在总结2012年示范工作时，各郊区县提出的难以解决的问题就是如何买到合格的防虫纱网。

2012年11月，我到海南参加"中国温室2012"年会。会间遇到一位年轻人，说他台州的父亲生产的纱网品质高，可以满足我们的需要，为此我还高兴了一阵子。可是，当我拿到年轻人父亲提供的样品时，心又凉了半截。即：他们生产方的也都是些不合格的产品。后来，他的父亲还打过电话来问我需要多少防虫纱网。我跟他说："根据我们的测定您所谓80目的纱网，是63目×48目，60目的只有24×40目（图4）。而且你的防虫纱网的网孔不是方的，质量不合格。"他回答我说："您说的那种方孔的纱网，根本没有人生产。方孔的我们不是不能生产，如果大家都是生产长方孔的纱网，而我要生产正方孔的，非赔死不可。"我终于明白了，这原来是无序竞争的结果。现在防虫纱网的规格很乱，不一定是没有标准，根子在于没有人管。

时间又过去了几个月，目前合格的纱网还是没能找到。但是我仍然存有侥幸的心理。希望有人能帮我找到合乎标准的防虫纱网。如果5月份以前能够到手，今年还用得上。■

参考文献

[1] 李明远. 利用尼龙纱网防治病虫害常见的问题及其对策[J], 农业工程技术·温室园艺, 2010,（2）: 42-44.

Example *43*

生菜褐腐病的现场鉴定

2012年10月15日,我在"12396"服务热线值班。热线的负责人之一小赵来找我说:"下周热线准备在(北京市)长子营镇的河间营(村)搞一次培训。那里的生菜发生了一种病害,请您给村民讲一课生菜病害的发生与防治"。

凡是讲课,最怕的是无的放矢。我就问:"发生了什么病?"

"据在那里蹲点的小柳说,是软腐病。"

我听后,觉得不妥。既然有专业人员在那里蹲点,我何必再去班门弄斧;我不了解情况,如果说错了,不是给人家添乱吗?就说:"这次免了吧?小柳给讲讲,不完了。"

图1 生菜褐腐病鉴定现场(曹承忠供稿)

结果小赵还不答应。说:"下周三的活动已经定了。而小柳那天没时间,你还是别推了。要么,你先找一下小柳,问问那里的情况"。

这倒是个好主意。第二天我就找到小柳。小柳拿出一张在那里拍的照片,说:"这块生菜长得不好,根茎和叶片还有一些腐烂,好像是软腐病"。我仔细地看了一下照片,觉得不大像是软腐病。说:"软腐病发生时烂得比较快。组织呈淡灰褐色,很快会变成一摊泥。这张照片上显示的好像是有个较明显地水浸状的过程,褐色较浓"。

小柳未置可否,说:"您去给看看吧!"

虽然没有统一我们的看法,但我心里已有了一些底。

10月24日,我们来到河间营(村)。这里有一排排塑料大棚。听说有人来给培训,有20来个农户都等在一进门的院子里。

在当地技术人员的带领下,我们一起走进一座靠近路边的大棚(图1)。初进大棚,觉得生菜长得还不错。但走到中间发现植株长得比较小,而且比较稀。再仔细看,有些植株倒在地上。

我问:"这是谁家的生菜,说说情况。"

一位中年妇女站了出来,说:"是我家的地。跟大家一块儿在9月下旬种的。定植的穴盘苗,开始长得还不错,后来发现有些抽缩,还由基部叶向上烂,严重的就死了。"

"我们家的地里也有。"一位男士补充说。

我问："打药了没有？"

中年妇女说："有人说是得了软腐病，打过一次链霉素，也没管大事儿。"

我又问："上茬种的是什么蔬菜？"

答："还是生菜，一共种了有9茬了。"

我问："看你在温室门口的生菜长得还不错。肥料使得均匀吗？"

答："都一样，这边长得发黄，是路边的树遮阳的结果"。

我问："我可以拔几棵看看根部吗？"

答："都这样了，拔吧。"

我拔了几棵有病的植株，觉得植株很柔嫩。根都没有什么问题。多数是从下部叶的基部开始腐烂，也有一些在叶面和边缘开始烂。腐烂部分为褐色。很容易破碎，失水后有些抽缩。根据他说的情况，我认为是褐腐病（*Rhizoctonia solani*）引起的（图2）。

我对大家说："这是生菜褐腐病。这种病和生菜软腐病不同的是病原菌不同。软腐病是由细菌引起，而褐腐病是由一种叫丝核菌的真菌引起。"

"生菜褐腐病菌属于土壤中的一种习居菌。在菜地里几乎到处都有。这种菌的侵染力不是很强，一般是在植株比较衰弱和病原菌大量积累的情况下容易发生。我觉得，你这块生菜地，完全具备发病的条件。一是你已经连作了9茬。土壤中的丝核菌已积累到一定程度。另外，你的苗子长得比较弱。俗话说"黄鼠狼爱咬病鸭子"，在丝核菌较多的情况下就得了病。"

"那么，别人的（生菜）为什么不像我这块地发生得这么重呢？"中年妇女问。

"这就和你的棚里的环境和管理情况有关系了。

我刚才说过，你的棚里的生菜长得就不一样。刚进大棚门的地方长得比较好，病害就比较轻。依我看，路边的这排树，对你种的生菜有影响。大棚被遮住的部分得到阳光的时间比别的地方都会少，植株长得比较柔嫩，就容易发病。当然，也不排除有的地块局部浇水不均或漏雨，加重了病害的发生。"我说。

"您看我这块地有救吗？"中年妇女问。

我思考了一下，接着对大家说："这茬恐怕已不大好办了。一是有些病株还在潜伏期里，就是打上药，症状一下子还止不住，也就是说，还会继续烂掉一些。再就是这茬生菜很快就到上市的时间了。用的有些药会影响食品的安全性。因为你这棚大部分长得还可以，我建议你该怎么管还怎么管。只是再浇水的时候，对发病的地段稍控一下水。关键是以后再种植的时候，应当采取一些措施：

1. 建议你们在高温季节轮休一茬或种植一些抗褐腐的菜种。即在6月下旬到9月初换茬的时候，趁好天采用高温闷棚处理一下土壤。处理前先看一下天气预报，选择有晴天的时候进行。先将生菜地翻成大块，上面铺上废旧塑料膜，再把大棚扣严，处理1周。只要这1周里有几天晴天，棚温可升到70℃，20cm土温可以升到52℃。然后再种生菜，就可以减轻或不再发生褐腐病了。轮作的时候，使用比较抗热和抗病的蔬菜种类。例如，种一茬茼蒿、茴香。但不要种对褐腐病比较敏感的油菜、小白菜。这些措施都有利减少地里的病菌。

2. 建议在用穴盘育苗时使用多菌灵防治。首先在每方基质里加入50%多菌灵可湿性粉剂200g，拌匀。在出苗后在苗长到2~3片真叶时，使用50%多菌灵可

图2 生菜褐腐病的症状

图3 在培养皿内保湿后并不长出的丝核菌菌丝

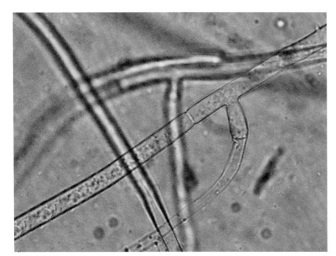

图4 在显微镜下看到的丝核菌菌丝

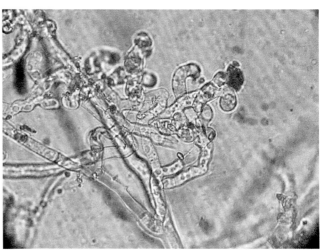

图5 在显微镜下看到的将聚结成菌核的特异状菌丝

湿性粉剂500~1 000倍液喷一次苗。再就是定植前使用50%多菌灵可湿性粉剂500~1 000倍液，喷一次送嫁药。如果您使用的是育苗场的苗，并发现他们没有使用送嫁药，可以使用50%多菌灵可湿性粉剂500倍液蘸根。定植后如果还有发病可以使用50%多菌灵可湿性粉剂500倍液、50%福美双可湿性粉剂800倍液、15%恶霉灵（绿亨一号）水剂450倍液均匀喷洒防治1次。就可以将病害控制。

3. 及时清除病残，不使用带有病残株而没有经过充分腐熟的有机肥作为生菜田的肥料。

只要认真地对待，生菜褐腐病还是不难防治的。

回到实验室，我将带回的病株放在培养皿里保湿。一天后就看到在病组织附近长出了大量的白色菌丝（图3）。挑一些带有菌丝的病组织在显微镜下观察，很容易就见到丝核菌（*Rhizoctonia solani*）的菌丝（图4）和将聚结成菌核的特异状菌丝（图5），证明了我对生菜褐腐病的判断是正确的。■

Example 44

这都是冷害造成的

2013年元旦前夕,我去了一趟北京市大兴区某部队的基地。一进门,是主管蔬菜栽培的韩技师出来迎接我。他是从山东寿光地区请来的师傅,种蔬菜有一定的经验。

我问他们这段时间蔬菜长得如何?他说:"不行,这段时间蔬菜都不怎么长,有的蔬菜还长了一些毛病。"

我对他说:"今天下午我还有别的事情,不能久留。是不是主要看你有毛病的蔬菜?"

我们首先看的是该基地21号棚,里面种的是黄瓜,目前秧子已有一人多高。表面看上去有些发黄。走近一看,每棵都是"花打顶",许多的雌花挤在一起,不向上生长(图1)。还有一大部分植株的中上部叶片出现了萎蔫(图2)。据韩师傅介绍,这种现象已经出现一段时间了。开始以为是根部有毛病,但是扒开土看,根部好好的;但是又不像是缺水;水管子接口旁边跑水的那两行比较湿,萎蔫得更厉害。

我问他,现在温室里的温度如何?他说:"比较低。最冷的那两天早晨也就是2~3℃。但是,这段阳光还不错,只要有太阳,白天中午也可以上到30℃左右。"

看后对他说:"这是冷害。首先'花打顶',就是冷害的表现。低温会诱发植株产生雌花;低温特别是地温低,影响根的吸收功能。引起了生理'干旱',蔓子甩不出来。现在日照时间短,就中午那段时间温度虽高,但土温根本升不上来。"

"那么,植株为什么会出现萎蔫呢?"他问。

"萎蔫也是冷的结果。你发现没有,萎蔫的不是心叶,而是下面心叶刚刚伸展出的叶片。这些叶片比较嫩,生理活动最旺盛,一旦根系吸不上水分,它就表现出萎蔫。"我说。

"在我们寿光从来没见过这种情况。"韩技师说。

我对他说:"这种情况在北京也不多见。上世纪(20世纪,编者注)90年代有一年,北京从3月8日到3

图1 冷害引起黄瓜雌花聚集在一起,呈现出"花打顶"

图2 严重冷害引起的黄瓜叶片萎蔫

图3 冷害引起的番茄顶叶变成"柳叶状"

图4 不同品种对冷害的不同反应。左：先正达的抗寒品种 37174 还有花和果；右：不抗寒的国福 308 没有花和果

图5 冷害引起茄子果实的不发育状

月23日遇到连阴天。北京顺义区的一个园区打来电话问：'黄瓜打蔫，浇水也没用，应当怎么办？'

我去看了。那个园区的黄瓜是种在日光温室里，灌溉系统是采用的滴灌，一垄双行，中间放有一根滴灌管。黄瓜秧子大约有1.5m高，长得黄黄的，有一些植株发生的萎蔫比您这里还要严重。开始，我也搞不清是什么原因。后来发现，凡是离滴灌管近的植株，萎蔫得就更严重。我们测了一下地温，发现土壤湿的地方要比干的地方低2、3℃。断定这种情况下萎蔫不是缺水，而是低温引起的。"

"那后来到底怎么解决的？"韩技师问。

"因为缺的不是水分而是温度，所以主要的措施就是增温。当时也没有更多的好办法，仅在温室里加了一些白炽灯，在夜里打开灯增温。此外，还补充些营养。由于不敢浇水，仅建议他们喷0.3%的磷酸二氢钾+尿素（1：1）。没过几天天气转晴了，好像这些措施也有点效果。"我回答。

"冷害过去他们的黄瓜没事儿吧？"韩技师问。

"有的还是没有救过来。因为我对他们说是低温造成的，天晴了以后白天把保温被打开增温，而且棚温提得很高。过了两天这些黄瓜蔫得更厉害了，最后有几棚黄瓜死了不少。倒是有两个棚，保温被拉得不及时，反倒活过来了。后来才知道，久阴骤晴时，中午应当回苦（即将保温被回放一些）或间隔揭苦，使棚温缓慢升高。否则棚温骤然增高，土温上不来，根系活动很差，会使植株蒸腾快速上升，导致水分供应不足，最后还是没有能救过来。实际上救过来的也

经过了一个缓慢的恢复过程。天晴后这些打蔫的叶片的外缘几乎都干枯，仅在近叶片主脉有一部组织保留了下来，是深绿色。此外，出现的花打顶的问题，也经过了疏花等一系列管理，才逐渐恢复过来。损失不小。"

看完黄瓜，我们又去看番茄。出现的问题主要是许多植株的顶叶变成柳叶状（图3），不向上生长。有点像发生了病毒病。不过在这个季节，不大可能发生病毒病，我认为也是冷害。据以前的观察，认为番茄抗寒性比较强，一般不会打蔫。随着气温的升高，症状会逐渐消退。但是，如果赶上花芽分化的阶段，将来畸形果会增多。

接着，我们还看了两棚辣椒。一个棚的品种为先正达的'37174'，出现的问题一是花明显地变少，另外，结的果明显变短；这个品种的是羊角椒，一般可以长到20cm长。但这里见到的只长出2~3cm长。另外一个棚的品种是'国福308'，根本就没有花（图4）。看后认为也是冷害所致。

然后，我们又去看茄子。该基地种植的茄子品种是抗寒的'布里塔'。和往年不同的是，入冬后这个品种还可以继续结果，我们去看时，植株上大大小小的果实不少。我问韩技师这些茄子为什么还不摘，总挂在上面会影响上面枝条继续结果。他回答说："这也是没办法。每到元旦春节，领导会来我们基地视察，都摘掉就没有可看的了。另外，也留着等春节，使供应节日蔬菜品种更丰富些。"但是仔细的观察，因为棚温比较低，虽然还能开花，但是也没有见到膨大的果

实，许多花缩在那里，不长（图5）。

看了这几种蔬菜后，我们开始讨论应对这些冷害的对策。

我说："今年的冬季似乎是个冷冬。俗话说'冷在三九'。但是，今年刚刚进九，就冷得不得了。应当说这种冷害还会持续一段时间。

"近几年北京多是暖冬，就拿去年来说，12月下旬夜间平均最低气温为-5.9℃（据南郊气象站的预报），白天最高平均气温为1.2℃。而今年12月下旬夜间平均最低气温-10.7℃，白天平均最高气温-2.4℃，也就是说就是在白天没有出现过一次0℃以上的天气。在12月23日城区还出现了-15℃的天气，至于郊区那就更冷了。由于大家都没有思想准备，所以，出现冷害、冻害的情况就比较多。我认为从现在到三九天气还会冷一段，必须采取一些保温的措施。"

说到这里，韩技师脸上出现了难色。他说："这个基地的温室保温性较差。一是墙体厚度不够，墙是砖垒的，样子好看，保温性差；棚体薄膜上面就一层薄薄的保温被。到了夜里根本不管事儿。我们那里（指山东寿光）的温室多是半地下式的，墙体是土打的2m多厚。草帘子差不多有三寸（约10cm，编者注）厚。有的还要加一层纸被，冬天最低温度也在12℃以上。要我说，结构不改，温度很难上去。"

我觉得韩技师说得很有道理。但是，今年有些特殊，出现了冷害也不能不想些办法吧？就提出了如下的建议：

1. 棚内增加增温设备。据我所知，该基地有两台热风机和几台电暖器。应当拿出来在夜间最冷的时候使用。

2. 在温室内再挂上一道塑料膜（二道幕），减少热量的辐射（图6）。

3. 购置新的增温设备。目前有一种可以为空气加温的电热线。可以在黄瓜棚里架设，提高夜间温度（图7）。

4. 增加温室外墙的覆盖物。如有废旧的保温被，应当取出，钉在山墙和后墙上。在温室保温被的底角，再加一层废旧保温被或草苫。提高温室的保温效果（图8）。

5. 缩短拉起保温被的时间。即等太阳出来再拉苫，太阳快落时及时地盖上。

6. 这阶段果菜类尽量不要浇水，保持地温。

7. 连阴天过去，天气放晴后，如果棚温骤然升高，要注意回苫，让棚温缓慢的升高。

韩技师听后点点头，说："我们尽力吧。"2013年元旦后，我又去了一次这个基地。除了没有买空气加热线（投入较大，领导说今年不打算用了），其他的措施都得到落实。此时天气比两周前要好一点。上述各种蔬菜，也出现了一些转机。■

图7 为了增温，温室里架设起了的空气电热线。图为其中的一种

图6 为了防寒，黄瓜温室里挂起来的二道幕

图8 为了提高温室的温度，后墙用废旧保温被包起。并在温室的前屋面，夜间加上一道废旧保温被

Example 45

西瓜沤根现场培训记

2013年4月某日，我应北京市农林科学院信息所农村科技服务热线的邀请，到北京市大兴区进行了一次现场培训。

我问组织者信息所农村科技服务热线的小曹，讲什么内容。他说："主要是那里的菜农反映今年种植的大棚西瓜发生了大面积的死秧，让我们请人去给诊断一下，并给大家讲讲怎么解决。"

我问："有没有更详细的信息？例如，发病的情况、病株的照片什么的。我好准备一下。"他回答说："没有。"

按说，这不是我的习惯。给菜农培训，我一般都要花些时间，做好准备，以便有的放矢。哪怕是给5、6个人培训，也都是这样。尽量让听讲的人有所收获。但是，小曹也是受人之托，并没有到现场看过，事情就只好这样定了下来。

大兴区安定镇我去过不止一次。那里有一个装备十分先进的农业服务中心。除了有一套较新的信息系统外，还有一个农产品展览室、一个配有投影装置的大教室。小曹和我一起去的就是这个服务中心。出来迎接我们的是该中心的姚副主任和乡村技术能手。交谈中我了解到，这个镇常年种有2 000多亩的大棚嫁接西瓜，平均每户种植3个棚（亩）。一年两茬，上茬是西瓜，下茬再种植一茬叶菜或玉米等。上茬一个棚可以卖到4~5万元钱，下茬可将全年的投入收回来，一年下来一户的纯效益十几万至二十万。由于效益比较好，这些年这茬西瓜种植得特别火。但是，近一个星期，有不少

农户反映，定植后死秧比较多。没有了苗，损失就大了。希望我能找找原因，想办法把死秧给防治住。

听了他们的介绍，我心里有了点底。因为今年我在一个部队的农场见到过这种情况，那里发生死秧的除了西瓜外，还有豇豆、黄瓜。所不同的是，部队农场发生在日光温室里，发病较早。经过诊断，所谓的

图1 由轻（左）到重的西瓜沤根病的症状

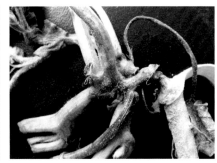

图2　西瓜沤根病轻病株的田间症状　　图3　西瓜沤根现场培训的一角　　图4　西瓜根颈部发生的炭疽病症状
　　　　　　　　　　　　　　　　　　　　（摄影　郭强）

死秧，是一种根腐病，俗称"沤根"。经过防治目前已都好转。

在姚副主任和乡村技术能手的带领下，我们来到该镇的马各庄村。一眼望去这里的塑料大棚（无后墙的冷棚）确实不少。我们在路边一户菜农的两棚西瓜前停了下来，工作人员开始布置会场。实际上就是将事先做好的横幅挂在一个大棚的北侧。不一会儿，附近的菜农蜂拥而至。有骑自行车、摩托车、电瓶车来的，更多的是开着面包车、农用三轮车来的。一时间把不宽的小柏油路挤了个水泄不通。

这两个瓜棚的主人，一个中年的菜农姚师傅走了过来。向我介绍种植的情况。他说了自己种植大棚西瓜已经有几年了，从来没出现过死秧的情况。今年也不知怎么了，自打（西瓜苗）栽上，就不断地死（秧），好在准备的嫁接苗较多，已经补了几次，到现在还有死的。说着，从大棚里拔了几棵枯死的苗给我看。

这些苗萎蔫的情况轻重不一（图1），比较轻的在主根上有局部变为淡褐色、水浸状，新根不多；萎蔫较重的在主根的一侧出现大面积淡褐色、水浸状、凹陷的坏死区，侧根发锈。还有一些根的下半截已经烂在土里，只剩下表皮及一根根没有皮层的维管束（图2）。

看后我告诉姚师傅，这是西瓜沤根病。

"今年我们这里发生得不少，您能给我们讲讲这种病是怎么得的，如何防治吗？"姚师傅说。

这时，信息所农村科技服务热线的小曹对大家说："大家安静一下，今天的现场培训现在开始。请李明远老师，为我们讲讲怎么防治西瓜沤根病（*Fusarium solani* 等）。"他把一套佩戴式扩音装置给我戴上，我就站在棚前开始讲课（图3）。

我举着姚师傅采来的西瓜病秧，对大家说："大家看到了没有，这就是西瓜沤根病。这种病初发生时，外叶枯黄打蔫，有的叶片从外缘生斑枯死，开始还有个绿色的心叶，以后整个植株枯死。比较容易从地里拔出。拔出的根，发锈；毛根少，局部或一侧呈水浸状腐烂。严重时，整个根都会烂掉。露出茎中一根根的维管束（图2）。"

"这种病发病的原因比较复杂。不同的情况发病的原因不同。常见的往往是由冷害、不腐熟的肥料，以及高湿弱光照引起。不过，目前我们看到的，多半是由冷害引起，这种病害在育苗期就会发生。但是，这里看到的是在定植后，很大程度上是因为定植后地温低造成的。因为在北京的塑料大棚一般冬季是空闲的，少数的种些像菠菜之类的叶菜类，地温很低。如果在定植前不先把地温提高到一定程度，种上西瓜就会发生沤根。

"这是因为瓜类（实际上大多数蔬菜也是这样）当土温低的时候，根系吸收水肥的能力和对病菌的抵抗能力也随之下降。而这时棚里的气温已经上来了，瓜苗出现了消耗大于供应的情况，根系处于饥饿状态，时间长了，根系就会腐烂。"

"您刚才说棚里的地温低，我们定植西瓜的时候，提前一个月就把棚膜扣上了，（地温）还能低吗？要将地温提到多少度，才不算低？"一个菜农提问。

"这个问题提的好。一般来说，夜间的温度低于12℃，就容易发生沤根。我不知道你们是否有人量过地温？"

"我量过。"一个中年菜农回答。

"什么时候量的，能有多少度？"我问。

"就在前两天。那天是晴天，下午3、4点钟，是13~14℃。"

"也有死秧发生吗？"我问。

"有，不多。"

"不错，这位师傅很有心计。不知您把温度计插得有多深？"

"不大深，也就是2~3cm。"

图5 西瓜炭疽病田间危害状

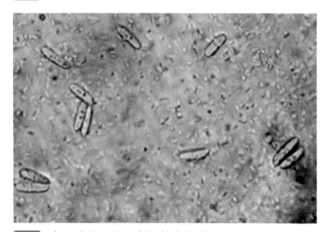

图6 在显微镜下见到的炭疽病菌

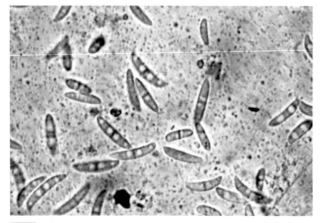

图7 在显微镜下见到的引起沤根的镰刀菌

"如果您在刚定植时地温能达到这个水平，应当不大会发生沤根。但是您已经定植快一个月了，如果倒退到20天前，在夜里或阴天测量10~20cm的土温，很有可能在12℃以下。对西瓜来讲还是有点低。"

"西瓜烂根是不是长有什么病菌？这些病菌是从哪儿来的？"一个农民问。

"在烂根上，常见的病菌比较多，如腐霉菌、丝核菌、镰刀菌和一些细菌。它们都在促进根系腐烂上起着重要的作用。这些病菌不是从外面传进来的，当地就有，长期在土壤中腐生生活。在瓜苗比较健壮的时候，并不危害瓜苗。但是，当瓜苗衰弱的时候，这些病菌就很有杀伤力。就像'黄鼠狼专吃病鸭子'一样。说白了，沤根实际上是生理病害（冷害）和侵染性病害共同作用的结果。要防治它，也得从两个方面着手。"

"首先要设法提高地温。定植前要测量一下地温，采取措施包括：扣二道膜、扣小拱棚、铺地膜、避免大水漫灌，来提高地温。当地温达到12℃以上再定植。"

"再就是用药防治。上面说到的病原菌共有两大类：真菌（腐霉菌、丝核菌、镰刀菌）、细菌。真菌中有卵菌（腐霉）和非卵菌（丝核菌、镰刀菌）。所使用的药剂应当和它们对应。我来之前听说你们使用了恶霉灵和甲基硫菌灵。这都有效。"

"说到防治沤根，比较传统的方法是使用铜铵合剂或硫酸铜灌根。铜铵合剂的制法是每667m^{2}用硫酸铜2kg加碳酸氢铵11kg，混匀，堆闷15~20h后撒施在定植穴内。此外，定植后每667m^{2}用硫酸铜2~3kg随水浇施。一般，施一次硫酸铜可满足2~3年内作物对铜元素的需求。还有材料介绍，喷洒50%根腐灵可湿性粉剂800倍液或50%立枯净可湿性粉剂800倍液，有较好的效果。"

再就是额外多种些西瓜苗以备不测。我说到这里，信息所农村科技服务热线的小曹问大家还有什么问题？如果没有问题，今天的现场培训就进行到这里。一位老大姐拿着用塑料膜包着的几个病秧子走了过来，说："让李教授给看看，俺那个棚里西瓜发生的都是什么病？"我一一过目后，看到大部分都是沤根。其中，有一棵根倒是没有烂，但是根颈部烂了，烂的这部分颜色比较深。根颈部以上有些萎蔫。我把它挑了出来，对大家说："这棵西瓜得的不是沤根，很像是炭疽（图4、图5）或蔓枯病。需要通过显微镜观察一下。不过，这种病使用上面说的农药也有效果。"她点点头，顺手将带来的病秧子丢到了路边。我将它捡回来，说："别扔，我还要用显微镜看呢。"

回到实验室，我将带回的病秧子洗净，放在培养皿里保湿。第二天上午在显微镜下观察，在根颈部颜色较深的那棵上看到了炭疽病菌（图6）。在沤根的烂根的上面见到的是镰刀菌（图7）。我打电话给姚副主任，通报了我镜检的结果，也印证了我此前的判断。■

Example **46**

大温室里的番茄枯萎病

自2011年，北京市农林科学院建了两座连跨式大温室。开始仅种植些叶菜类蔬菜。从第二年开始，增加了不少果菜类蔬菜。并聘请搞了多年蔬菜栽培的陶老师做技术指导。自从退休以后，我和陶老师交往得较多。我有了栽培方面的问题向他请教；他有了植保问题找我帮助解决。

2013年5月，陶老师指导的这两座大温室的番茄出现了几棵打蔫的植株（图1）。他有点拿不准，把我找去。

在他的带领下，我们来到出问题的番茄田。这时的番茄植株已有近一人高。面积大约有667m²。大约有几棵出现了萎蔫的植株形成了一个发病中心。据管理人员小李介绍，开始是中部的茎上出现一些花斑（图2），以后附近的叶片在中午就开始有点萎蔫（图3）。起初还可以恢复，以后就不能恢复了。还有个怪现象出现，就是有番茄这半边萎蔫严重，而另一半边不萎蔫或轻微萎蔫，这一侧的上部叶片都萎蔫了，而另一侧上部的叶片仍然是正常的。

我看了看，果然如此。我问，已发病的植株可以拔出来看看吗？她说可以。将病株拔出来看，根没有腐烂，将根和茎劈开，看到一侧的维管束有明显的变褐。我说：像是番茄枯萎病。枯萎病是导管病害，所以，纵向发展很快，以至于当横向还没有明显扩展开的时候，纵向已经发展到植株的上部。

图1 大温室里的枯萎病病株

图2 病株茎中部出现的花斑

图3 病株萎蔫的叶片

图4 番茄青枯病枝在水中浸泡后顺水流出的溢脓（红色箭头所指）

图5 泡了一天也无溢脓流出的这次采集的番茄枯枝

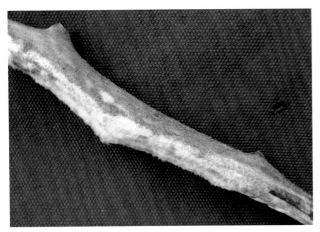

图6 保湿后，番茄枯萎病枝表面长出的病原菌

"您能肯定这就是番茄枯萎病吗？"陶老师问我。

"基本上可以肯定"我说，"但是，最好在室内再做一些观察，排除是青枯病的可能。另外，通过诱发，看到枯萎病病原菌的孢子，那就可以肯定了。"

"容易做吗？"陶老师问。

"不难。青枯病也是一种导管病害，病原是一种细菌。将一段病茎插在水里，会有溢脓顺水流出来（图4）。而枯萎病是真菌病害泡不出溢脓（图5）。"

我问："这块地里病株多吗？"小李说："就见到这几棵。"我们又在这个番茄田里逐行地检查了一遍，还好，没有发现新的病株。

陶老师觉得这个大温室是新建的，似乎不应当出现这种病。问我病菌是如何传进来的？我告诉他，这种病可以通过带病的种子和肥料远距离的传播，所以新棚也是会发病的。这次，我们仅见到这些病株，通过种子传播的可能比较大。以后再种番茄等果菜类，一定要做好种子消毒。

关于这块地枯萎病的防治，我建议他再等一天。通过室内鉴定确诊了后，再防治也不迟。回到实验室，我找了一个三角瓶，倒了一些自来水，把采回的番茄病茎泡了进去。又取了一个培养皿，把从大温室带回的几枝番茄病茎放进去保湿。结果，一天过去，泡在水中的病茎也没溢脓流出。在培养皿里保湿的番茄茎的一侧，却长出了浓密的白霉（图6）。通过显微镜的观察，证实是番茄枯萎病（*Fusarium oxysporum*）（图7）。

有了鉴定结果，我又找到陶老师，请他看了试验的结果，其中包括，我以前鉴定青枯病时，拍下的在水中流出溢脓的照片。建议他：将大温室里的病残处理干净。同时，在拔掉发病植株的穴中使用多菌灵重重地处理一下（每穴灌500倍的多菌灵300ml）。还需要加强番茄田枯萎病的调查，出现病株及时地按照上述方法处理。■

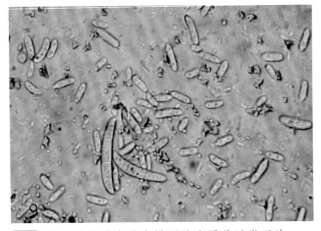

图7 从番茄枯萎病茎上挑下的病原菌显微照片

Example 47

西瓜心叶变黄是什么病？

2013年6月17日上午，我在12396农村科技服务热线值班，管理人员让我接一个咨询电话。打来电话的是北京市大兴区庞各庄韩家铺的瓜农张师傅。说他们家种的西瓜最近出现了问题。表现是心叶变黄，有的叶片从边上发黑。不知道是什么病，问如何防治？

"心叶变黄，边上发黑"说得太笼统了。到底是如何黄法？是黄斑，还是从叶缘向里面黄？是黄绿相间，还是整叶都是黄的？还有，是叶片有些发黄，还是叶片全被黄色所取代？发黄发黑的部分是否有霉层？张振江都说不清楚。听后，我真的无法回答他说的这种现象是不是病害，是哪种病害。

按照惯例，我建议他用手机或照相机将发病的植株拍张数码照片，发到我的电子信箱里。看看症状就知道了。但是，他说包括他们家的孩子，都没有人会拍摄。

我又问他病害在田间的分布情况。他说："开始不多，我也打了不少药，可是总是控制不住。实际上有这种病的农户不少，最好能来一趟，给大家看看。"

对我来说，从单位去一趟大兴区，并不容易。他那个村在哪？有没有公交车？都是问题。我让他给我留个电话，看看12396科技服务热线能否派个车，或搭便车过去看看。

机会来了，我院信息所6月19日上午要在大兴区搞一次全科农技员培训，让我去讲讲"夏秋蔬菜的病

图1 瓜农张师傅在向本文作者介绍西瓜的发病情况（曹承忠供稿）

图2 西瓜病毒病早期田间危害状（曹承忠供稿）

图3 西瓜病毒病晚期田间危害状（曹承忠供稿）

图4 西瓜病毒病早期叶部症状

图5 被西瓜病毒病危害的幼瓜及心叶

图6 西瓜病毒病早期田间危害状（曹承忠供稿）

虫害"。我想，讲完课可以顺便到庞各庄看看西瓜的病害。我立即打电话给张振江，让他那天中午等着我。讲课的地方是大兴区的长子营镇，离庞各庄村比较远。而且，临去讲课前，讲课的时间改在了下午。讲完课又接受农民的请求，到长子营北蒲州村的温室区进行了现场指导，看完温室病害已经快下午6点了。

由于我们的司机也不认识去韩家铺的路，一路上边走边问。最后还是张师傅的嫂子开着三轮充电车，把我们引到的他的西瓜地里。

张师傅正在瓜地里打药，见到我们，忙放下喷枪从地里走了出来。指着发病的植株说："您看到没有？就是这种病（图1）。"

到地里一看，这里的西瓜已经到了结瓜期，一些早结的瓜，有1.5~2.5kg重，品种是'华种11'，瓜秧已将地盖严。但是，有些植株叶片变小，特别是新长出的叶片越来越小，叶片的颜色不均，并伴有皱缩，结的瓜变小、不长。一些发病较久的老叶，叶缘已死亡变黑。原来，所谓的心叶变黄，是西瓜病毒病

（Wartermelon mosaec virus 等）（图2~图6）。

我对他说："看到了。发生的是西瓜病毒病。"

我问他现在喷洒的是什么药。他把我们带到配药的地方，指着地上丢弃的药袋说："就是这样几种。"我们看到，有烯酰吗啉、烯·羟·吗啉呱、复硝酚钠。看后，我对他说，"您采取的措施不错啊！"

"这是从我们镇里的农服中心拿的药。我还有些不放心，您再给看看。"张师傅说。

我说，根据目前发病的情况看，拿的药都有用。其中，最有针对性的是烯·羟·吗啉呱，烯酰吗啉是防治霜霉、疫霉病的药，如遇到多雨的天气有用。复硝酚钠是一种生长调节剂，有提高细胞活力、加速植株生长发育、促根壮苗、保花保果、增强抗逆能力等作用。

"那么防治病毒病还有什么好办法？"他问。

我对他说，防治西瓜病毒病的方法不少。包括：

1. 种子处理。在烟草花叶病毒、黄瓜绿斑驳花叶病毒常发病地区或田块，种子要进行消毒。即：将种子经

70℃干热处理72h杀死毒原，也可用10%磷酸三钠浸种20min，再用清水冲洗2~3次后晾干备用或催芽播种。

2. 选用抗病和耐病品种。不同的西瓜品种对病毒病的抗性不同。不同的地方西瓜病毒病的种类不同，应通过试种，选出适合本地种植的抗病品种。

3. 培育壮苗，适期早定植。一般，当地晚霜过后即应定植，保护地可适当提早，以提早生育期，增加植株的抗病性。

4. 防治传毒介体。瓜类病毒中，多数是靠蚜虫传播。因此，防治蚜虫是预防病毒的重要手段。鉴于蚜虫传播这些病害多数是非持久性的。在防治时应当力争做到不使其接触植株。在保护地，可以利用防虫纱网阻隔，在露地，要提早将宿根杂草上的蚜虫消灭。

5. 加强管理。采用配方施肥，防止土壤过干，干旱时要适时适量浇水。农事操作应小心从事，中耕时减少伤根，农事操作时注意减少植株碰撞；发病初期要及时拔除病株，采种时要注意清洁，防止种子带毒。

6. 药剂防治。发病初期喷药，常用农药有5%菌毒清可湿性粉剂300倍液、0.5%抗毒剂1号水剂250~300倍液、20%毒克星（盐酸吗啉胍·铜）可湿性粉剂500倍液等。每7~10天一次，共喷4~6次。但是，目前有些措施已为时过晚。

我对他说："防治西瓜病毒病最好的方法是利用抗病的品种。此外，还有些防治的方法，例如：种子处理、培育壮苗、适期早定植、防治传毒介体、及时拔除病株等。但是，目前都已错过时机。可以采取的措施也只有喷洒抗病毒制剂。在您使用农药中的烯·羟·吗啉呱（克毒宝）就是一种抗病毒制剂，如果效果好，继续使用。特别是明年再种这一茬西瓜时，一定从选择品种开始，做好每个阶段的防治措施。"

我们在谈话时，张师傅的嫂子一直在旁边听着。这时，她觉得自己家的西瓜也有类似的问题。便邀请我们过去看看。看看表，已经快到晚上7点了，问她"远吗"？她说不远。我们没有推辞，又到她家的地里看了一遍。

和来时一样，她在前面开着电瓶车，在村里拐了一阵子，来到一处比较开阔的地方。篱笆的外面，就是她家的瓜地。

还没有走近，就看到地里一片片地发黄。没等我们说，她自己也看出来了，也发生了西瓜病毒病。

她的西瓜种植的要比张师傅早。一些早期结的瓜，避开了病毒病的危害，长得大而周正，看上去已接近成熟。而已生病的植株，发病的情况并不比张师傅家的轻。有些病叶的边缘已经变黑枯死。我们建议她也按着张师傅的方法防治2次，有成熟的瓜，及时上市。

离开韩家铺已经是晚上7点多，我们几位的肚子早就咕噜了。

但是，我弄明白了所谓的"西瓜心叶变黄"是发生了西瓜病毒病。以后，再有瓜农这样提问，我就知道是怎么回事儿了。■

Example **48**

菊花叶片上长瘤子是什么病?

大家都知道本人是搞蔬菜病害的。但这两年，我和菊花产业走得比较近。他们经常给我出一些"难题"。

2013年6月28日，我正在和北京市延庆县植物保护站的同志在该县四海镇调查万寿菊的黑斑病，我院菊花产业课题的黄博打来电话，让我抽时间到位于四海镇黑汉岭的美科尔公司的基地去看看。那里的菊花，发生了一种严重的病害，希望我看后提出办法，进行挽救。

调查完万寿菊的黑斑病，已到中午。下午，我和延庆植物保护站的同志们专程去了一趟黑汉岭。找到美科尔公司主管种植技术的杜经理，问他发病的菊花在哪里？他指着院子里的一大片刚刚翻耕过的空地说：

"就在这里。我们怕蔓延开来，已经都拔掉处理啦。"

"先说说病害是什么样子的？"我问杜经理。

"叶片上长瘤子。大的像豌豆粒那么大。每棵多少不等，多的有7、8个瘤子。不光在叶片上长，有的在叶腋，更严重的可以将菊花的生长点给破坏掉。这东西发展很快，有点像癌症。我们担心传播开，就把它全都拔了。"

"拔下的苗子都扔到哪儿了？"我问。

"没了，都处理掉啦。不过，我们育苗基地还有这种病，可以带您们看看。"杜经理说。

我们在杜经理的带领下，驱车来到该公司的育苗基地的棚室区，那里种着一畦畦的菊花苗。我们弯下

图1 杜经理在帮我们找被菊花瘿蚊危害的植株（摄影 / 古薇）

图2 瘿蚊在菊花叶腋及叶片上瘿瘤

图3 在一个瘿瘤里剥出的 3 个菊花瘿蚊的蛹

图4 菊花瘿蚊蛹的细部（古薇摄影）

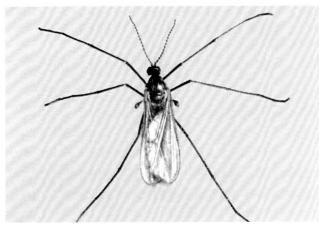

图5 人工饲养出的菊花瘿蚊成虫的停歇状态
（古薇摄影）

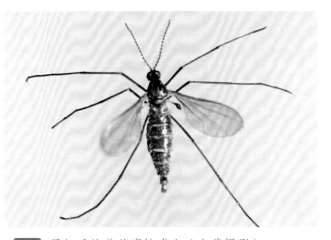

图6 展翅后的菊花瘿蚊成虫（古薇摄影）

腰仔细地在植株上搜寻着。

还是杜经理比较熟悉，他首先发现了病株（图1）。接着，我和同去的延庆植物保护站的同志也都发现了病株。发生的不是太多，一般在一个畦里有几株，每株有两三个瘤子（图2）。

"这是什么菊花的苗子？冬天在哪儿养的根蘖？"我问杜经理。

"这个棚里种的菊花品种是'国庆红'。都是从您们黄博那里运来的。"

我们将长的瘤子摘了下来。摸了摸比较嫩，有点软。用手掰开，里面是个空腔。掰多了以后，还发现里面有个褐色的小棒棒，好像是什么虫子的蛹（图3）。

"像是瘿蚊。是一种虫子危害的。"我说。

"虫子？不对吧，有人说是'茎瘤病'。"杜经理说。

"这种虫子，去年（2012年，编者注）在（延庆县）四海王顺沟的茶菊上我见过。不过，只见到了一

两棵，没有当回事儿。"我回答说。

延庆植物保护站的同志也从瘤子里剥出了虫子。但是，不敢肯定是什么虫子。

这时，杜经理不再坚持"茎瘤病"了。问我："既然是虫子，就会繁殖。以后是否会蔓延起来？"

"这我说不清楚。不过去年在王顺沟见到的，以后再没有见到，也就没再注意。容我回去查查文献，把虫子的种类和防治的方法搞清楚。"我说。

离开美科尔基地时，我和延庆植物保护站的同志都带了一些标本回去，准备做进一步的鉴定。

我给黄博打了个电话。通报了黑汉岭美科尔公司的基地里发生的这种虫害。黄博问我第二天（周六）有没有安排，方便的话再去一趟北京的房山区，那里的茶菊也出了问题。

晚上，我上网通过"百度"查了一下白天见到的那种虫子。查找是菊花瘿蚊。很容易就找到了有关瘿蚊的介绍：

这种虫子的学名*Epiymiu* sp.，双翅目瘿蚊科，分

布在河北、河南、北京、安徽等地。

寄主：菊及野生菊科植物。

危害特点：幼虫在菊株叶腋、顶端生长点及嫩叶上危害，形成绿色或紫绿色、上尖下圆的桃形虫瘿，危害重的菊株上虫瘿累累，植株生长缓慢，矮化畸形，影响坐蕾和开花。

成虫体长3~5mm，初羽化时橘红色，渐变为黑褐色。复眼黑色，大而突出。触角念珠状，17~19节，雄蚊有环毛。前翅圆阔，具微毛，纵脉3条，后翅退化为平衡棍。足黄色细长。腹部节间腹和侧膜黄色，背板黑色，腹节前6节短粗，后3、4节细长。卵长0.5mm，长卵圆形，初橘红色，后呈紫红色。末龄幼虫体长3.5~4mm，橙黄色，纺锤形。头退化不显著。口针可收缩，端部具一弯曲钩，胸部有时发现有不大显著的剑骨片。裸蛹长3~4mm，橙黄色，其外侧各具短毛1根。

生活习性：在我国河北、河南年生5代，以老熟幼虫越冬。翌年3月化蛹，4月初成虫羽化，在菊花幼苗上产卵，第一代幼虫于4月上、中旬出现，田间不久出现虫瘿，5月上旬虫瘿随幼苗进入田间，5月中、下旬一代成虫羽化。卵散产或聚产在菊株的叶腋处和生长点。幼虫孵化后经1天即可蛀入菊株组织中，经5天左右形成虫瘿。随幼虫生长发育，虫瘿逐渐膨大。每个虫瘿中有幼虫1~13头。幼虫老熟后，在瘿内化蛹。成虫多从虫瘿顶部羽化，羽化孔圆形，蛹壳露出孔口一半。以后各代都在菊花田内繁殖危害。第2代5月中下旬至6月中下旬发生；第3代6月下旬至8月上旬；第4代8月上旬至9月下旬；第5代9月下旬至10月下旬。10月下旬后幼虫老熟，从虫瘿里脱出，入土下1~2cm处作茧越冬。天敌有5种寄生蜂。

防治方法：①清除田间菊科植物杂草，减少虫源。②避免从菊花瘿蚊发生严重地区引种菊苗，因菊花瘿蚊发生较早，苗期即可带卵和初孵幼虫。③药剂防治成虫发生期可喷40%乐果乳油1 500倍液或50%辛硫磷乳油1 000~1 500倍液，杀死产卵成虫。④保护天敌。该虫发生后期，当天敌数量大时，不要盲目使用化学药剂，以保护天敌充分发挥天敌的自然控制力，这样既可以控制后期危害，又可以压低明年春季的发生量。

根据文献的介绍，我们这里的菊花瘿蚊应当属于第二、三代。

第二天早上，我和黄博来到了房山区的窦店。那里也是美科尔公司的一个育苗基地。出问题的是茶菊。发生的也是瘿蚊，只是这里的危害期较晚，有些瘿瘤内的虫子多为幼虫阶段。

原来，黄博的这些茶菊和黑汉岭的地被菊的苗子最初都来自北京顺义区北郎中的一个繁种基地。该基地栽植菊花的历史较长，积累的病虫害较多。因此，建议他们明年一定对北郎中的菊花苗提早进行预防。鉴于黑汉岭的菊花瘿蚊发生的较轻，多数已孵化出瘿，后期天敌较多，没有建议他们进行防治。而窦店地区的菊花瘿蚊发生的较晚、较多，建议他们使用40%乐果乳油1 500倍液或50%辛硫磷乳油1 000~1 500倍液防治1次。

7月3日，我们收到延庆县植物保护站发来菊花瘿蚊的图片。原来他们回去后，在养虫笼里将从美科尔采回的虫瘿进行了培养，并将养出的瘿蚊在解剖镜下进行了观察、拍照（图4、图5、图6）。根据照片进一步证明这两处发生的都是菊花瘿蚊。■

Example 49

病害鉴定也需要智能装备

根据"柯赫法则"，一般进行病害的鉴定，需要回接。即将得到的病原菌再接种到原寄主上，看看是否能够得到相同的症状。如果可以，才能说明你得到的是你要鉴定的病原菌。而在回接时，最好能得到病菌的繁殖体，例如分生孢子等。

但是，要让病菌产生分生孢子往往不是一件容易的事情。需要给它一定的温度、湿度和光照才可以实现。

2013年"十一"长假期间，我们在某真菌孢子的孢子诱发方面有了较大的进展。即使用加光照的方法，可以诱发到较多的病菌孢子。诱发孢子的场所是在实验室超净台上完成。所需要的温度、湿度及光照只能利用一些土办法进行控制（图1）。

为了使我们诱发工作实现标准化，我专门给诱发孢子的超净台加了两根灯管作为光源。但是，这也给我们技术人员增加了麻烦，就是隔三差五地要在晚上到实验室去关灯，来回一趟得耽误半个小时。另外，过了"十一"，试验室的温度会下降到20℃以下，对于产孢来说，这个温度已不大合适。我想，能不能安装一个自动控制装置，实现诱孢条件的智能化。于是，我找到我院智能装备中心的郑博士，他说可以。大概用了半个多月的时间，这套设备做了出来，是利用温室数据采集控制器改装的。这套智能控制设备功能较多，除了温度、湿度、光照的控制外，还有一些其他的功能，例如，自动开窗、自动拉帘等，都装在一个配电箱里（图2），而我们仅用其中的一部分。

光照、湿度的控制比较简单，接上我们制成的日

图1 自己动手装配起来的诱发万寿菊黑斑病孢子装置

光灯和新买的一个小加湿器，即可以自动开、关灯和加湿。而加温的设备是用了一个为空气加热的功率为1 000W的管状加热器。

试用后，控制光照没有问题。但是温度的控制不理想。为超静台加热的是一个1 000W的管状加热器。由于只能放在台面的一端，造成了一头热，加热不均匀。更重要的是万一控温失灵，台内温度会升得很高；另外，它的接线柱是裸露的（温度很高，不能用胶布缠住），易发生漏电，存在安全隐患。就是说，起初选择的管状加热器加热很不理想，未达到预期目标。但一时又无可替代的设备，故试验初期一般在有人值守的情况下使用。

11月中旬，我去南京参加"中国温室2013"年

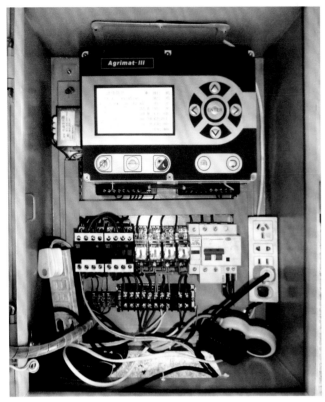

图2 温室数据采集控制器配电箱各部件布局

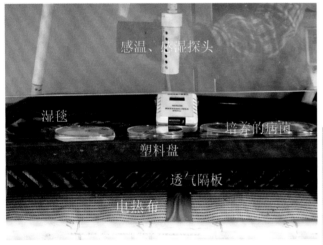

图3 利用电热布为诱发孢子加温的安排实况

图4 温湿光控制仪的总开关

图5 温湿光控制仪数字设置盘

会，在会上看到大连金田农业温室科技有限公司生产
一种碳纤维电热布。据说，它是为榻榻米加温用的。
这种电热布通电后只能达到170℃，（纸张、布料的燃
点一般在450~500℃）不存在燃烧的问题，非常的安全
（详见文后附录）。

通过几次的联系，厂家发来了一块。将其安装
在加湿器的底部，连续地加温的情况下，超静台的温
度能上升到30℃。而我们诱发孢子只需要25℃，完全
够用。使用碳纤维电热除了安全，还可以做到加热

均匀。将它放在诱发孢子用的塑料盘的底部（为了使
碳纤维电热布通风，上面加了透气隔板），塑料盘里
放一块湿垫，还可以为环境加湿（图3）。更换了加热
设备后，设备工作稳定、高效。温度、湿度、光照的
控制及安全性均达到了设定要求。到目前已使用两个
月，感到非常安全和方便。

现将这台控制设备的操作方法介绍如下：

打开电源：这时，显示屏显示出的是通用信息
（图4、图7）。

按两下设置（ENTER）键。显示屏出现"双向设
备1"。

按"上翻"键4次。每次显示屏都会出现"双向设
备2…4"。按第5次时，显示屏出现"开关设备1"。在
此时可以对控制的湿度进行设定。设定时先按1次"设
置"键，此时显示屏会出现一个光标。用"上翻、下
翻、左选、右选"（图5）键移动光标的位置。在"开
关设备1"只需进行湿度设置。其中，上翻是增加数

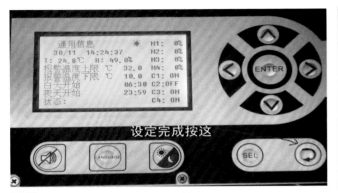

图6 设置完毕后需按的返回键

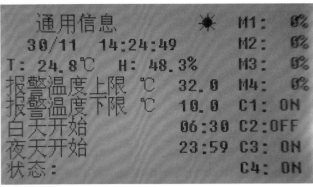

图7 接通电源后显示的信息

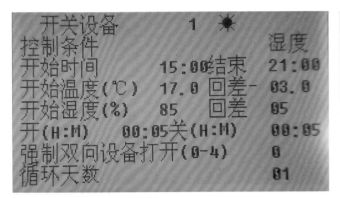

图8 湿度开关显示的信息

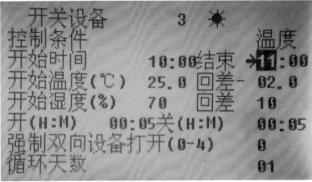

图9 温度开关显示的信息

值，下翻是减少数值，左选、右选是左右移动光标的位置。目前我们设置的湿度为80%，回差，即低于80%时启动加湿，超过85%停止加湿，循环天数为01（图8）。如果设定完成，再按一下"设置"键。湿度设置就完成了。

接着设置光照时间。即再按一次"上翻"，显示屏出现"开关设备2"可以用和以上相同方法设定灯光启关的时间。目前，我们设定的为："开始"为15，"结束"为21（即下午15：00开启，晚上21：00关闭）。如果设定完成，仍按"设置"键。

再按一次上翻，显示屏出现"开关设备3"，可用同一方法设定温度。目前，我们设定的温度：开始25（即25℃），回差02，即低于25度启动加热，超过27℃停止（见图9），循环天数为01。

全部设定完成后按"返回"键（图6），开始按照

设定的指标进行运行。而且在关闭后再次启开，这些设定不会改变。

附录

碳纤维电热布的特点如下：

1. 构成特点：阻值均匀的碳纤维发热线，按一定间距以横格排列法织造在布里，做成布状供热体。表面温度分布均匀，表面温差在2℃之内。

2. 传热方式：热能主要是以远红外辐射形式扇形散热，直接以远红外波的形式渗透至周围物体传热，传热方式直接均匀。

3. 加热方式：低温加热空气中的水分（而不像加热棒燃烧水分、降低湿度），形成良性空气对流，传热均匀、不烧水分，对湿度影响低。并保障了实验区的温度、湿度分布均匀。■

Example **50**

原来是地膜出气口引起的茄子死秧

2013年8月19日，本人到北京市大兴区北藏村镇为全科农技员讲课（这些人大都是政府聘请的种植能手）。临到中午结束时，一位大姐向我走来，提出：她们村里有些问题解决不了，希望我能到现场去给看看。按说已经到吃饭的时间，有人建议下午再看。但是此时的天气很热，中午午休的时间较长。等到下午再找人，就更费时间了。所以，就答应跟她去了一趟。

现在的农村，和以前可不一样了，都有车。听说要到现场诊断，都开着车跟了过来。没用几分钟就到了。

这位大姐，责任心比较强。哪家的蔬菜有问题她都记在心里。下车后她就向我介绍，说：我们这里这阵子

图1 李明远在诊断现场和全科农技员探讨茄子死秧的原因（摄影 / 曹承忠）

出的问题可多了，今天听您的课收获不小，觉着可找到了明白人。我笑了笑，没有讲话。但是心里明白，蔬菜生产上出现的问题层出不穷，并不是一时都能弄明白。还是那句话：活到老，学到老，试试看吧。

"咱们还是先看茄子吧！"她说。

我们钻进了路边的一个棚里，看到这棚茄子长得不是很好。植株高高低低，缺苗断垄比较严重，不少植株打蔫或死亡。她介绍说：这棚茄子，由于铺了地膜、地温高，刚定植时长得很好。可到后来不知怎么了，越来越抽抽。这要是再死下去，真得要拔掉种别得了。

我拔了一棵打蔫的茄子（图1），看了看植株的茎部和根部，都好好的；就是在根颈部有一小段干腐（图2）。又看了几棵已经枯死的茄秧，情况都差不多，只是程度的不同。将茎折断劈开，看到维管束好好的，只是皮层有些熟腾。我估计这病就是因为这一小段出了问题，造成了植株的缺水。实际上没有枯死的也不见得都没有毛病，只是比较轻，没有影响到它的水分供应。

引起这段茎熟腾的原因是什么呢？我的脑海里出现了各种可能引起植株萎蔫的根病。例如：黄萎病，虽可以引起植株的萎蔫，但发生时一般会有个黄枯的过程，而且黄萎病茎部的维管束是褐色的，植株往往是一半好一半坏，不会一下子都萎蔫了；疫病吧，虽常在根颈部发生，但发病的部位较长、病部发黑、还会有一段凹陷，也不像。还有可能是根腐病。但这种

图2 茄子茎基受到热气熏蒸后，引起的症状

图3 因定植孔未封土引起的茄子死秧（曹承忠摄影）

病应当主要引起根部腐烂，而这里发生的这个病不侵染根部。也就是说什么都不像。看来，光凭肉眼很难知道是什么病菌引起。可是又不能瞎说。于是，我就对大家说："光凭症状一时还说不准这是什么病，需要带回实验室做一下病理观察。"

由于我一时没有得出结论，和我一起进到茄子棚里的这些种植能手们就议论了起来。有的说是"沤根"，有的说是"枯萎病"，还有的说是旱的。只有一个人的说法引起了我的注意，他说是热气熏的。我仔细地查看了枯死的植株种植的情况。发现他在扣膜的时候，在膜上打的定植孔都没有用土封上，太阳一晒，地膜下的热气，都从这个孔向外散发。久而久之，处于孔口的茎部，就被热气熏坏了。所以说，这些死秧是热气熏的。

在他的启发下，我认定这里的所谓"死秧"（图3），不是什么侵染性病害，而是一种生理病害："灼伤"。

我对大家说：这位师傅说得有道理，是热气熏的。首先，这种病不像是一种侵染性病害。侵染性病害容易扩展，引的病灶不会仅发生在这样小的一个一个范围内。而且发病的植株的下面都没有封土，等于为地膜留下个热气的出口。让热气烫它，还不烫死？这实际上是灼伤。

对这种说法，大家开始还有议论。但是，通过观察，大家看到有些在定植孔堆有土的植株就没事儿；还有一位全科农技员说，她们家的茄子，和这里的茄子是一起栽的，使用的是同一个品种，但没有铺地膜，就没有这个问题。这时，大家才统一了认识。

但是，看后有的农技员得出结论：茄子不能扣地膜。我听后对大家说，这不是扣地膜这项技术不好，是我们对这项技术还没有完全吃透。下回要记住，在扣膜种植的时候，一定要将根颈部周围的定植孔用土封上。这项措施，不光是种茄子扣膜时需要，种黄瓜、番茄、辣椒等都需要在扣膜种植时，将定植孔封上。

看完茄子，这位大姐又带我去看了辣椒掉叶。这个问题比较简单，是细菌性叶斑病所致，打点杀细菌的药就可以解决。

看完已经是下午13：00多了。这时，有位农技员提出他们的番茄出了问题，想让我给看看。这时，带我们出来诊断病害的大姐有些为难。说：你家的棚那么远，现在已经不早了，下次再看吧。我说：下次还不知是什么时间呢。晚就晚点吧，还是给他看了。他那里发生的是番茄黄花曲叶病毒。由于发生得较晚，下部还有两三穗好果。看后给他提出了保产的建议，才回到镇政府用餐。■

Example *51*

万寿菊遭遇茶黄螨危害

2014年元旦前夕，我们菊产业团队在北京市农林科学院生物中心二楼开会，北京顺义基地李师傅给我带来了一份"礼物"。"礼物"放在一个精美的提兜里，打开提兜里面有一个盒子，再打开里面是一个塑料袋，袋里绿乎乎的，好像是什么"菜"。再打开，原来是一些万寿菊的叶片。惹得在场的人哄堂大笑。李师傅没笑，正儿八经地说："这不是糊弄李先生，主要是路上太冷，我怕把万寿菊给冻坏了。看到了没有，这些苗子上有病，我想请李先生给看看。"

说着将病株递给了我。

我接过了病叶，说："大家不要笑，对我来说，这真的是一件绝好的新年礼物，又给我送标本、送知识来了，帮助我更多地了解万寿菊的病虫害。"

这时我才注意到塑料袋里的万寿菊苗子叶片异常，除了变小、变细，还有一些卷曲（图1）。

说到认病，整个屋子里的人目光都投向我，希望我马上说出病因。我也在一边看一边努力地想着。但是很遗憾这种病叶我也是第一次见到。只好如实地回答他：不知道。

在开会的时候，我一直在想，这会是什么病害呢？叶片抽缩，应当是病毒病的表现。万寿菊常发的病毒病是黄瓜花叶病毒（CMV）。这种病毒我见到过，多发生在夏季有蚜虫迁飞的时候。但是，目前天这么冷，蚜虫不大可能迁飞传毒，而且，从症状上看，也都完全一样。这里的病叶可以伸出来，只是小叶发卷。如果不是病毒，还有一种可能，就是误喷了生长素或激素类除草剂引起的药害。要了解这方面的情况，只能再问一下李师傅。会后，我问了李师傅，

图1 被茶黄螨危害的万寿菊叶片

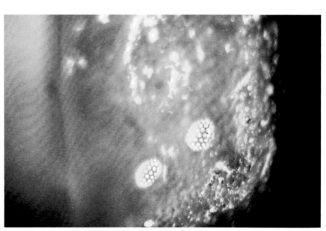

图2 用解剖镜聚光灯在显微镜下观察到的茶黄螨的卵

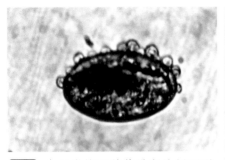 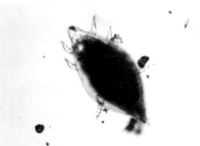 

图3 在显微镜下茶黄螨卵的侧面观　　图4 在显微镜下茶黄螨的若虫　　图5 在显微镜下茶黄螨的成虫

他说，在他的温室里近几个月没有见到过蚜虫，也没有喷洒过除草剂和生长素。这两种可能均被否定。

最后我想到有可能是茶黄螨［*Polyphgotarsonenemus latus*（Banks）］的危害。但目前是冬天，除了温室里的温度较高外，一般也不会发生。后来我想到今年冬天的晴天比较多，气温较高，发生茶黄螨还是有可能的。

茶黄螨，我在茄子、辣椒、西瓜上见到过。在解剖镜或显微镜下才可以看到。特别是它的卵的表面，均匀地分布着许多瘤状物，只要看到它的这种特异性的卵，就可以肯定是茶黄螨的危害。

在生物中心四楼显微镜室有台相当不错的莱卡解剖镜，还配备有数字摄影系统。会后我便到四楼用莱卡解剖镜对发卷的万寿菊做了观察，结果仍没能发现虫子。我们知道茶黄螨有趋嫩性，仅在植株的嫩芽、嫩花、嫩果上可以找到。很有可能是采集的标本比较老，已不带茶黄螨了。

假期结束后，我到顺义基地去了一次，看了他们在加温温室里生病的万寿菊苗子。发现有这种毛病的植株比较多，是一片一片的。每片边缘较轻，中间较重。这样的病情更使我相信不是病毒病，而是茶黄螨的危害。根据茶黄螨的危害特点我从病株上采了一些生长点回到生物中心。在莱卡解剖镜下很容易地就见到上面有许多卵圆形、半透明的虫子爬来爬去，果然是茶黄螨。而且如此壮观的场面我真的较少看到，觉得有必要将它拍下来。但是，这些虫子爬得很快，要拍清楚它，很不容易。试了几次都失败了。这时我想到应当拍茶黄螨的卵，卵是不会动的，将它拍清楚不难。但是找卵不像找虫子容易，更重要的是，这台莱卡解剖镜放大倍数较小，卵表面的瘤状物看不清楚。后来我想到一般显微镜的倍数比较高，看清楚卵应当不成问题。但是，显微镜是透射光，往往看不出卵表面的特征。

后来我发现这台莱卡解剖镜最具特点的是配有聚光灯冷光源，我想用这种光源打亮万寿菊的生长点，在显微镜下应当能拍到卵的特征。问题又来了，在这里的显微镜、解剖镜体积都很大，要将两台仪器靠到一起太费力了；而不通过单位主管的领导，也不能随便动。这时我想起了楼下我实验室里无摄影装置的生物显微镜比较好搬。于是我将生物显微镜搬了上来，放在我用的莱卡解剖镜旁，用解剖镜的聚光灯在显微镜下看清楚了茶黄螨的卵。

只要看清楚了茶黄螨的特点，将它拍下来很好解决。因为我常用手中的小数码相机通过显微镜的目镜拍摄显微照片。目前的数码相机，像素都不低。比早年买的显微镜配备的摄像头，拍出的照片信息量大多了。

结果借助于莱卡解剖镜上的灯、一台普通的显微镜及一台不到千元的小数码相机用反射光完成了茶黄螨卵表面结构的拍摄（图2）。

拍完卵后我又想，用透射光不好观察植株表面的虫子和卵，但是，茶黄螨和卵是透明的，在显微镜下用透射光观察应当不成问题，何不用显微镜试试？

我用75%的酒精将有虫的万寿菊幼芽洗下，经过浓缩，放在显微镜下观察，果然很容易地就可以看到它们。尽管是平面的，但是，虫体和卵的结构清晰，甚至虫体上的每根毛都很清楚。终于得到较高倍率的茶黄螨及其卵的照片（图3、图4、图5）。

虫子的种类搞清楚了，防治就有了依据。我立即将鉴定的结果告诉了李师傅。建议他使用1 000~1 500倍的1.8%阿维菌素乳油防治。

两周后，当我再次遇到李师傅时，知道他仅用1 000倍的阿维菌素防治了一次，就完全治好了万寿菊苗子上的茶黄螨。通过解决问题，我也有不少的收获。■

Example *52*

蕈蚊也会危害小油菜

2014年1月4日是星期六。北京市农林科学院大温室的技术员小李打来个电话，问我有没有时间，到大温室来一趟，有些病虫害想让我给看看。

我放下要写的材料，径直来到大温室。正好主管栽培技术的专家陶老师也在。我们便边走边看了起来。

今年是个暖冬，入冬以来无雪，最低温没有低过-9℃，温室的各种蔬菜生长良好。我对他们称赞道：管理得真好。

我刚刚"表扬"过他们，发现路边种植的小油菜，一片一片地发黄，大的已有7~8个叶，小的只有5~6个叶，而且叶片长得都很小（图1）。小李指着不长的小油菜问我和陶老师，这些小油菜是不是得了什么病，怎么不长？

她说的这个问题也正是我想知道的。为了搞清楚这个问题，我们走进田里。发现那些不长的小油菜有不少植株没根了。有的植株甚至连叶柄的基部都没有了，引起了叶片发黄腐烂，很像是得了什么病害。

图1 蕈蚊对小油菜的田间危害状

图2 蕈蚊幼虫及其对小油菜根部的危害

图3 根部聚集的一团正在危害的蕈蚊幼虫（箭头所示）

图4 蕈蚊幼虫对小油菜叶片的危害状

根据以前的经验，在这个季节小油菜比较容易发生由丝核菌引起的褐腐病（*Rhizoctonia solani*）。发病时在田间的分布也是一片一片的。但是褐腐病可以危害叶片。除了在叶面引起大小不等的褐色斑点，叶柄上还会出现许多褐色的凹陷斑。但是这里看到的没有叶斑，而是叶片变黄。叶柄没有凹陷斑，而在叶病基部和根有些腐烂。

我试着拔下了一棵病株。发现根部"烂"得没有了皮层（图2）。非常容易拔起。严重的里面还生了蛆。危害的情况非常像是韭菜蕈蚊引起的烂韭菜的样子。

我们都趴在地上仔细地观察着。他们二位也都发现了根部生蛆的问题。但是，只想到是病害。认为像是软腐病。我们继续观察着。发现生蛆的问题十分普遍，有的一棵根上的虫子多达5~6条甚至十多条搅在一起。从虫子的形态上看，都是蕈蚊（*Bradysia* sp.）。由于我在去年的这个时候，帮北京市大兴区的一个蔬菜基地解决过韭菜蛆（一种蕈蚊）的问题。断定目前小油菜发生的应当就是蕈蚊。大量的蕈蚊幼虫将小油菜根部的皮层吃掉（图3）。

起初他们还坚持认为是软腐病，后来小李递给大家一片破碎的叶片。发现有几条蕈蚊正在上面取食（图4）。这时大家才停止争论，都认为这确实是蕈蚊危害的结果。

"蕈蚊也会危害小油菜？"小李问我。

我说："会的。不过我是第一次见。这种虫子只能取食比较柔嫩的植物组织。这里光线不大好，小油菜长得比较嫩。为蕈蚊提供了取食的机会。"

"那这些虫子是从哪里来得呢？"小李问。

我还没有开口，陶老师替我作了回答："可能和我们使用的猪粪不干净有关。"

说真的，我只知道使用的有机肥可以携带，但我说不准是哪种肥料。

我对小李说："这种虫子比较好防。一般使用1 000倍的吡虫啉加辛硫磷乳油灌根，就比较有效。"

但是，后来我了解到他们并没有立即用药。由于这茬小油菜已即将收获，从安全考虑，等收后再处理也不迟。我觉得他们这样做是正确的。为几十棵小油菜，降低了它的安全性，确实得不偿失。估计这是陶老师的意见。■

Example **53**

诊断萝卜苗病

2014年3月一个周六的上午，我去温室浇完苗子回到家，刚打开电脑就看到北京市农林科学院大温室技术员小李通过QQ发来的几张图片，问我是什么病？

看上去像是一些萝卜苗。其中一张拍的是田间危害状。十多株小苗东倒西歪的，下面的子叶和真叶已成了黄色。粗看起来，有些植株的根部似乎有些发黑（图1）。由于照片像素较小，放大后反倒模糊了。但是，还有两张特写，将局部放大了一些，看到植株的基部还长了一些发灰的白色霉状物（图2）。

这时候的萝卜苗会有什么病害？最常见的应当是有丝核菌引起的褐腐病（*Rhizoctonia solani*）。褐腐病会引起根颈变黑，但是不会长出这么多白色霉状物。是菌核病和灰霉病？也不像。这两种病菌引起的病斑是灰褐色的（图3），而这里发生的这种病病斑是黑色的。十字花科蔬菜还会发生一种腐霉病，会长出白霉，但是这种病一般发生在夏季高温的期间，目前发生的也不会是这种病。

没办法，我只好回复她："仅看图像看不出来是什么病，得用显微镜观察。"

过了一会儿，她又通过QQ问我："您现在办公室吗？"她知道双休日我经常会在办公室加班，对门的实验室有显微镜。我回复她："我在家里。"她又发过来，说："那就算了，等周一上班再说吧。"

我想，周一我还要去市农业科学院的服务热线值班，更不会有时间去实验室。周二我要下乡。要等到有时间，最早也要到周三。也就是说至少要再等3天。那时再看，恐怕就无可救药了。我就在QQ上打了一行字："半小时后，我去实验室。"十点，小李带着发病的萝卜苗来到我的实验室，我们就一起观察了起来。我用挑针挑了一些病部的白霉。在低倍镜下看到许多粗

图1 萝卜苗病害田间危害状

图2 萝卜苗病害特写图片，显示出茎基出现的白霉

图3 引起萝卜黑根的褐腐病症状

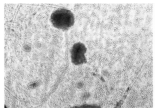
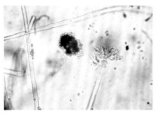

图4 在低倍镜下见到的病菌
图5 在高倍镜下见到的帚状的孢子梗

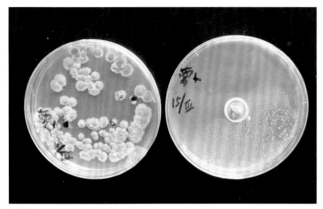

图6 用稀释法得到的青霉菌菌落

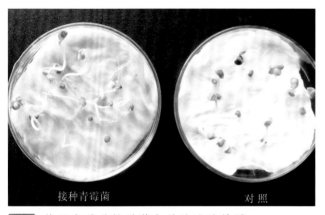

接种青霉菌　　　　　对照

图7 使用青霉菌接种萝卜苗的试验结果

大有隔的"菌丝"。在"菌丝"的顶端长着一个圆球状的东西。另外，还看到大量散开的球状孢子，像是曲霉菌（*Aspergillus* sp.）（图4）。

我们又多作了几张片子，转到高倍镜下，看到一些呈帚状的孢子梗。帚状的孢子梗是青霉菌的特征（图5），也就是说这种病害还有可能是青霉菌引起的。

说实在的，我对青霉菌（*Penicillium* sp.）和曲霉菌不太熟悉。我们院植物保护所的刘先生接触较多。因为刘先生也是我们农业科学院双休日的"加班族"，此刻可能就在办公室。

一个电话打过去，他果然在。放下电话他就从植物保护所赶了过来。他看后，认定我在显微镜里看到的是一种青霉菌。但是，是哪个种？能不能侵染萝卜？他也说不上来。

为了搞清这个病害，我找出了手头有的参考书。但是，都没有青霉危害萝卜的记载。要搞清楚是不是青霉菌引起的病害，得通过人工接种的方法，了解它对萝卜的侵染性。

我让小李又送来一些病情较轻的病苗，先用自来水冲掉根上的泥土，再用无菌水洗掉根上附着泥土，放在垫有消毒滤纸的培养皿中保湿，诱发病苗长出新的病菌。

一天后，这种白霉菌长了出来。但是在镜检时，除了看到青霉菌外，还发现病部有许多可以引起褐腐病的丝核菌菌丝。由于我急于分离到青霉菌，对出现的丝核菌没有重视。

我小心地将萝卜苗上新长出的青霉菌孢子抖在一滴无菌水中，制成青霉菌的孢子悬液，再用接种环沾上孢子悬液在加有乳酸的PDA培养基上划线。待青霉菌长出后，选单菌落移植到PDA的平板上。一周后获得了许多的菌落和孢子（图6），从菌落和孢子看可以肯定我分离到的是那种青霉菌。

有了病菌孢子，就可以做染病试验了。我又从小李那里要来一些那种萝卜种子，播在两个垫有吸水纸的培养皿里。萝卜发芽后，将培养出的青霉菌孢子悬液倒在一个长有萝卜苗的培养皿内。另一个培养皿萝卜苗不倒青霉菌作为对照。一周过去，发现接种青霉菌的萝卜，安然无恙。说明从萝卜茎基分离下来的青霉菌不能侵染萝卜苗（图7）。

这时，我想到了上面说的在鉴定过程中见到的丝核菌以及发病初期引起黑根的症状。我认为，小李拿来的萝卜病苗，应当是丝核菌（*Rhizoctonia solani*）引起萝卜褐腐病。萝卜苗茎基长出发灰的白霉层，是在死亡的组织上腐生的青霉菌。是这种腐生菌掩盖了丝核菌侵染的真相。

结果出来后，我向小李说明了真相。用防治丝核菌的方法，解决了问题。

看来在诊断病害时要注意腐生菌的干扰。必要时用侵染试验，找出真正的元凶。∎

Example *54*

我的羊角脆到底是怎么回事儿?

2012年4月16日,我在"12396"新农村服务热线值班,回答农业生产上的问题。有一位河北省沧州市某村的农户李师傅打来电话,说:他家种的羊角脆叶片变黄,结出的瓜都是奇形怪状的。问是得了什么病?如何防治?

他提的问题,弄得我一头雾水。第一,我不知道羊角脆究竟是什么瓜?第二,植株变黄的情况和原因有很多。如土壤缺水,缺乏氮肥或钾肥营养,得了病毒病、霜霉病,植株都可能变黄。再说,畸形瓜也有几种情况,例如:低温、营养不足、营养生长过旺、发生了病毒病,都可以引起瓜畸形。此外,叶片变黄和畸形瓜之间是否有必然的关系,也不知道。需要向他了解更多的情况。

图1 李师傅女儿发来的羊角脆畸形瓜图片

电话打过去。他告诉了我病害发生的过程:这棚羊角脆早期因为赶上低温,出现"花打顶",雌花很多。后来,天暖和一点了,叶片就变黄,先是一些斑点,后整叶变黄,再以后黄叶由下至上发展,最后下面的叶子变干。现在下面有1/3的叶片都干死了,这时结的瓜都奇形怪状的。根据他说的情况,我认为有可能是由冷害所致。但是,冷害不至于引起植株变黄啊!什么毛病,一时还说不清。我就问他那里是否有数码相机,能不能拍几张症状的照片,发过来看看。

他回答说没问题。他女儿的手机就可以拍照。我就将自己的QQ号告诉了他。请他把拍下的病叶、病瓜照片发来。

第二天,我收到他女儿发过来的几张照片。有两张是一堆畸形瓜,大大小小的果形很不一致(图1)。同时还发来几张是布满了黄斑的叶片。从照片上我知道,他说的羊角脆是一种薄皮甜瓜。

我虽然没有见到过羊角脆冷害的症状。但是我见到过黄瓜、西葫芦、玉盘瓜的冷害。在开花前遇到冷害常常形成"花打顶"。具体地说,就是许多雌花聚集在植株的顶尖,使蔓甩不出来。待到气温升高后,虽然顶尖和瓜开始生长,但是,许多瓜挤在一起,发育很不正常。即长出的瓜大大小小,形状各异,大头小尾、品质极差,毫无商品性。李师傅发来的照片完全符合上面的情况。

至于所谓的黄叶子。粗略的看上去确实是整叶变黄,但是仔细看会发现,叶片上布满了病斑(图

图2 李宝青发来的羊角脆黄化（霜霉病）叶图片

图3 羊角脆黄化（霜霉病）晚期的病叶

图4 经过防治的羊角脆，已果实累累

2、图3）。所谓的叶片变干，是因病斑枯死而引起。从症状上看，是典型的甜瓜霜霉病（*Pseudoperonospora cubensis*）。看了这几张照片，我觉得他的问题不难解决。

我给李师傅回了电话。告诉他，羊角脆得的是两种病。一是冷害。今年的早春有一段时间阴天较多，气温较低。在这种情况下雌花形成得比较多，而且子房和花粉发育都会受到低温和养分不足的影响，畸形花就比较多。进入4月，天气转暖，此时再长的瓜，由于先天不足，又形成了大量果实，长出的果实必然就是奇形怪状了。他听了后，对我的解释比较认可。

但是，对于黄叶是霜霉病的说法，他提出异议。他说：我见过黄瓜霜霉病，病斑是多角形的，叶背面有黑毛。羊角脆叶片上的变黄，是片片的，边缘不明显，不像是霜霉病。听到他的回答，我觉得此人应当属于有经验的农民，要说服他并不容易。

我对他说，瓜类的霜霉病在不同的寄主上，表现

是不同的。不仅如此，就是在同一种瓜上，不同品种间症状的表现也不大一样。我所见到的甜瓜霜霉病，有许多品种病斑的边缘就不明显，不表现为多角形，而且有时叶背面看不到黑霉。当然，如果能拿到那里的病叶，在显微镜下观察一下，就更准确了。

他听到我的回答，又问我，像他这种情况是否还有救。

这是一个比较难回答的问题。因为我不在现场，不了解发生的程度。如果我说没救了，那么以前的大量投入都会付之东流。如果说有救，还得继续投入。而他的羊角脆恢复过来还有个过程。比人家不出毛病的效益肯定要差。还有，当时是4月，马上换种别的瓜菜还来得及。如果我的诊断不准确，问题得不到解决，会耽误人家一茬蔬菜，损失就更大了。鉴于我对自己的鉴定比较有信心。就对他说：只要防治及时，还是有救的。但上市会晚一点，有可能卖的价钱，不

比人家好。他说：只要能治好，就留着。并希望我告诉他具体地应当怎么做。

我对他说：目前天气已暖，低温造成的畸形瓜好办。您不是已经去掉不少畸形瓜了。不要可惜，再检查一遍，将它弄干净，集中攻打瓜型正常的羊角脆。

至于羊角脆霜霉病，我建议采用以下几项措施：

1. 清除病残：把植株下面的枯叶打掉。为了避免造成更多叶面积的丧失，上面的病叶不必全都打掉。

2. 高温闷棚。具体的做法是：

（1）选择晴天闭棚。日光温室温度可以达到45℃以上的季节进行。首先，了解一下次日的天气，如果是晴天就可以进行。同时，要查看一下拟处理棚的墒情，如果比较旱，前一天应先浇一次水。再将温室内悬挂3支温度计，其高度为感温部分（水银球）与瓜的生长点取平。

（2）闷棚的那天，从上午9:00开始将棚膜盖严，待到温度提高后，不断地进棚观察温度。当棚温达到42℃时开始计时，利用适当开缝的方法，将棚温保持在46℃以内，处理1~2h（瓜秧比较弱时处理1h）。

（3）处理时间到后，逐渐地通风，使棚内温度慢慢地恢复到正常。需要注意的是：放风降温时一定要缓慢，以免引起叶面失水过快，造成伤害。使用这一方法，可能会出现轻微的化瓜，但是，也会促使后期的幼瓜增多。由于高温对花粉可能造成影响，因此采种的瓜，不适宜使用高温闷棚的方法防治霜霉病。

3. 喷洒农药。目前情况下使用保护剂已没有效果。建议使用52.5%恶唑菌酮水分散剂（抑块净）2 000倍液或68.75%氟菌·霜霉威悬浮剂（银法利）1 000倍液防治几次。

李师傅听后表示同意我提出的这一方案。

5月1日，我收到李师傅发来的消息。他说他的羊角脆救过来了。在半个月前采用高温闷棚的方法给羊角脆进行了一次闷棚。由于刚下过雨，前一天没有浇水。但是防治效果不错。目前结的瓜不少，多数已到增糖的阶段，估计损失不大（图4）。他们也很感激我。说：等瓜成熟后欢迎我能去他那里进行品尝。能为农民朋友解决一点问题，我也十分高兴。■

Example **55**

要搞准病原再进行防治

2014年4月的一天，我接到宁夏石嘴山市某育苗场刘经理的一个电话。说他在我的邮箱里发了几张图片，要我抽空给看看是什么病。

刘经理是我的朋友。他十多年前大学毕业后，在福州超大集团北京分公司任技术员。那时我是超大集团的技术顾问，在一起共过事。后来他离开了"超大"独自创业。有相当一段时间不曾见面。但他存有我的电子邮箱，时不时地给我发封邮件。后来知道他们办了个以育苗为主的农场。在宁夏种植加工番茄的企业和农户很多，他们公司生产的苗子主要是供应这些种植者。这几年效益不错。

邮箱打开，显示的是几张生病的芹菜苗和番茄苗（图1、图2）。虽然我不了解他的育苗条件，但是可以看出，他的苗子育的不是很好。芹菜苗的叶片外缘，有些水浸状。像是干后泡水的样子。番茄苗长的发紫，子叶的基部似乎有些缢缩下垂。但是缢缩的部分对称，我认为都不是什么侵染性病害，而是一些生理病害。包括：水分供应不均衡，冷害或温度控制的不到位等等。

我将自己的看法，通过邮箱回复了过去，刘经理却不以为然。他说自己上网查了一些资料，认为番茄苗发生的是晚疫病（*Phytophthora infestans*）。并将他下载的一些图片发给我（图3）。我看了图片，认为这些图片中有的是典型的晚疫病，有些图片似是而非，用这些图片还说明不了他那里番茄苗发生的就是晚疫病。就回复他说：鉴定番茄晚疫病非常容易，即将病

图1 刘经理通过网络发来的芹菜苗病害图片

图2 刘经理通过网络发来的番茄苗病害图片

图3 通过网络发来的似是而非的晚疫病苗图片

图4 将刘经理派人送来的病苗洗净后在消毒瓶里保湿

图5 使用过量的农药后在番茄苗上造成药害

苗洗净，放在塑料袋里封严，放在22℃左右的室内保湿一夜，第二天病部周围，若出现白霉（病菌的繁殖体），就是晚疫病。刘经理回复说，他将病苗盘上扣了一个一个塑料小棚，一天多了，也没看到有白霉长出。我说那就有可能不是晚疫病。

事隔一日，他又打来电话说他那里的"晚疫病"发展得很快，已大面积发病，要我马上去一趟，帮助他们防治一下这个病害。我问他你有多少苗子。他说今年他们育苗场一共育了20万盘各种菜苗，有16万盘育的是番茄苗。

我一听，觉得事情这么严重，不能怠慢。

但是再仔细一想，现在的问题仍是搞准病原。如果真的是晚疫病，我根本不用去，用药防治就是了。如果病原还不能肯定，采些病苗，通过快递很快就能传到我的手中，我用显微镜看看就解决了，花不了多少钱。我去一趟不光要花很多钱，而且那里不具备鉴定这个病害的条件，还得将病株带回来看。我建议他通过快递把病苗传到我这。

最后他决定连夜派人直接给我送来。

第二天是周日。中午刘经理派的技术员将病苗直接送到我家。病苗装在一个纸盒的育苗基质里。盒子的外面用塑料膜裹着。打开盒子这位技术员自言自语地说："过了一晚上，好像比以前好多了"。我以为经过一夜的保湿，病苗上会出现白色霉层。但是，只看到一些番茄的叶片上有些褐斑，没有白霉。我对这位技术员说："这恐怕不是晚疫病。但是，我还要做一次诱发，用显微镜看看，再下结论。"我顺便还问了一下他们是如何防治的。他说：用的药剂可多了，不光有防病的，还有杀虫剂。如：百菌清、甲霜灵、银法利、克露、敌敌畏等至少有五六种。我笑着说："用这么多的药苗子受得了吗？"他说："多打几种，比较保险一些。只要有一种有效，就能解决问题。"

这位技术员走后，我立即去了实验室。首先想将番茄苗洗净。可是不巧这天维修管道，停水。没办法，我只好使用实验室里的蒸馏水冲洗了病苗，然后放在一个消毒瓶里保湿（图4）。第二天上午我到实验室看了我保湿的番茄苗子，还是原样（图5）。仍然没有长出病原菌。我认为这回真的不是晚疫病了。

下午，我在开会，接到刘经理打来的电话。我以为是问我鉴定的结果，我没等他说话，就把我鉴定的结果告诉了他。可是还没等我说完，他就打断了我的话，说结果有了。不是晚疫病，是农药用多了，产生的药害。

事情是这样的：他们上网看了图片就认为肯定是晚疫病。他们知道晚疫病的流行性很强，心想要是这16万盘都病死了，一大批订户会向他们索赔，那损失就太大了。就让让技术员指挥管苗的工人立即打药，打的时候还加上敌敌畏，预防蚜虫。结果药打多了，其中的敌敌畏就多加了一半。凡是打过药的都中了药害。我对他说你们也太着急了，不搞清病原怎么可以瞎打药。可是事到如今，说什么也没用了。他问我有没有什么缓解药害的办法。我说有，立即喷水。但是如果已看到药害，喷水也没多大用。只能根据受害的程度，加强管理，促使植株尽快恢复。

一周过去，我打电话问刘经理后来的情况如何？他笑着说，药害没有发展，已经有新叶长出来，损失不是太大。

事后我想了几个问题：

首先是我想到的是：我们这些老植保员处理问题要比较谨慎，如果不坚持看到病原，只据网上下载的症状图片下结论，很难避免失误。使自己信誉下降是小事儿，给人家造成的损失就大了。

另外，从这件事儿看，目前在蔬菜上出了问题"瞎打药"的情况仍比较普遍。按说刘经理还是比较有文化、有经验的老蔬菜技术员出身，仍然出现了这样的事情。那些没有文化的种植者就可想而知了。

我还想到，目前有不少搞计算机软件的人，总想利用计算机的图像功能做出一些软件，靠症状指导农民认病防病。其动机是好的，但是他们不知道"症状是表现，病原才是本质"。不在病原上下工夫，仅靠症状诊断，有时候真的会误导菜农。

我看过一些利用整合数据库制成的一些病害识别的软件。由于制作人精通的是计算机软件，甚少下田，更不大懂蔬菜病害防治技术。而且在制出的数据库里存放的图片多是来自出版物或花钱请植保技术人员拍的。即便是请人拍的，由于病害的发生会受到地域和时间的限制，有些病害是比较罕见的，而交账会受到时间和经费限制，这样提供的病害图片出现滥竽充数的情况并不奇怪。用来指导生产就难免会出现问题。

因此我们期盼计算机专家和植保技术人员合作，用严谨的科学态度做出不光有症状图像还有病原菌图像及相关技术的病害诊断软件的出现，使种植者在识别病害中少出现些失误。■

Example **56**

万寿菊黑斑病是如何流行起来的

近三年我有机会关注起万寿菊的病虫害来。其中将更多的精力，放在了对万寿菊黑斑病（*Alternaria tagetica*）的发生与防治上。通过试验，获得了不少新的知识。

那么是不是可以说对这个病害已经了解。说起来很惭愧，到目前我还没有搞清楚该病是怎么流行起来的。

说起流行，大家都知道需要三个基本的条件：大量的感病寄主、适合发病的环境条件和大量致病力强的病原菌。根据这几年北京市延庆县和门头沟区万寿菊黑斑病的连年严重，说明北京市种植的万寿菊品种对黑斑病是感病的，即存在着大量的感病寄主。又通过两年的观察，明确在采花后不断地遇到降雨时，病害发生比较严重。说明高湿是万寿菊黑斑病的流行条件。但是，大量的病原菌是从何而来，我一直没有弄明白。

记得我曾说过万寿菊黑斑病比较特殊，从采回的病叶上诱发病菌的孢子比较困难。我试验过许多同类病害，包括：番茄早疫病、大葱紫斑病、大白菜黑斑病、非洲菊黑斑病等，只要在适温下（25℃左右）将病叶放在高湿的地方处理一夜，第二天的早晨，即可从病斑上刮下大量的分生孢子。但是，从田间采回的万寿菊的病叶上，用此法却很难得到病菌的孢子。就是将病叶保湿几天，诱发到的孢子似是而非；从形态上看，很不典型。不排除得到的是在病斑上长出的腐生链格孢。

虽然我们用分离到的病菌菌落，通过诱发可以得到过大量的万寿菊黑斑病菌分生孢子，但是，这些条件在田间是不存在的。所以对我来说，病害是怎么流行起来的，一直是个谜。

最近，在调查我们做的施肥和万寿菊黑斑病发生关系的试验时，发现田中有一些万寿菊植株茎部一节节地变黑（图1）。有人问我这是什么病害引起的？我看后也说不上来。为了搞清这个病害，在田间对这些枯死株进行了较为认真的观察。发现这种病害先感染叶片，在叶上形成一些大型的褐斑，进而通过叶柄，扩展到茎节（图2）。茎节的病斑逐渐扩大，而使这段茎变褐枯死。由于下部叶片先染病，且茎基先发病，所以植株茎基的病斑较大。有时在一株上，从下往上有多个节同时染病，加速了植株枯死的进程。

鉴定一种病害，一般要通过分离培养和回接才能知道。为此，我拍了些照片，采集了一些染病的病茎装在塑料袋中，拿回了实验室，存在2℃的冷藏箱中。

第二天上午开始对这些病茎进行组织分离。一般分离前要对病部进行清洗。在清洗病茎时我发现从茎上病部洗下来的水较混浊、发黑。我想：这水中的浑浊物不该是病菌的孢子吧？经过沉淀，我取了一滴沉淀液在显微镜下观察。哇！原来多是大型的交链孢属（*Alternaria* sp.）的孢子，和我见到的万寿菊黑斑病菌（*A. tagetica*）十分相似（图3）。情况表明，这种枯死的病株有可能是由万寿菊链格孢引起的。为了搞清这个问题，最现实的办法是将它接种在万寿菊上，看看它的侵染性。

当天下午我就将从茎上洗下的孢子接种在长有10

图1 在田间出现的从茎基开始发病的枯死株

图2 通过叶柄扩展到茎节的万寿菊黑斑病

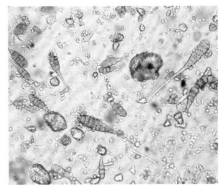

图3 在显微镜里看到的从病茎上洗下大量的黑斑病病菌

图4 将洗下的病菌回接在万寿菊上产生的病斑

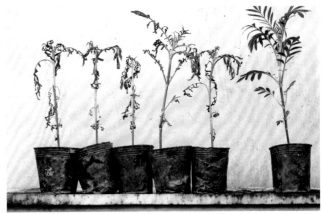

图5 接种4天后，万寿菊幼苗发病的情况（右1为对照）

图6 接种7天后，万寿菊幼苗发病的情况（右1为对照）

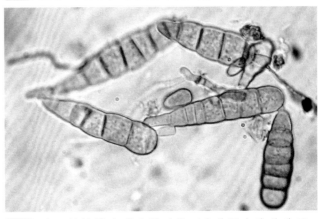

图7 从回接植株上再次得到的万寿菊黑斑病的孢子

个叶的万寿菊的苗子上。由于我用的孢子较多，40h后，当我将接种苗从接种箱中取出来时，叶片即有些发黑。第4天，接种叶除少数可见到病斑（图4），大部叶都枯死（图5），很像我在接种万寿菊黑斑病菌后出现过的情况。到第7天接种的5株，有4株从节部折倒，基秆变黑，整个植株枯死（图6）。我将接种过的枯死株的病茎再次进行保湿后用水冲洗。同样可以洗下大量的形态与万寿菊黑斑病菌一样的分生孢子

（图7）。实验证明，田间出现的大量孢子，主要来源于枯死的病茎。

通过上述试验，我进一步地了解到病害流行的来龙去脉。即：病菌可以在病残上越冬，翌年在新一茬万寿菊定植后侵染万寿菊的叶片，在适合的条件下叶片上的病菌通过叶柄扩展到茎部，病茎在适合的条件下产生大量分生孢子，扩大危害，引起病害的流行。使我对该病流行的过程，有了进一步的认识。■

Example 57

误诊番茄灰叶斑

不久前，我在北京市大兴区给农户讲课，会议的主持人向大家介绍："今天，我们请来了国家级的蔬菜病害专家李先生。他研究了一辈子蔬菜病害。大家有问题尽管问，没有能难倒他的。"我一听就笑了，觉得这位忽悠得太离谱了。

在讲课时，我首先声明：主持人对我的介绍，严重失实。我现在确实是搞蔬菜病害的。但是，仅搞了20多年，论起年头还有比我长的。更不敢当的是说"没有难倒我的"。实际上，生产中新的病虫害问题不断，就是老问题说错了的情况也时有发生。"难不倒"应当是我今后努力的方向。

我不是客气，实情就是这样。

最近，我又到大兴区参加了一次农技员培训，讲完课还要到现场给看看。我和学员们一起来到一座番茄棚。一进门就见到地里番茄的叶片斑斑点点。严重的地方还有不少植株枯死，病害确实不轻（图1）。我拿起一片病叶观察，见到的叶斑有近圆形的，但多数是不规则形。病斑较大，其中小的病斑直径也在5mm以上（图2），大的长边可达30~40mm。病斑为深褐色，往往可以见到明显的轮纹（图3）。根据我多次的经验，轮纹斑是番茄早疫病最常见的症状，而我前两天在另一个番茄棚，就见到过番茄早疫病，认为目前是番茄早疫病的常发期。因此，没有经过更多的观察，就脱口说出这里发生的是"番茄早疫病"。并且，还对这个病害的防治方法做了介绍。说：早疫病是番茄上常见的一种病害。不光露地可以发生，保护地也会发生。主要和棚室的温湿度管理有关，棚里湿度大，早晨叶面上有结露，这病就会比较严重。另外，

图1 番茄葡柄孢在番茄上引起的田间危害状

图2 番茄葡柄孢在番茄上危害的初期症状

图3 番茄葡柄孢危害番茄的初期症状

图4 茄葡柄孢在番茄上引起的症状

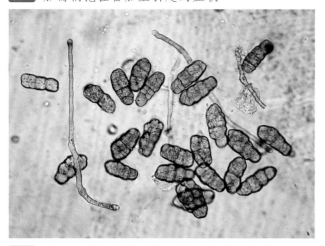

图5 这次在明智番茄叶片上见到的病菌孢子

还和种植的品种有关，如果种的是感病品种，病害也会比较严重等。接着，我还讲了一些番茄早疫病的防治技术。

讲完以后，我问管理人员这棚番茄是什么品种？回答说是抗番茄黄花曲叶病毒的'明智'。

听到他说是'明智'，这时，我立即出了一身汗。因为我听说过'明智'这个品种对番茄灰叶斑病比较敏感，会不会这里发生的不是早疫病，而是番茄灰叶斑。如果是这样，前面所说的都是错误的。

但是，我又觉得这里见到的和我以前见到的灰叶斑病不大一样。

灰叶斑这个病害早在20世纪80年代北京就有发生。我和裘季燕老师还专门鉴定过。定名为：茄葡柄孢（Stemphlium solani G. F. Weber）。发表在1984年《北京植病》第一期第50页。从症状上看，茄葡柄孢引起的番茄灰叶斑多为直径2~4mm的小的褐斑。病斑一般呈近圆形，外缘有黄色晕圈，有时中部的颜色褪为灰白色，无轮纹，后期破裂或脱落穿孔（图4）。应当说目前'明智'上发生的这种叶斑病不像灰叶斑病，而更像是"早疫病"。

到底是什么病害呢？我认为只有通过显微镜的观察才能确诊。于是，我对大家说"据我所知'明智'这个品种对番茄灰叶斑病比较敏感。由于我没有见过在'明智'上发生的灰叶斑，而番茄早疫又和灰叶斑有些相似。刚才说这块地里发生了番茄早疫病可能有误。需要用显微镜看一下再告诉大家。在此向大家道歉。不过，番茄灰叶斑防治的方法和早疫病比较相似。仍可以用防治番茄早疫病的方法去应对。

下午，我回到实验室，对采回的病叶进行了镜检。虽然，在病斑上也见到一些交链孢属（Alternaria sp.，类似早疫病）的孢子。但是绝大多数是类似灰叶斑的葡柄孢（Stemphlium sp.）属的孢子。看来，我是说错了。我立即将我看到的结果通知了这次培训班的主持人，让他转告给大家，予以纠正。

由于，这是我第一次见到'明智'发生的"灰叶斑病"。对我来讲，也是一次很好的学习机会。首先，我应当将这个菌的病原菌拍下来，和我以前见到的番茄灰叶斑病菌进行比较。

拿到病菌孢子的显微照片后（图5），发现这次见到的病原菌和以前我们在北京见到的灰叶斑菌的病原菌并不一样。首先是病原菌孢子形态不一样。以前我见到的灰叶斑孢子的顶端是尖的（图6）。这次我们见到的分生孢子的顶端都是方形。再加上症状的差异，越看越不像是以前见到过的番茄灰叶斑。很可能是另一种病害，有可能我再次出错。

为了搞清这个问题，我又查了一些文献。在《日本植物病名目录》里记载危害番茄的葡柄孢是两种：茄葡柄孢（Stemphliunl solan）和番茄葡柄孢［S. lycopersici（Enjoji）Yamam.］。但这本书提供的，只是个名录和文献索引，没有病原图片及描述，还是搞不清楚。

接着，又看了李宝聚等发表在《中国蔬菜》上的

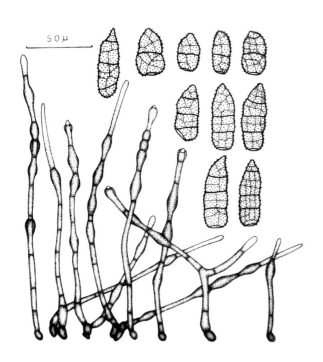

图6 本人以前发表的茄葡柄孢病原菌墨线图

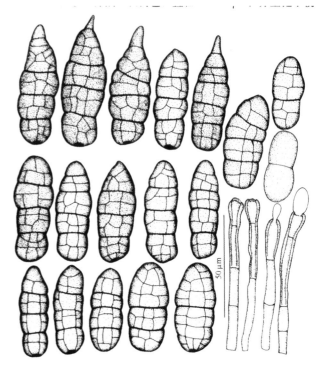

图7 张天宇发表的番茄葡柄孢病原菌墨线图

有关文章，他们虽认为有两葡柄孢可以危害番茄，但从其症状描述及展示的显微图片上看，发表的仍是茄葡柄孢。

最后，还是查了张天宇写的《中国真菌志》。根据他的记述，证明我们见到的番茄灰叶斑的病原菌，应当属于番茄葡柄孢（图7）。其一，这次见到的番茄叶斑与番茄早疫病的症状颇为相似。即：病斑具有同心轮纹，并能相互愈合，导致叶枯。其二，张天宇的文章附有番茄葡柄孢各类型的分生孢子墨线图，病菌孢子的形态和'明智'上见到的更为相似。最后认定我们在'明智'上看到的叶斑病的病原应是番茄葡柄孢［*Stemphlium lycopersici*（Enjoji）Yamam.］而不是茄葡柄孢（*Stemphlium solani* G. F. Weber）。但是，考虑到这两种葡柄孢在番茄上引起的病害都被称为"灰叶斑"，已无必要再次更正。

从这件事情使我想到，目前有不少书在介绍植物病害时，只说症状，不说病原。甚至有人试图利用计算机建立一个症状识别系统供农民诊断病害，都是不可取的。这件事告诉我们：只看症状，不看病原，很难避免误导。■

参考文献

[1] 李明远，裘季燕. 番茄灰叶斑病[J]. 北京植病，1984，（1）：50.

[2] 李明远，李固本，裘季燕. 北京蔬菜病情志[M]，北京：科学出版社，1987：95-96.

[3] 李宝聚，周艳芳，赵彦杰，等. 番茄叶斑病的发生与防治[J]. 中国蔬菜，2009，（17）：24.

[4] 张天宇. 暗色砖格分生孢子真菌26属（链格孢属除外）[M]. 中国真菌志，2009，31：168-169.

[5] 山本和太郎. 植物防疫[J]. 1961，15（8）：347.

Example **58**

紫甘蓝上的烟蓟马

2014年的7月，我接到北京市大兴区一个农业公司的电话。说他们生产的紫甘蓝发生了一种病，对品质影响很大，以至于成堆的紫甘蓝卖不出去。希望我能抽空给诊断一下。我让他描述一下症状特点。他说就是叶球从外向内上面起褐斑，斑上还有黑点。我问：心叶也有褐斑吗？他说没切开看，反正剥了3~4层都有，就是越往里越少。我又问：病斑有多大，他说大小都有，有的连成一片。

这到底是什么病害？我仔细地回想着。据我所知紫甘蓝是一种较皮实的蔬菜，一般不怎么爱上病。特别是紫甘蓝叶球很紧，不可能病到叶球里面。我知道十字花科蔬菜缺钙时，会得"干烧心"。但是，不可能是外叶比心叶严重。真有点不可想象，只能

就实而说。

我说：仅凭您说的，我还是说不上来是什么病？能否发来一张发病的图片。他说可以。记下了我的电子信箱，二天就看到了他发来的照片（图1）。但是，仅看照片还是看不出是什么病。回复他后，他提出接我到现场诊断一下。但是计算了一下，要是去的话，只有周六、周日有时间，也就是四五天以后才能去。最后商定先送来些病样看看。

第二天上午，我正在实验室洗用过的瓶子。一位年轻的小伙子，提了一大塑料袋蔬菜来到我的实验室。问，您就是李先生吗？我想可能是大兴区那个农业公司给我送病样来了，说是我。并对他说鉴定病害有两个就够了，拿这么多做啥？他小着声说，田间不

图1 已失掉商品价值的被害紫甘蓝

图2 被蓟马危害的紫甘蓝叶面放大

同地段发病的情况不一样，就多拿了几个。里面还有点别的菜，是给您品尝的。听后我说：看你们还这么客气？

打开了塑料袋，取出发病的紫甘蓝。仔细地观察了一会儿，发现紫甘蓝叶片上的褐斑实际上是许多密密麻麻的小点堆积而成，上面的黑点油亮油亮的，像是病菌的分生孢子器。我用刀片沾了点水，将小黑点刮下，在显微镜下观察，发现它没有细胞结构。而且时间久了，黑点会逐渐散开。不是病菌的分生孢子器，倒像蓟马的排泄物。

我将外面的一层病叶剥掉果然里面还有病斑。一共剥了4层，里面仍有。只是里面的病斑变少，变小。但是我发现在叶片刚被打开时，病斑上往往有些小白虫子散开、逃逸（图3）。继续往下剥，这种情况还会重演。不过这些小虫子里也有些是褐色。此时我预感到问题快得到解决了。

抓到一只正在逃跑的小虫子，用显微镜一看，原来是蓟马。白色的是蓟马的若虫（图4），褐色的是成虫（图5）。

我对送病样的小伙子说：知道了。这不是病害，有可能是蓟马危害的。

"是蓟马？"小伙子提高了嗓门重复了一句。接着他说：今年他们公司的蔬菜基地蓟马不少，葱、韭菜、茄子、南瓜上都有蓟马。现在看蓟马连紫甘蓝也危害。

我说，我也是第一次见到。不过您先不要急于下结论。我是搞病害的，对蓟马不是很熟悉。我们院植保所有专门搞蓟马防治研究的老师，我需要再请他们帮助鉴定一下是哪个种。如果有了进一步的结果，我再通知你。

可是这个小伙子蛮有信心的。他说：就是蓟马，您就告诉我如何防治吧。

我说：防治蓟马应当采用以化学防治为主的综合措施。具体地说：

1. 育苗时采用穴盘育苗或营养土方育苗，与生产区隔离，避免蓟马危害；适时移栽，错开蓟马危害高峰；拉秧后及时清除上茬植物残株；保护地定植前将田间及附近的杂草清除干净，消灭虫源。

2. 色板诱杀：通过色板诱虫试验，发现蓝色、黄色和白色粘虫板对西花蓟马、棕榈蓟马有显著的诱杀作用。其中蓝板效果最佳。每667m²挂20~25块，可以诱杀蓟马成虫。但当田间有其他害虫混合发生时，如有蚜虫、白粉虱、斑潜蝇等，可以用黄板诱杀，以达

图3 剥开紧实的紫甘蓝叶球，可见到不少蓟马四处逃亡

图4 危害紫甘蓝的烟蓟马若虫（放大）

图5 危害紫甘蓝的烟蓟马成虫

到还可诱杀其他害虫的目的。

3. 在保护地里换茬时可采用高温闷棚方法杀灭残虫。即在7~8月份上茬蔬菜拉秧后，将残株留在大棚内，密闭一个月，温度可上升至80℃左右，杀灭残留蓟马，会大大延迟下茬蔬菜上蓟马的发生。

4. 覆盖裸露地面：据报道蓟马有若虫入土化蛹的习性。采用盖膜栽培可延缓蓟马若虫在叶面上出现的时间，此外覆盖地膜一方面可以提高地温，促进蔬菜生长，另外还可以使部分落在地膜上的2龄末若虫干燥脱水，起到一定的防治作用。

5. 天敌保护利用。蓟马的自然天敌种类有小花蝽、猎蝽、捕食螨、寄生蜂和微生物等。因此选择使用生物农药可以保护自然和利用天敌，使其在田间发挥作用。

6. 使用高效、低毒及低残留药剂防治：药剂防治是控制蓟马的应急措施。在蓟马发生危害高峰期，可喷洒2.5%多杀菌素（菜喜）悬浮剂1 000~1 500倍液、1.8%阿维菌素3 000倍液、25%噻虫嗪（阿克泰）可湿性粒剂1 500倍液、20%吡虫啉（康福多）可溶剂2 000倍液等药剂，每隔5~7天喷洒一次，重点喷洒幼嫩组织如花、嫩叶和幼果，连续3次可获得良好防治效果。蓟马比较容易产生抗药性，在使用农药时应注意轮换不同机制的农药，以延长农药的有效期限。

介绍完防治方法，我又补充了几句。说："这些方法大都对您目前的这茬紫甘蓝蓟马的防治无能为力。因为，目前的蓟马主要包在叶片的里面。特别是已到收获期，就算用内吸的农药将虫子杀死了，用过药的菜，也就不能吃了，只能从下茬开始，预防为主。目前的这块只能早点收获，选发生轻的上市，弥补些损失。"

把这位小伙子送走后，就去了我院植物保护所，请搞蓟马防治研究的石宝才老师，帮助鉴定一下害虫的种类。果然不出所料，危害紫甘蓝的害虫是烟蓟马（ *Thrips tabaci* Lindeman），又称葱蓟马。证明我说对了。我查了一下手头的文献，发现还没有烟蓟马危害紫甘蓝的记录。■

Example 59

蚜虫春来早

羊年（2015）春节，我们课题的同仁大都回家过年了。实验室冷清了起来。

初五，陈博士提前回来了，因为他要赶写一个项目书。他的到来使冷清的实验室，增加了一些生气。

第二天下午，我在实验室里收取黑斑病病菌孢子，陈博士告诉我日光温室的菊花上发生了蚜虫，问我有没有杀蚜虫的农药。我拿出了防治万寿菊蓟马的敌敌畏说："我只有这种农药。不过据我所知温室里应当有比他更安全有效的吡虫啉乳油。"他听我说后，没有再拿我这里的敌敌畏，直接去了温室。

我忙完了收取孢子的事儿，忽然想起陈博士说起的菊花蚜虫。据我所知可危害菊花的蚜虫至少有三种，有些种我还没有对它仔细地观察过，特别是发生的这么早，应当到温室去看看，拍些蚜虫和危害状的照片回来。但是，这时天色已晚。已不适合拍照了。

第二天一早，我正准备去温室观察蚜虫时，发现昨夜北京下雪了。直到早晨天上还飘着雪花。天气使我对去温室观察菊花蚜虫犹豫了起来。去吧，要走一大段路，雪大路滑；不去吧，担心蚜虫用过了药，晚了就看不到蚜虫了。最后我还是冒雪去了日光温室。

在日光温室，蚜虫发生在新引进的几个小菊花上，面积并不是很大，十分严重。不过我还是来晚了，有人在上面用了药，菊花植株附近地上落了不少死的蚜虫（图1）。虽经过防治，但是在植株上仍有些半死不活的蚜虫（图2），不影响我对蚜虫的识别。它们是深褐色，密集地附着在菊花的茎上危害。从它的体色和危害特点，我认为是菊姬长管蚜。

去年4月我在刺儿菜（*Cirsium setosum*）上见到过这种蚜虫（图3、图4）。刺儿菜也是菊科，应当说它是菊姬长管蚜的野生寄主和虫子的来源。不过它这么

图1 用药防治后菊花附近地上落下的菊姬长管蚜

图2 防治后菊花茎上残留的菊姬长管蚜

图3 菊姬长管蚜的若虫的形态

图4 在刺儿菜上为害的菊姬长管蚜

早地在栽菊花上出现，还是头一回。

我在观察时，管这个温室的杨师傅也跟了进来。她说这些蚜虫是她发现的。担心传得满棚都是，找出了吡虫啉进行了防治。我看后一面感谢她，一面对她说：这种蚜虫只危害菊科植物，而这里种植的主要是百合花，不会被此虫危害。话虽说出去，但说实在的我对这种蚜虫并不熟悉。

回到办公室，我查了些资料。对这种虫子有了进一步的了解。

据记载栽菊花上有三种蚜虫：桃蚜、棉蚜和菊姬长管蚜。菊姬长管蚜拉丁学名*Macrosiphoniella sanborni*（Gillette），又称菊小长管蚜，同翅目蚜科。分布区域为辽宁、山东、北京、河南、浙江、广东、福建、台湾、四川、云南等地。除菊花受害较重外，还危害白术。

一、形态特征

菊小长管蚜的无翅孤雌蚜长1.5mm，体呈纺锤形，赭褐色至黑褐色，具光泽。触角比体长，除3节色浅外，余黑色。腹管圆筒形，基部宽有瓦状纹，端部渐细具网状纹，腹管、尾片全为黑色。有翅孤雌蚜长1.7mm，具2对翅。胸、腹部的斑纹比无翅型明显，触角长是体长的1.1倍，尾片上生9~11根毛。有翅孤生雌蚜体长卵形，触角第三节次生感觉圈为小圆形突起，15~20个，腹管圆筒形，尾片圆锥形。

二、生活习性

每年约生10代，南方温暖地区全年危害菊属植物，一般不产生有翅蚜，多以无翅蚜在菊科寄主植物上越冬。翌年4月菊、刺儿菜、白术等植物成活后，有翅蚜迁到植株上，产生无翅孤雌蚜进行繁殖和危害，4~6月受害重。6月以后气温升高，降雨多，蚜量下降；8月后虫量略有回升；秋季气温下降，开始产生有翅雌蚜，又迁飞到其他菊科植物上越冬。也有材料认为该虫以无翅胎生雌蚜在留种菊花的叶腋和芽旁越冬。翌春开始活动，胎生小若虫。全年有2次发生高峰期，分别在4~5月及9~10月。当平均温度为20℃、相对湿度65%~70%时，完成一代历时约为10天。该虫还是白术的重要害虫，除直接危害白术外，还可传播病毒病，因此4~6月该虫大发生后，白术的病毒病也严重起来。天敌有蚜茧蜂、食蚜蝇、瓢虫、草蛉、捕食螨等。

三、防治方法

1. 保护利用天敌昆虫，发挥天敌控制作用。

2. 苗期：喷施50%锌硫磷或40%乐果乳油1 000倍液。

3. 成株期喷洒10%吡虫啉可湿性粉剂2 000~2 500倍液或20%吡虫啉（康福多）浓可溶剂2 500~4 000倍液、或50%灭蚜松乳油1 000~1 500倍液、或80%敌敌畏1 500倍液、或20%杀灭菊酯乳油2 000~3 000倍液、或40%乐果乳油1 000倍液、或50%抗蚜威可湿性粉剂1 000~1 500倍液、或50%啶虫脒水分散粒剂3 000倍液、或啶虫脒水分散粒剂3 000倍液+5.7%甲维盐乳油2 000倍混合液，均有较好防效。喷雾时可采用针对性防治，只喷茎叶不喷花和花蕾。还可以用40%乐果乳油10倍液涂主茎5cm长。盆栽的可用8%氧化乐果微粒剂撒在盆面上，再覆薄土，浇水后即开始内吸杀虫。盆栽菊还可用土壤处理的方法。如在直径为15~25cm盆里，用呋喃丹5g或15%的涕灭威颗粒剂（高毒，操作时小心）每盆2g，施入土中，覆土后浇水。用药间隔期3~5天，连用2~3次。

今年的物候比较早。这一情况应当向我管的几个基地发布，给大家提个醒。以免造成损失。■

Example **60**

鉴定黄瓜黑星病
牵出了黄瓜红粉病

2015年的"五一"我打开"QQ"。看到我们院信息中心的小李给我发来几张黄瓜叶片和瓜条的照片，问我是什么病害？但是发来的照片比较模糊，又经过压缩，上面的病斑看不大清楚。

我回复她说：这些照片是在哪里拍的，是否用微距功能再拍一次，并将原图发来。她回复说，是在北京密云的一个有机庄园拍的，看不清可以再去拍。我说：若方便是否带回些病叶和病瓜。因为上面可能有病原，是什么病，应当根据病原来说话。

周一我在12396新农村服务热线值班时，见到小李发来的照片（图1、图2）。看上去黄瓜发生的是黑星病。但是她没有提病叶和病瓜的事儿。我通过QQ问此事儿，她说是上周采的，目前已经腐烂了。

我告诉她说：以后有这种事儿，应当将标本放到保鲜冰箱里。我又仔细地观察着她发来的照片。我忽然想起，腐烂了的黄瓜黑星病瓜和病叶上会留有病原菌，应当让她送过来看看。我又通过QQ说了我的这个想法。

过了一会儿，小李来了，手里拿着一个塑料袋。打开一看共有三条瓜，有一条确实已腐烂。不过这条腐烂的瓜，不像是由黑星病造成。

第二天，我到实验室首先观察的是黑星病。发现在瓜条表面有一些伤口状的溃疡斑。用刀片刮了一下。在显微镜下观察，很容易就看到黄瓜黑星病一些孢子。黑星病得到肯定，但烂黄瓜是什么病，还没有给出答案。

我看了一下塑料袋中的烂黄瓜，目前已软得像是泥做的。十分小心地拿出，看到表面长了一层白至粉

图1 小李发来的黄瓜黑星病病叶照片

图2 小李发来的黄瓜黑星病病瓜照片

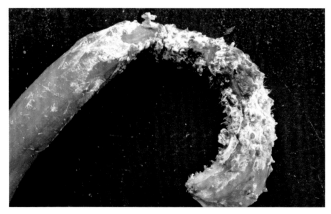

图3 小李送来的黄瓜红粉病的病瓜

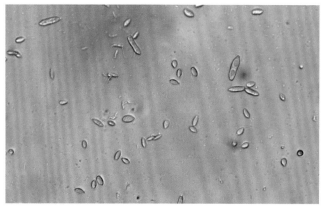

图4 混有红粉单端孢的黄瓜黑星病孢子

图5 20世纪80年代拍到的黄瓜红粉病照片

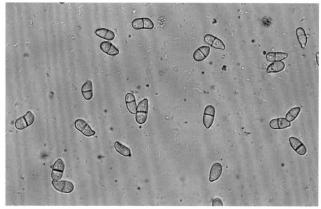

图6 这次拍到的黄瓜红粉病菌的孢子

色的霉层（图3），从它的表面用镊子夹了一些霉层放在显微镜下观察，发现都是一些双胞的分生孢子。原来这里发生的是红粉病（图4）。

红粉病以前我见到过，是在20世纪80年代。主要分布在北京市海淀区和丰台区。但是当时仅在叶片上见到。病斑近圆形至椭圆形，10~50mm，暗绿色，边缘呈褐色，水浸状，易破碎。上生淡橙红色的霉层。有时病斑扩大，使整个叶片腐烂干枯（图5）。但是，没有在瓜条上见到过此病。

当时经过鉴定，认为黄瓜红粉病的病原是由红粉单端孢 [*Trichothecium roseum*（Bull.）Link] 引起。对病菌的描述如下：分生孢子梗直立，无色，不分枝，偶尔有1~2个隔膜，顶端有时稍有膨大，（162.5~200）μm×（2.5~4.5）μm。分生孢子顶生，单独形成，多数可聚集成头状，而呈橙红色。分生孢子倒洋梨形，无色，半透明成熟时具一隔膜。隔膜处稍缢缩，大小为（15~28）μm×（8~15.5）μm。不过这次见到的红粉病孢子大小为（13.80~21.52）μm×（6.92~10.63）μm，比上次见到的略小（图6）。

据记载，该病常发生在2~4月，仅发生在个别湿度

过大、光照不足通风不良的温室里。因危害较轻，一般不进行专门的防治。但是，如果叶片发生得很多，而且还可以引起瓜条的腐烂，就应当进行防治。

这天的下午，我在QQ上给小李回复了鉴定的结果。而她又提出应当如何防治？我说：关键是调整棚室的条件，即适当的控一下水，并将夜间的温度提高一些，日出后及时放风，降低棚室里的相对湿度。注意冲刷棚膜，增加棚室的透光率。如果，棚室建的位置不好，光照较差，再种植时，可以适当地降低株距。如果棚膜老化更换透光好的新膜。再就是清理掉病叶、病瓜及病残株。在晴天的上午喷洒农药，喷药后可闷一下棚，让水汽蒸发，再打开棚，散出水汽。

可使用的农药有：50%多菌灵可湿性粉剂500倍液、50%福美双可湿性粉剂800倍液、25%溴菌腈可湿性粉剂500倍液。实际上它和黄瓜黑星病的防治用药差不多，在用多菌灵后可以检查一下。如果有效，就不必再另打其他的农药。

现在距我答复她已有2个月，没有见她再提黄瓜红粉病的事情，估计此病已得到控制。■

Example 61

鉴定茄子死秧

2015年4月，我到北京郊区某蔬菜基地考察，技术员小白对我说，他们日光温室新定植的茄子发生了死苗（图1），要我去看看。

我到发病的温室走了一圈，拔了几株枯死及萎蔫的植株看了看。发现根颈部变褐、缢缩，我认为是一种疫病引起的。我就问：防治了没有。小白说防治了，使用的是恶霉灵和霜霉威灌根。我认为没有问题，也就没有太认真。

但是一周过去，小白打来电话，说茄子苗还是在继续死。这时我认为有两种可能：一是药力不够，再就是发生的不是疫病，可能是镰刀菌引起的根腐病。我正想说再使用多菌灵试试，小白说已使用多菌灵灌了根。既然如此，那就等等看是否有效。

又过了两周，再到这个基地时，我问小白茄子死秧如何了？他说，还是死，不过死得不像以前那么快了。我在温室里转了一圈，发现靠西头的茄子病得更厉害一些。于是问小白，在栽培上，东西两头有什么

不同。小白说，西头的苗子是向农户要来的苗子，因为我们自己剩余的苗不够了，用他们的苗子补齐的。他们的苗子可能带病。

还在死？看来必须认真鉴定一下了。于是我重新收集了一些病株，带回实验室进行鉴定。

我把病株洗净，看到茎基变细，除外圈为紫黑色，大部分为灰褐色（图2），土面以下，根部多数无症状，少数为水浸状，严重的皮层腐烂，我觉得还应当是疫病。按照这类病害一般的鉴定方法是先保湿，看是否长出病菌。我又将病根用无菌水洗了一遍，找来一个大培养皿，铺上纱布，再倒进一些无菌水，放在25℃的温箱中保湿。一天后，打开培养皿观察发现每根病根都有些霉层（图3），但各不相同。

为了知道它们都是什么菌，我将样本挨个儿放在显微镜下观察。其中霉层繁茂的病茎有两种菌，一种是比较粗大的有隔菌丝，分枝时会变细，像是丝核菌，但是还有不少的孢子囊又像是疫病；有的霉层在

图1 茄子死秧田间危害状

图2 茄子死秧根颈部的症状

图3 保湿后茄子病茎的症状表现

图4 诱发处理时所用的各种材料

图5 保湿44h后黄瓜表面接种口出现的凹陷

图6 保湿55h接种口附近长出的粉状白霉

显微镜下是呈现镰刀菌，而且不同的病茎上的镰刀菌孢子形态还不同，有的喙较长，像是木贼镰刀菌，还有的比较短。甚至还见到一些线虫，在浮载剂里做出各种姿态。要想知道茄子死秧是什么病菌引起，就更难了。

按照柯赫法则，鉴定一个病害需要将它们都分离出来，然后回接到茄子上，如果获得了相同的症状，并还可以再分离出相同的病菌，才可以得出结论。但是，如果面对是一些弱寄生菌，如果苗子比较健壮，往往回接不上，就很难作出结论。

这时我想起早年研究辣椒疫病时的一种方法，可以区分出果菜类根茎部病害是疫霉菌还是镰刀菌，可以来试试。

我从家里拿来1根黄瓜。先用自来水洗1遍，再用无菌水洗2遍。然后找出一个比黄瓜长一些的塑料盒子，用同样的方法洗净，放几层用开水煮过的纱布，上面平行放置两根试管。待黄瓜表面上的水蒸发后，放进盒子里，并架在试管上。然后用手术刀由发病茄秧的病、健交界处取下一小块经过表面消毒的病组织，塞到黄瓜里。最后将盒子用玻璃盖上，再用保鲜膜封严。在25℃的温度下保湿（图4）。

按照以往的经验，3天后只要黄瓜的伤口有些凹陷，就证明引起死秧的病菌是疫病菌。如果伤口有些肿胀，引起死秧的就是镰刀菌。当我保湿到44h时，看到黄瓜的伤口开始凹陷（图5）。而在55h时见到黄瓜接种口附近长出了粉状的霉层（图6）。而且几个接种口的情况都很相似。

这时我想：可以用显微镜看看，这些霉层是什么菌？

打开显微镜和电脑，再放上有菌的玻片，果然发现了大量的孢子囊。继续保湿时，还看到一些游动孢子在孢子囊以及其空壳间游来游去（图7）。和我以前看到的辣椒疫病（*Phtophthora capsici*）十分相似。

但仅凭这些情况，我们还不能肯定所见到的就是辣椒疫病。但可以肯定茄子死秧是由疫病引起，并不影响确定防治方法。

我把鉴定的结果告诉了小白。建议他换用乙磷铝、霜脲氰灌根试试。我认为之前使用恶霉灵、霜霉威效果不好的原因，一是防治的晚了，二是反复使用一种药，病菌会产生抗药性，防治效果也会下降。换一种药施用，有可能防治的效果会有所改善。

又过了2周，我再次到基地时，茄子死秧已不再发生。但经过这段反复，这个温室茄子缺苗不少。所以，有病害时，要提早发现病及时采取措施，避免出现大的损失。■

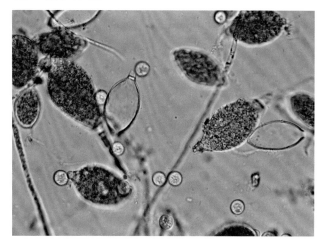

图7 茄子死秧发出的疫霉菌孢子囊（暗色橄榄形）及流动孢子（小球状圆点）

Example 62

是线虫病还是根肿病

2015年4月下旬我比较忙，到我这月应去的两个基地已经是4月30日了。但是临行的前一天接到第二个基地负责人的电话，说：还有一个基地希望我在这天下午去看看，那里发生了严重的根结线虫病。我觉得一天跑两个基地，就够累的了，不大想再去。他说：第三个基地，离他们不远，开车过去也就半个小时。很需要有人给他们出出主意。既然如此，我也就不再推辞了。

由于邻近假日，北京的交通比较堵塞。我到达第二个基地已经是开饭时间了。饭后我们一起到基地逐个棚进行着考察。这时王助理的电话响了，说是接我去第三个基地的车要过来接我。我立即想到他们的基地发生有根结线虫病为了避免互相传染，不能让他们过来，让他们在办公区等着。

图1　鑫志农农艺园基质栽培的种植方式

图2 栽培中发现的打蔫的小白菜

图3 打蔫的小白菜根肿病症状

半小时后，我们结束了在第二个基地的考察，在办公区见到了来接我们的小伙子。此人看上去有30多岁，挺精神的。我问：你们基地在哪儿？他说在通州永乐店。虽不是很远但开车过去至少需要一小时。因为我不知此人的身份，在车上我就向他了解线虫病发生的情况。但是，他不大清楚基地的情况，原来他在第三个基地是只管开车送菜的司机。

走了一段京津高速公路，三拐两拐进了永乐店小南地村，在村北进了一片棚室区。但是，从外面看过去，温室大都空着。司机说我们去的这个农艺园，是从这个棚室区租用了12栋温室种菜的。

我们的车停在一座日光温室的旁边。从里面走出两个年轻人，一个是经理刘先生，一个是技术员王师傅。寒暄过后便开始看菜。我看到温室里摆满了一个个方形的塑料盒子，盒子里种满了一些叶菜（图1）。种植的品种很多，有小白菜、小油菜（不结球白菜）、乌塌菜、蒿子杆、芹菜、菠菜、油麦菜、生菜、大叶茼蒿、京水菜、空心菜。不过这些菜有的生长不齐，一些较大的植株开始打蔫（图2）。

听经理介绍说：这些蔬菜主要是直供几个大饭店的；每斤20多元，效益不错。但是，一年四季不能断，蔬菜的质量要求也比较高，目前正在申报有机蔬菜的品牌。为种植好这些蔬菜已摸索了一年多。此前一直长得都不错，但是，自打上月开始，苗子长的发锈，不水灵，严重的爱打蔫，许多菜已卖不出去了。有人说是发生了线虫病，看看是不是？希望给出防治方法。

我们走到萎蔫比较严重的盒子旁边，看到里面种植的是小白菜。我问：可以拔几棵看看根吗？经理说：都这样了，拔吧。我小心地拔着。这时王技术员过来，干脆把种着白菜的整个盒子扣了过来，让我从下面扒开观察根部。

我看到，这些盒子里放的是一些基质，黑乎乎的。知道采用的是基质栽培。

我把这盒扣在地上的小白菜的基质翻了一遍。在根上没有能看到有典型的根结，只见到有些植株主根有点畸形。即有些变粗，表面疙里疙瘩的。倒是经理从已经收获的盒中，找出一些发病比较严重的病株。这些植株，除了主根变粗，还有一两个侧根也变粗（图3）。我一边观察着，一边想：这是线虫病吗？

在看的过程中，我发现凡是出现萎蔫的，好像都是十字花科的蔬菜。我问技术员：你们看了没有，除了白菜其他品种是不是也有这种情况。经理说：也有。紫油菜、乌塌菜都有病。这时王技术员补充道：蒿子杆、芹菜、菠菜、油麦菜、大叶茼蒿没事儿。

我说：如果是这样，可能发生的不是根结线虫病。据我所知，在这些蔬菜中小白菜对根结线虫不是很敏感。更敏感的应当是蒿子杆、芹菜、生菜。但是，在这里的蒿子杆等却不生病。发病的都是十字花科蔬菜，会不会是根肿病，十字花科蔬菜对根肿病十分敏感。

我又问你们对种植蔬菜基质的酸碱度是否测定过？王技术员回答，是偏酸的。这时我更觉得这里发生的不是根结线虫病了。在北京根肿病发生的较少，主要是因为，北京绝大多数的土壤都是偏碱性。

我对老板说：您这里发生的可能不是根结线虫病，而是根肿病。理由有三：

1. 这病主要发在十字花科蔬菜上，而蒿子杆、芹菜、生菜没病。比较起来，蒿子杆、芹菜、生菜对根结线虫病更为敏感，而在您这里却没事儿。说明这里发生的不会是线虫病而是根肿病（*Plasmodiophora*

图4 显微镜下看到的膨大细胞及病菌的休眠孢子

brassicae Woronin）。

2. 线虫病更易发生在土壤通气较好的砂性土上。而你们使用的基质栽培，湿度较大，不大适合根结线虫的发生，倒适合根肿病的发生。

3. 从症状上看，也不大像是线虫病。根结线虫病会在毛根上生结节装的瘿瘤，这里却看不到。发病的植株多数是主根膨大。

不过，这都是根据表面的现象得出的结论，为了慎重，还应当使用显微镜观察。看看根细胞是否肿大，有没有休眠孢子囊产生。

他们听后又问我，如果是根肿病如何进行防治呢？

我说：先别急，我还需要了解一下这些菜苗的栽培和销售方式。

从王技术员那里我了解到他们种植使用的基质是草炭和少量的珍珠岩。草炭产地是我国东北。先用这种基质在穴盘里育苗，然后种植到种植盒里。使用的肥料主要是一种叫"海法"进口复合肥，除了在配制基质时用一些，菜苗的生长过程，还要浇几次这种肥料。为了防治病害，每方基质里拌有60g霜霉威。浇水时使用的是多孔喷头来回喷洒。当成苗后为了保鲜，一般是连种植盒一起拉走，第二次送货时再把上次用过的种植盒连同基质一起拉回。这些基质再加上些肥料、农药后继续使用。

最后王技术员补充道：病菌的来源有三个：一是原来温室里病菌多，传上的；二是草炭中带的；再就是种植盒周转时造成了互相污染。

我对他们说：如果是根肿病，他说的几种来源是有可能的。但是根肿病在北京不多，而且你们已经种植了一年多，一直没病，所以第一种的可能性不大。而草炭带菌的可能也不大，草炭是一种矿产，而且东北地区根肿病也不多。所以，最主要的还是在种植盒的污染。

究竟如何防治，还得先把病原搞准。容我把病株带回实验室用镜子看一下，再告诉你们也不迟。请把联系方式告诉我，我会尽快地告诉你们。

第二天是"五一"节，我推掉了去游园的邀请，在实验室做了切片。看到了根肿病膨大的薄壁细胞及其中的休眠孢子（图4）。证明这里发生的确实是根肿病。并将鉴定的结果和防治的方法告诉了他们。

我认为他们这里根肿病的发生，和种植的方式关系密切。其一是使用的基质是偏酸的，有利根肿病的发生；其二是使用的基质不经消毒反复使用，造成了病菌的积累；其三是浇水使用的喷淋的方式，有助于这类病菌的传播。据此提出了以下防治的建议：

1. 在种植十字花科蔬菜使用的基质中加入适量的石灰，将其的pH值调节到7.5以上。

2. 回收的基质不再用来播种十字花科蔬菜。也就是说每次种植十字花科蔬菜应使用新的基质。

3. 将基质中使用的杀菌剂（如72.2g/L霜霉威水剂）用量增加到200ml/m³。

4. 使用过的种植盒经（1 000倍的高锰酸钾）消毒后，再重复使用。

5. 苗期及定植后每7~10天使用10%氰霜唑（科佳）悬浮剂2 000倍液浇一次苗。

6. 停止使用喷淋式的方法浇苗，而将其改为注入式。防止浇水时水的飞溅。

办完此事儿，已经临近中午。虽然今年"五一"的游园泡了汤，但是能为农户做点事儿，也很有意义。■

Example **63**

诊断万寿菊白绢病

2015年6月26日，黄博士通过微信传给我几张从河南内乡发来的照片，让我鉴定一下是什么病害？我打开一看，有一棵像是疫霉根腐病，其他的只见根颈部有些发白，看不出是什么原因引起的。我建议将病株通过快递发过来，我通过显微镜看后再做结论。

但过了两天我问起此事。黄博士说不用他们递了，过几天我们去一趟内乡，就可以看到。一般来说，为这么点事就去一趟，全国那么大我跑得过来吗？

事情还得从年初说起。

在今年元旦期间，听说今年我们在2015年有个任务，即：对口支援为南水北调工程作出贡献的内乡县。具体的任务是在那里推广种植万寿菊。

内乡，我不熟悉，只知道在河南南阳地区。我上网查了一下，发现内乡县政府发布的一条消息，说今年北京出资在内乡发展万寿菊10 000亩和观赏菊花500种（约20 000盆），我们农业科学院是这个项目的技术保证单位。

7月9日，我们抵达内乡县，在种有7 500亩万寿菊的乍曲乡考察。当我们来到该乡的庙湾村寺岗组的地里的时候，陪同我们考察的贾乡长说：此前发给我们的病株照片，就是从这里拍的。在种植户的带领下，我们进到地里。见到一小片万寿菊枯死区，病株跨越了3行，共10多棵（图1）。从病株的分布来看，中间的较重，茎已枯死、变褐，而边缘的植株刚刚萎蔫（图2）。说明病害是逐步发展起来的。拔下来观察，在病株的茎基部有

图1 在庙湾村寺岗组的地里见到的发病中心

图2 在田间见到的万寿菊白绢病初发病株

图3 在田间见到的万寿菊白绢病症状

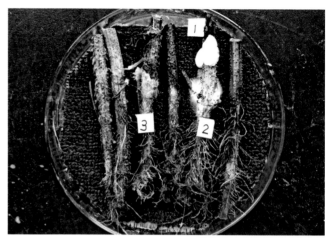

图4 保湿三天后病株上出现的霉层

图5 在酸性 PDA 培养基上培养两天的菌落

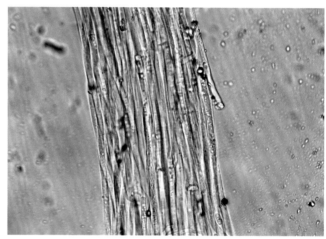

图6 万寿菊白绢病束状菌丝显微照片

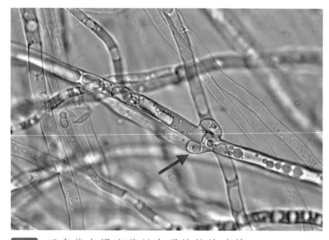

图7 万寿菊白绢病菌丝出现的缔状连结

图8 万寿菊白绢病菌在根上形成的菌核

水浸状的斑块及浅灰白色霉状物，霉状物像是聚集在一起的菌索（图3）。这时，我突然想起这里是红壤，pH较低，有可能是白绢病所致。为了搞清病原，我采集了不同程度的病株，准备带回北京作进一步的鉴定。

这天晚上，我们遇到负责实施万寿菊项目的张经理。他也知道乍曲发生的这种病，不过他的看法和我们不同，他认为是耕地时机器漏油，引起这些植株受害死亡。

我们在内乡及其相邻的西峡县一共考察了4天，发现这种病比较普遍。就连相邻的西峡县都有，只是多数地区仅有一棵半棵的，不大引起人们的注意。

为了保持病样的新鲜，我们在临回北京的那天，又去了一趟庙湾村。发现此地有3个发病中心，最大的一个中心病株跨越了有8行之多，死亡有30~40株。

从内乡回到北京，我的第一件事儿就是将采集到的疑似白绢病的病株放到冷藏箱里保存起来。接着就上网查阅有关白绢病的资料。还不错，网上有关白绢病的资料还真不少。说白绢病的病原是齐整小核菌（Sclerotium rolfsii Sacc.），属半知菌类真菌。有性态为罗耳阿太菌［Athelia rolfsii（Curzi）Tu. & Kimbrough.，异名为Pellicularia rolfsii（Sacc.）West］，属担子菌门真菌。该菌的菌丝成束，并有梯状结节。还见到不少的白绢病危害状的图片。但是，我发现网上发布的有些白绢病株除了有白霉，还有菌核；而在我们带回的病株上，却没有能发现。没有菌核如何能称"齐整小核菌"吗？这使我对见到的这个病害是不是白绢病产生了疑问。

第二天，我便开始进行病菌的鉴定工作。我将取回的病株的下半部洗净，放在大培养皿中保湿。第3天就长出白霉（图4）。但是，长出白霉的浓密情况不大一样。我小心地分别将其用消毒的镊子取出几小撮菌丝，放在加有乳酸的PDA培养基的平皿上，第3天就长出白霉。除了个别的，一般不用再转移即已做到纯净（图5）。这种菌生长的十分强劲，很快就布满我使用的直径为9cm的培养皿。但是5天过去，还是只见菌丝见不到菌核，觉得应当先用显微镜看看我分离到的这种菌的菌丝，是否与文献所述一致。

据文献介绍：白绢病的营养菌丝白色，直径5.5~8.5μm，有明显缢状连结，常3~12条平行排列成束。我在显微镜下看到的营养菌丝也是白色，呈束状排列。但多的时候每束不是12根而是20多根排在一起（图6）。菌丝直径4.18~7.65μm，也似乎看到了所谓的缢状连结（图7），看到这些情况给我增加了信心：它有可能就是白绢病。

我一边试验，一边查阅文献：知道这种病害的寄主广泛，能够引发包括中草药、蔬菜、花卉、果树、大田作物等500多种植物。我国已在台湾、贵州、湖南、湖北、广东、广西、浙江和安徽等发现此病，2013年首次确认河南省（南阳市卧龙岗）有芝麻白绢病的分布。而曲乍种有较多的烟草、芝麻。虽时间仓促未能去对这些作物进行调查它们的发病情况。但说明，这种病害可能在曲乍发生。

我还看到一些有关诱发白绢病菌产生菌核的文章，介绍说：这种菌较易在寄主上产生菌核。这给了我较大的启发。我将当初在大培养皿保湿的病株找出，发现前几天诱发出的白霉已经开始聚集，又过了两天，终于长出了一些菌核（图8）。虽然如此，我分离出的病菌还是只长白霉不见菌核。我分离出的病菌是不是白绢病还不能定论。

此时，我又见到了几篇有关诱发白绢病产生菌核的文章。说"翻面培养"可以促使菌丝更快地产生菌核。并认为培养菌丝PDA培养基的用量，会对菌核的产生造成影响。鉴于我的试验对菌核产生的量要求不高。就使用已经培养7天的菌落进行了翻面培养。结果，在室温下第3天菌丝聚结成团，第四天得到了菌核（图9）。在培养基上菌核棕色，球形，直径1.2~1.6ml（文献上报道为0.2~1.17cm，颜色为棕色至红棕）。

有了菌核，按说这个菌的鉴定应当就结束了。证明了我们分离到的病菌是齐整小核菌。

但在我的实验中，这个菌是否对万寿菊有侵染性仍没有证据，需要将分离的病菌在万寿菊上做一次侵染性试验，才能将这个问题搞清楚。

根据文献报道，观察齐整小核菌是否能致病，是将幼苗定植在混有病菌的消毒土中，即需要播种和养苗。此外，还需要将病菌接种在麦粒培养基上，培养一段时间，作为接种原。光做这样的实验准备就得一个多月。后来，我想能不能用生根离体叶来做接种，即：将田间生长的万寿菊的叶片采回，用一周的时间，诱发出根来，代替幼苗进行接种，这样只要2周即可搞定。

于是，我去了一趟四海试验基地，从冷棚里（这里的万寿菊一般不会有黑斑病）取了一些万寿菊的侧枝和叶片，插在水瓶中，等它生根。

图9 在分离12天后病菌形成的菌核

这时，我突然想，为何不用这些枝条先做一次接种试验？如果成功了，不是更节省时间了吗？

在试验时我取出4个玻璃培养皿，底部放入3层滤纸，高温消毒后，将剪成约10cm的经表面消毒的万寿菊茎段放在其中。然后再将分离到的3个白绢病菌接种在他们上面。接种时每个茎段分别使用有伤及无伤处理，并在皿中加少量地无菌水，放在室温下（28~33℃）培养。

出乎预料，仅经过48h后即见到结果：设的对照没有明显的变化，而接种白绢病3个分离物的处理，均有被感染的情况（图10）。具体的表现为：伤口及其附近组织由绿色变为淡灰褐色，腐烂，同时产生大量的放射状的霉层，向外蔓延。不光是伤口接种的发了病，无伤接菌的处理也同样可以发病。相比之下，3个分离物中以第二号菌的致病力更强一些。

侵染性试验的成功，证明我们分离到的病菌确实是齐整小核菌。

使我高兴的是，用了2周的时间完成了需要2个月的鉴定工作。

到目前为止，我在文献上还没有能查到有万寿菊白绢病的报道。我们的发现很有可能是一个新纪录。

鉴于这种病主要发生在土壤偏酸性的地区，而乍曲的土壤呈弱酸性，它应当是本地固有的一种病害。当万寿菊引种到此地后，在万寿菊上得到了发展。

它应当属于土传病害，一般流行的速度比气传病害慢。土传病害的发展往往会受到土壤微生物的制约，是不是能流行起来还需要观察。不过，土传病害较难根除，防治起来投入较大。在当前应采取措施，限制它的蔓延。

在文献上介绍的防治措施有：

1. 轮作，重病地避免连作。白绢病的寄主范围

图10 将分离出的病菌回接到万寿菊的枝条上发病的情况。上端为伤口接种，下端是无伤接种

较广，按说实行起来有一定的难度。但是，据目前的报道，和玉米、油菜轮作对该病有较好的效果，可供参考。

2. 及时拔除病株烧毁。病穴及其邻近植株浇灌化学农药。可用的农药种类较多，包括：50%多菌灵500~1 000倍液，5%冈霉素水剂1 000倍液，或50%菌核净可湿性粉剂1 000倍液，或20%甲基立枯磷乳油1 000倍液，或90%敌克松可湿性粉剂500倍液，每株（穴）浇灌药液100~200ml。也可用40%五氯硝基苯加细砂配成1∶200的药土撒入拔除病株的穴中与穴土混合，每穴撒100~150g，隔10天撒一次，连用3次。还可用培养好的哈茨木霉0.4~0.5kg，加50kg细土，混匀后撒在病株基部。此外，代森锰锌、百菌清、扑海因、托布津、粉锈宁、烯唑醇、敌力脱、苯醚甲环唑，甚至石灰水都是有效药剂。可以根据其实际的效果和成本来选用。■

Example *64*

原来是豇豆炭疽病

2015年8月，我到京郊某基地考察，临结束的时候，路过一片豇豆地，长得枝繁叶茂、果实累累。

我刚夸过他们管理得好，带领我考察的小张就说："不全是如此。实际上这块地播种后毛病不断。由于播种的时候赶上雨多，死苗不少。我们用了几次药，加上目前雨不多了，这才缓过来了。"

我问："都用过什么药？"

他说："有好几种。开始按疫病治的，后来又按炭疽病治的，最后还按根腐治的。霜霉威、咪鲜胺、苯醚甲环唑、多菌灵都用过。"

我问他："可以肯定是什么病吗？"

他说："应当是疫病吧，这不治过来了。"

但是，对他的说法我并不认可。因为他使用农药中不仅是对疫病有效的药剂（如霜霉威）。更多的是对炭疽病有效的药剂。

我们继续在这块地边走着。发现这块豇豆地里不断地出现些黄叶子。便走了进去想看个究竟。我们发现有黄叶子的植株从下而上，每个叶片基本上都会变黄，而且每个叶片黄的十分均匀。而旁边的植株很健康，一点病都没有（图1）。黄叶的植株东一棵西一棵呈零星分布。

小张问我，这些黄叶株是什么病害？

我一时说不上来。豇豆叶片变黄，我也见到过。一是缺氮，植株从下而上黄。但是，多是成片地发生，不大可能是呈零星分布。此外。豇豆病毒也可以引起黄叶，但是变黄的部分不会这样的均匀，即为斑驳花叶状（图2）。

我问小张，可以拔一株吗？他说，没问题。我就大胆地将表现为黄化和没有表现黄化的植株，各拔了几株。发现凡是黄化的植株，根颈部都不正常。一是红褐色，组织粗糙，有许多较浅的裂纹，有点干腐。

图1 豇豆地出现的黄叶病株

图2 豇豆病毒病常见的斑驳花叶型症状

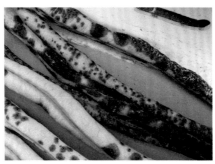

图3 豇豆黄叶株根颈处被炭疽病菌危害的情况

图4 豇豆荚被炭疽病菌危害的情况

图5 在黄叶株根颈部看到的豇豆炭疽病菌分生孢子盘显微照片

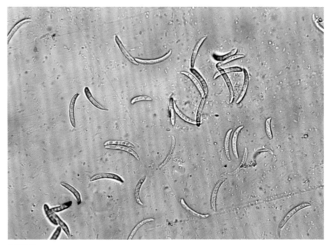

图6 在显微镜下看到的豇豆炭疽病菌刚毛及分生孢子

图7 在显微镜下看到的豇豆炭疽病菌分生孢子

另外，在病部出现一些黑色的斑块，略隆起，有的排列成轮纹状（图3）。这种症状我看到过，应当属于炭疽病。不过，以前见到这种症状时，植株往往死亡。很有可能是，通过防治，病害发生变慢，虽然没引起死亡，但输送组织部分地被破坏，影响到营养的疏导，造成叶片变黄。

我们继续在豇豆地里观察，发现地里确实存在着一些枯死的植株，将其拔下，根颈部的症状和我们看到的黄化株的完全一样。这时，我问小张：你以前见到的"疫病"是不是就和这些枯死株一样？他说就是这样。

我指着枯死株的根颈部对小张说：这也是炭疽病。只是它更严重一些，造成整株枯死；轻的时候，仅造成叶片黄化。

我还对他说：实际上豇豆疫病的症状和炭疽病是不同的。豇豆得了疫病茎部会有些水浸状，变细，表面仅有些白霉。而炭疽病是干腐状，病部组织不变细，表面会看到生黑色的菌体——病菌的分生孢子盘。

我们看完枯死株，走出这块豇豆地的时候，在地边的植株基部见到一些病豇豆角。上面斑斑点点的（图4）。这种症状与我之前见到过的豇豆炭疽病完全

一样。豇豆炭疽病荚的出现说明这块田里确有炭疽病菌。更进一步地证实了出现的黄叶株是由炭疽病（Colletotrichum lindemuthianum）侵染所造成的了。

我将在地里拔下的豇豆病根，小心地装入塑料袋里，对小张说：经过一番调查，我初步认为这块地里的豇豆发生的黄叶是炭疽病的一种症状。这种症状的出现是由于天气不大适合该病的发展，或受害较轻的一种表现。但是，我还需要将病秧子带回实验室，用显微镜看一看，如果看到的的确是炭疽病菌，我会打电话给你。

回到实验室，我将采集到的黄叶株的病根洗净、剪短，放在垫有滤纸的培养皿里，加少许无菌水保湿。第二天在显微镜下即见到炭疽病的病菌（分生孢子盘及分生孢子见图5、图6、图7）。

在我给小张通报鉴定结果时。他问我是否需要进行防治。根据发病的情况，我认为目前炭疽病对这块豇豆地影响已不大。因为雨季已过，天气也凉了下来，病害一般流行不起来。仅建议他派人拔除枯死、黄叶的病株，清除田间残留的病荚。为避免留下来的病菌传染、控制已发病但尚未显症的植株出现，拔除病株后使用25%咪鲜胺乳油1 000倍液喷一次茎基，进行防治。■

Example **65**

万寿菊制种田中的病害鉴定

北京市农林科学院农业生物技术研究中心在位于北京市延庆区四海镇的美科尔生物技术有限公司（一家以经营菊属植物及其产品的公司）的园区里安排了一块万寿菊露地栽培试验田。2015年9月2日，我们去调查万寿菊黑斑病发病的情况时，顺便看了看他们制种棚里的万寿菊病虫害。

目前，用于生产种植的万寿菊，都是杂交种。每到此时，种植在棚里的万寿菊开得正好，他们便派出许多工人去为制种棚里的雌花授粉，即将两性花上的花粉用采粉器收取下来，抹在雌花上。

大约是中午一点多，就看到一些女工在棚外的荫凉里做准备。因为我们互相熟识，我便和她们打招呼，说："这么早就上班了。"她们中的一位回答说："我们给万寿菊当媒婆，晚了可不行。"她的意思我明白。所谓的当媒婆，就是给万寿菊授粉。

"大中午的，在棚里干活热不热？"我问。"可热了，要是放风不及时，温度得有40~50℃，可是中午采集的花粉量多，必须早来。"她回答。说着她们就背上采粉器，纷纷进到种植棚进行采粉（图1）。

我没有去看她们采粉，而是走进了一个雌花棚里（图2），看有没有新发生的病虫害。一进棚，遇到负责万寿菊制种的技术员李师傅。他知道我是研究病虫害的，见我就开玩笑地说："又'没病找病'来了？"。

图1 工人在使用吸粉器收取万寿菊两性花产生的花粉

图2 健康的万寿菊雌花

图3 受到高温伤害后生霉的万寿菊雌花

图4 被灰霉菌侵染的万寿菊花朵

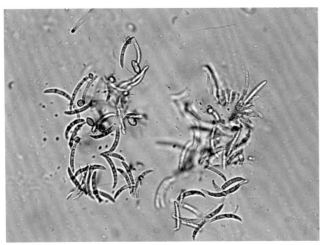

图5 在雌花上见到的镰孢霉菌

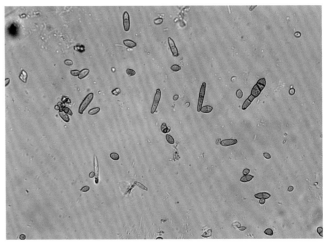

图6 在雌花上见到的芽枝霉菌

我说："怎么？不欢迎吗？"。

他说："欢迎！欢迎！"接着还说："你看到没有，这棚里发生了灰霉病。"

"灰霉病？没看到。"我回答。并告诉他这种病一般多发生于比较冷凉的时候。这才是9月初，一般不会发病。

他在棚里搜寻着，不一会儿就将一个长有灰毛的雌花，摘了下来递给我。我仔细地观察后，觉得这个所谓的"灰霉病"不具有典型性。灰霉病的孢子梗较长，产生的分生孢子一般聚集在孢子梗的顶端，用肉眼即可以看到一个个孢子团。而这里看到的霉层是一层毛，毛较短而颜色较深，看不到孢子团，而且都集中在花冠表面，不向下面的花苞扩展。

我把他采集的病花收集到塑料袋中，和他一起继续搜寻着。发现这样的病花还真不少，但看得多了，就会发现这里病花的情况多种多样。有的病花霉层较少，或没有霉层，像柱头和冠毛被烤干了的样子。而

病花中最多的是长有短毛，看不到孢子团（图3）。掰开以上两类病花的花苞，可以看到里面的种子，虽比健康的花蕾小一些，并没有受损。但是却有一个病花长出的霉层较长，且有孢子团。灰色的霉层可扩展到花托上和花梗中，掰开花蕾可看到病蕾中的种子多数已因被感染而腐烂（图4），除柱头和冠毛发霉外，主要是花苞、种子以至花柄都可被病菌感染，就这个像是灰霉病。

我对李师傅说："有这种毛病的花还真不少。不过可能不是一种病，需要通过显微镜看看才能下结论。"他没有多说就帮我采集了一些病花，放在塑料袋中，让我带回去，用显微镜观察。

回到实验室，我把采到的万寿菊病花按症状表现分类，分别进行镜检。发现有以下五种情况：

1. 花蕾的丝状柱头和冠毛干枯，其上没有霉层。在显微镜下也没有能检测到病菌，像是高温引起的一种伤害。

2. 花蕾上生白或粉色的霉层，在显微镜下看到的多半是一些镰孢霉（*Fusarium* spp.）属的真菌（图5）。

3. 花蕾上生较短的暗灰色霉层，在显微镜下看到的多为芽枝霉（*Cladosporium* spp.）属的真菌（图6）。

4. 花蕾上生较短的黑色霉层，显微镜下检测到的是链格孢霉（*Alternaria* spp.）属的真菌（图7）。

5. 花蕾上生较长灰色的霉层，且可看到孢子团，霉层可扩展到花苞、花梗、花朵及种子上，经显微镜观察是灰霉病菌（*Botrytis cinerea*，图8）。但属于灰霉的不多，在供检的20多个病花中仅见到1例。

经检测，我确实是在雌花上见到了灰霉菌，我对李师傅所说的"9月初不可能发生灰霉病"是不符合实际的。

我立即将鉴定的结果告诉了李师傅，同时对雌花上的病因和他进行了讨论。

我首先肯定了他说目前在雌花上可发生灰霉病的事实。如果说在北京的城区附近，不会有灰霉病发生这倒是可能的。因为9月初，城区日均温度还多在25℃以上，不利于病菌的发育。而此时延庆区四海镇的日均温度已下降到18.3℃，夜间的最低温下降到11.5℃（根据2015年9月2日四海镇王顺沟观察点的记载）。尽管塑料大棚内的温度会比棚外高一些，但也不会超过20℃，而灰霉病发育的最适温度是21℃左右，所以温度不会是灰霉病的限制因素。

但是，我认为目前塑料大棚里万寿菊雌花上的病害主要不是灰霉病，而是放风不及时高温引起的伤害。在8月中、下旬遇到晴天，如果通风不好，中午塑料大棚里有40~50℃，尽管只持续2~3h，但足以给幼嫩的雌花柱头和冠毛造成伤害，引起枯死。后来一些腐生菌在枯死的组织上生长、繁殖。如所见到的镰孢霉、芽枝霉和链格孢霉都属于这种情况，同时高温降低了万寿菊的抵抗力，使得灰霉病得以发生。

我还认为，今后灰霉病有可能随着气温的降低在制种棚里继续发展。因此，在防治上首先应当注意预防高温对雌花引起的伤害。也不排除使用一些农药（如：嘧霉胺等），控制灰霉病的发生。

2016年新年伊始，我收到一篇关于种子传带万寿菊黑斑病的文章，说通过检测发现万寿菊种子带黑斑病菌（*Alternaria tagetica*）很多。但是从提供的照片上看，孢子形态和我这次在花蕾上见到的腐生的链格孢霉十分相似（万寿菊黑斑病的病菌也属于链格孢霉属，但孢子比他报道的大一倍以上，见图9，而且在

制种棚里也不适合黑斑病的发生）。因为我有了上面的这段经历，便提醒这篇文章的作者要注意将病原搞准，不要将腐生在花上的链格孢霉，误认为是黑斑病菌。■

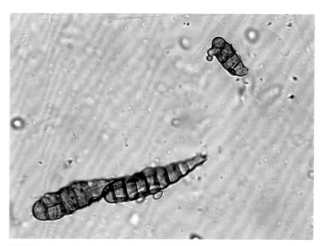

图7 在万寿菊雌花上见到的链格孢霉

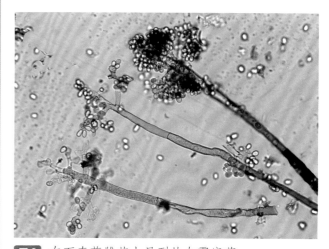

图8 在万寿菊雌花上见到的灰霉病菌

图9 万寿菊链格孢的孢子

Example **66**

北京发现番茄棒孢叶斑病

黄瓜棒孢叶斑病，又称黄瓜褐斑病和黄瓜靶斑病。病原为多主棒孢 [*Corynespora cassicola* （Berk. & Curt.）]，属于一种真菌。最近几年该病在中国北方的一些地方肆虐，给一些地方黄瓜产量带来了严重损失。据报道，该菌还可以侵染西瓜、金丝瓜、甜瓜、番茄、茄子、豇豆、大豆、扁豆、紫苏、莲藕等多种蔬菜。包括我在内，不少人担心此病是否会在其他蔬菜上发生。但是，到此前为止，我见到的寄主只有黄瓜、西瓜、豇豆（在豇豆上称为轮斑病）和茄子（在茄子上称为黑枯病）。

2015年9月下旬，有了进展，我在地处北京市通州区张家湾的某蔬菜基地调查时，看到了番茄棒孢叶斑病。

那天，我和基地的技术员杜师傅一起调查病情。在一个同时种植着黄瓜和番茄两种蔬菜的冷棚里，看到黄瓜的叶片上斑斑点点。杜师傅问我这是什么病？怎么按霜霉病（使用霜脲氰·锰锌）防治过几次，就是防不住。

我也仔细地看了看，有的病斑的确是霜霉病。但是，更多的病斑较小，有可能不是黄瓜霜霉病而是黄瓜棒孢叶斑病（图1）。该病我见到过，不过在有些情况下，这两种病害只看症状还是辨认不清，还需要使用解剖镜或显微镜观察一下。因此，只说了一句"有可能这不是霜霉病"，采了一些病叶，准备回实验室观察后再告诉他。

看完黄瓜棒孢叶斑病，我注意到在旁边的番茄叶

图1 在黄瓜叶片上出现的棒孢叶斑病症状

图2 在番茄叶片上出现的棒孢叶斑病症状

184

图3 棒孢叶斑病菌在番茄叶片上背面上引起的病斑

图4 棒孢叶斑病菌在番茄上引起的叶丛枯死

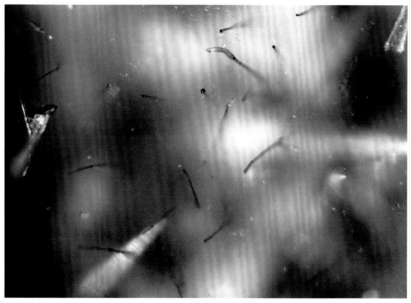

图5 从病斑表面利用反射光在显微镜下看到的棒孢叶斑病菌粗大的孢子梗

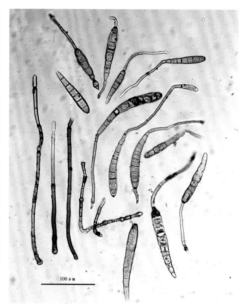

图6 在显微镜下看到的番茄棒孢叶斑病菌的孢子梗及分生孢子

片上，那里也是斑斑点点的。病斑大小不一，大的病斑直径近10mm，小的病斑直径仅有1~2mm；病斑的形状变化也较大，多为近圆形，少数多角形、不整齐形；病斑为暗褐色，斑中还有些不呈同心轮纹状的纹路（图2）；病斑可以穿透过叶片，在叶背面出现的病斑颜色较深（接近黑色）（图3）。发病重的地方，有叶丛发黄、枯死的情况（图4）。根据病斑的形态，可以肯定不是番茄早疫病；但和以前我见到的两种番茄灰叶斑比较相似，到底是什么病也需要过一下显微镜来

确认。

当天下午我回到实验室，先看了黄瓜的病叶。结果在低倍镜下，用反射光从叶表面即可看到许多粗大的孢子梗（图5），用刀片刮下病斑的霉状物还看到了蠕虫状的孢子，证实黄瓜上发生的的确是棒孢叶斑病。但是，在番茄叶片上我用刀片刮下的霉状物却看不到番茄早疫病和番茄灰叶斑的病菌，而见到了一些和黄瓜棒包叶斑病相似的孢梗和孢子。起初我怀疑是因我刮取病菌时使用的刀片不干净，混杂了看过的黄

185

瓜棒孢叶斑病菌。但是，我又重新将刀片擦净，再次从番茄的病斑上刮下孢子，并改用反射光直接观察病斑的表面，看到的还是棒孢叶斑病菌。使我相信我看到的确实是番茄棒孢病菌。为了进一步确诊该病，我又对病菌的孢子及孢子梗，进行了观察与测量。

结果表明，该菌的分生孢子梗直立单生，略有曲折或弯曲，有横膈4~6个，长48~345μm，宽6.6~8.63μm，深褐色，基部略膨大，色略深，顶端钝圆，色略浅，分生孢子顶生。分生孢子倒管棒状，榄褐色，顶端色略浅，有横膈7~12个。孢子长38.65~140.00μm，宽15.08~18.13μm。有时在孢子的顶端会长出孢梗，继续产孢；还有个别的不生孢梗，直接产孢。未见有3个孢子串生的情况（图6）。

于是，我与以前本人在北京见到的黄瓜、豇豆上的这两个菌做了比较（见表1）。结果表明，其数值均在已见到的黄瓜及豇豆多主棒孢菌的范围以内。证实在番茄上见到的病害，确实也是由多主棒孢（Corynespora cassicola）引起。

知道了病原菌，防治的方法也就比较容易解决了。根据文献报道，防治此类病害可用的防治方法有以下几方面：

一、选用抗病的品种

目前，在国内已有一些抗黄瓜多主棒孢病的品种。而尚未见到对番茄棒孢病有效的抗病品种。但是，可以从引进的品种中去筛选。

二、农业防治

1. 清除病残：即在发病初发现有个别病叶时及时摘除，及时地装入塑料袋内，集中的销毁。此外，在番茄罢园后，应及时地清除病残株，销毁或深埋，切勿随处乱扔。

2. 种子处理：使用55℃的温水浸种15min，或将含水量低于10%的种子在70℃的恒温箱中处理72h。

3. 采用高垄栽培，棚室栽培时注意控制环境的湿度（包括使用生态防治的一些措施）。

4. 适当地施用氮肥，增施磷钾肥、叶面肥和二氧化碳，提高植株的抗病性。

三、化学防治

发病前或发病初使用75%百菌清可湿性粉剂600倍液或福美双可湿性粉剂500倍液或25%嘧菌酯悬浮剂1 000倍液，进行预防。

在病害的发生期可使用40%嘧霉胺悬浮剂500倍液或25%咪鲜胺乳油1 000倍液或40%腈菌唑乳油3 000倍液或43%戊唑醇悬浮剂3 000倍液喷洒。为避免病菌抗药性的产生，在使用嘧霉胺悬浮剂、咪鲜胺乳油、40%腈菌唑乳油及戊唑醇悬浮剂时，最好加一些77%氢氧化铜可湿性粉剂500倍液或75%百菌清可湿性粉剂600倍液或福美双可湿性粉剂500倍液，延缓病菌抗性株的产生。

我将对黄瓜、番茄棒孢叶斑病鉴定的结果和防治方法告诉杜师傅，并特别强调了病残的处理。建议他们最好能使用嘧霉胺悬浮剂等专性农药加77%氢氧化铜可湿性粉剂500倍液，防治一次，并做好罢园时的病残处理，力争将此病一举消灭。■

表1　在北京剪刀的三个寄主上的多主棒孢菌子实体大小比对表

寄主	分生孢子梗			分生孢子		
	长（μm）	宽（μm）	隔数（个）	长（μm）	宽（μm）	隔数（个）
番茄	48~345	6.6~8.63	4~6	38.65~140.00	15.08~18.13	7~12
黄瓜	90~320	5.75~12.0	1~12	35~145	12~20	1~16
豇豆	57.5~330	5.5~10	2~21	20~175	6~17.5	2~16

Example 67

不是大白菜软腐病，
而是干烧心病

2015年9月下旬，笔者在北京市农林科学院新农村科技咨询办公室值班。电脑上显示出北京市大兴区一户姓郭的菜农提出的问题："请问，大白菜烂心是什么病？如何防治？"

这个季节正是大白菜软腐病发生较多的时候，常有问到这个问题的农户。我就没有多想，按照防治大白菜软腐病的方法回答了他。说："烂心是大白菜软腐病的症状之一。通过根部及菜帮子引起的软腐病，一般表现为烂疙瘩。害虫在心叶取食被传播的软腐病，多表现为烂心（图1）。把虫害防治住，问题就不会大。"我将这段文字发给了他。过了半天，他回复说："软腐病我认得。我这里发生的烂心不像软腐病那么湿，是干烂？"

干烂？我想不出是什么样子。就让他拍一张照片发过来，看看到底是什么样子？但是，他说："自己不会鼓捣那个玩意。"并说："我们这里的大白菜这种病

比较普遍，能否过来一趟，给大家看看。"

能到现场去看看对准确诊断病害确实有效，特别是发生的面积较大，是应当去看看。但是，大兴离我们这么远，还得用车，这必须请示领导才可以定下来。

我就问了一下他是大兴区哪个村的？告诉我他姓郭是在长子营镇北泗儿的。北泗村，我知道。可巧的是，我明天要去的蔬菜基地就在北泗，基地的车来接我。先问清他是否知道我要去的这个基地，他说知道。我当即就答应他可以去看看。我让他上午9点半左右，在基地门口等我。

第二天，接我的车还没有到达基地门口，远远地就见到有个菜农扶着充电摩托等在那里。走近后，我把头伸出车外问："是郭师傅吗？"他说是。我让他骑上摩托前面带路，到他的地里去看看。

他们家的地，就在基地南面不远的地方。目前的大白菜多数已经有半心，乍看起来，长得还不错，但

图1　大白菜软腐病菌引起的烂心　　图2　包心期发生的大白菜干烧心轻病株：新叶焦边　　图3　包心期发生的大白菜干烧心重病株：新叶腐烂

是走近一看，颜色黑绿，长得不大整齐。郭师傅下车后，径直走到他的大白菜地里，我在后面紧跟。

走在田里，我的第一个感觉就是大白菜缺水。地很硬，还不到10点，植株上的露水已经不多。没有走太远，老郭就停了下来，指着他脚下的一棵大白菜说："我说的烂心就是这样的。"

我走上前去，看到一棵大白菜虽然外叶比较正常，但是心叶有焦边的。这种焦边是由外向里逐渐加重（图2）。我们又往地里面走了几步，发现这些病株多在一片片植株较矮的地方出现，有些植株的心叶还真有腐烂的（图3）。

此时，我注意地看了一下大白菜的种植方式。按理说在北京种大白菜一般都是高垄栽培，但是他这里的白菜虽也起垄但是植株没有种在垄背上，即种的是"偏埂"。而且到了白露节气，蹲苗期已过，应当浇过包心水了。但是，这里仍然是继续"蹲苗"。

看了这些情况，我对老郭说："知道了，您这里发生的是大白菜干烧心病"。

"干烧心我知道，不是发生在大白菜的储藏期吗？（图4、图5）"老郭问我。

"一般是这样，但是比较严重时在包心期就可以发生。"我说。并问他："为什么到了这时候，还不浇水。"他说："我怕发生软腐病。去年我这块地软腐病（发生）比较严重，所以，今年不敢早浇水了。"并问我："现在浇（水）是不是可以有救？"

我说："当然比一直旱着要好，但是已经晚了。"

接着，我将大白菜干烧心发生的原因讲了一遍，说："大白菜干烧心是一种生理病害。直接的原因是因

图4 储藏期大白菜干烧心病株的纵断面

图5 储藏期大白菜干烧心病株的横断面

为缺钙。这倒不是说土中没有钙或少钙，而是在土壤浓度过高时，植株就不能很好地吸收钙素。

"造成土壤浓度过高的原因有以下几种原因：一是土壤盐分大，例如在盐碱地里种大白菜，容易发生干烧心；二是有的品种对水分供应不足比较敏感；更多的情况是管理上的问题。例如，在天气比较干旱的时候，要缩短蹲苗期。不过，今年种大白菜的期间并不是很旱，您这块地的问题，就是上水不及时。"

他又问："除了及时浇水可以缓解干烧心以外，还有没有其他的好办法？"

"说起干烧心的防治，从播期上就要注意。"我说。"在北京最适合的播期，应当是立秋前后。一般有'前三、后五'之说。"即在立秋前三天到后五天最合适（也有认为是前五后三的）。在这个期间内一般晚播，干烧心发生的较轻。"

"在品种的选择上，也很有讲究。从道理上讲，应当选不易发生干烧心的品种，如'津绿55'比较抗病。但是，并非一定要用这个品种，还需要综合考虑。如果获得大白菜丰产还有其他更重要的问题（包括：适应性、商品性、其他病害问题），就不要非使用'津绿55'不可。因为防治干烧心还有其他的措施。"

"干烧心的发生还和土壤肥力有关。一般，有机质含量高的，发生较轻；低洼地、盐碱地发生的较重；施氮肥多的病比较重。增施过磷酸钙的地，发病较轻。如果在管理中注意了这些，有可能避免发生干烧心病。"

"不过事到如今，上述措施大都已来不及了。比较现实的方法是采用根外追肥的方法。即直接给植株补钙。具体做法是在1 000ml的0.7%氯化钙溶液中加入50mg的萘乙酸。每周防治一次，连续防治4~5次。"

他听后说："这两种药我可以想办法搞到，下午我就试试。"

说到这里，老郭提出是不是再到他亲家的大白菜地看看。我看了一下手机，已经10点多了，再看的话，就没有时间去基地了。说："不用去了，通过接触我知道您懂的也不少。您去看看，要也是干烧心，就把我刚才说的跟他说说就行了。"和他告别后，我们匆匆赶到这天要去的基地。■

Example 68

连阴天断病

2015年11月初至24日，北京地区一连阴了20多天。不是下雨就是下雪，不是雨夹雪就是阴天加雾霾。此时正是初冬，出现这种天气对蔬菜生产极为不利。

11月25日我到南郊的两个蔬菜基地转了一圈。看看这种天气给蔬菜带来的影响。

走进第一个基地，我问技术员小江，情况怎样？他说："您看看吧，我们这里是'黄瓜黄了，西葫芦胡了'像样的菜不多。"

说着我们走进一个韭菜棚。初看起来，韭菜长得好像是很鲜灵。但是走到里面靠南的几个畦，韭菜的叶子上出现了一些白点。小江说："这种病咱们见过。去年春节过后发现的。叫韭菜灰霉病（*Botrytis squamosa*），对吧？"我说"对。"他问我："今年怎么这么早就发生了？"我说："都是这几天的天气闹的。"我们继续向里面走去，发现病害越来越多，严重的叶片已摊在地上（图1）。我问他："还记得我说过韭菜灰

霉病有几种症状表现来着？"他说："有三种：白点型、干尖型、湿腐型。这属于白点型对吧？"小江答。我说："完全正确。"

接着我们就讨论起韭菜灰霉病的防治。我建议，等天好后，将有病的韭菜割一茬。以4g/m²的量，用嘧霉胺毒土防治一遍。他觉得用毒土比较麻烦，问使用液剂喷一下是不是也可以。我说："倒不是不可以，主要是目前地里比较湿，喷药还得用水，不是又给它加湿了吗？"小江点点头，表示同意。

走出韭菜棚，我们又来到黄瓜棚，一进门，小江说："听到了我刚才说的'黄瓜黄了'吗？这个温室里的黄瓜就是这种样子。为了让它变绿，我们还在温室里安了20盏200W的白炽灯，最终还是没有缓过来。"我往里面看了看，这些灯还亮着，看看温度计，只有5℃。我问他："安装这些灯管用吗？"他说："管点用，把温室的温度提高了1~2℃。"

图1 阴天期间发生的韭菜灰霉病

图2 被灰霉病菌危害的黄瓜幼瓜

图3 茄子叶片上发生的灰霉病

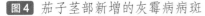

图4 茄子茎部新增的灰霉病病斑　图5 由于冷害挂在植株上发霉的 　图6 菌核病危害的幼小茄子
　　　　　　　　　　　　　　　　　　　茄子

这棚黄瓜正处于结果的盛期，秧子有一人高，植株确实都发黄，瓜结的不多。我说："没办法，遇到了这种天气，黄瓜能挺过来就算不错。"我们继续往里面走，当走到温室中间安有浇水管的地方，发现有几株黄瓜秧子打蔫。小江问我这是怎么回事儿？

我看了看根没有问题。又看了根颈及整个植株都好好的。对他说："我认为这是冷害造成的。这里挨着水管，地比较湿、冷，土中空气也少，根系的活力比其他地方的要差，吸不上来水，所以蔫了。"他问我，是不是有救。我说："如果萎蔫得不严重，且时间不长，温度上来了还可以恢复，但是如果地太湿，就难缓过来了。不过就是能缓过来，下部的叶片边缘也有可能枯死。"我根据以前经验回答了他。

我还发现这里黄瓜灰霉病（*Botrytis cinerea*）比较严重。主要是在许多幼瓜的小花的下面，长了很多白毛和灰毛。我摘下来一个，递给了小江。这时，他也认出来了，走到行间仔细地看了起来。发现有病的花和瓜还真不少。说："这可咋整，这么多小瓜都得了灰霉病（图2）。"

"看来这一茬花的希望不大了。"我说，"我建议，等天好了将病花掐掉，再用药防治一遍。"

"不行，下午就得干。"小江有点急。

"别急，天气预报，从明天起晴天较多，还是等好天的上午再防治吧。"我接着说："你掐花，会造成伤口，棚里湿度大时愈合得慢。下午掐花，晾不了多久就放苫了，夜间棚里湿度大，易染病，不如上午掐比较好。"

这时他也平静了下来，点头称是。

离开黄瓜棚又到了茄子棚。这棚在我上次来的时候，就发现过菌核病。曾让他清除一下病枝。这次来到这里发现，不光有菌核病（*Sclerotinia sclerotiorum*），又增加了灰霉病（*Botrytis cinerea*），造成的病叶枯枝也比以前多了（图3、图4）。我问他上次我说过后，防治过没有？他说："这段时间主要精力都放在抢收、抢盖露地蔬菜了，还没有精力管它。您放心，下午就办。"

在这个基地我又看了一些棚，问题都差不多。我临别时对小江说："公平地说这里的菜管得还不错，比我来前想象的要好。但要继续努力，尽快地将这场灾害造成的影响化解掉。"接着我便去了第二个基地。

来到第二个基地，在杜师傅的陪同下，我们先看了日光温室里的蔬菜。情况和上一个基地差不多，都有些发黄。

在第四号日光温室，我发现温室空着一半。一问，才知道这棚在9月初种了一茬豇豆和菜豆。可能是温度低，豇豆不结荚，这次遇上连阴天，看到真的没希望了，就给拔了。目前菜豆还在长着，已开始结荚了。实际上菜豆也不大好，下部许多的叶子都枯了。倒是上部还有一些花及豆角。再仔细看，这棚的灰霉病也比较重，有许多叶片都被菌丝缠到一起，茎、叶和荚上长满了灰霉菌的孢子，能收下来的菜豆十分有限。

但是杜师傅仍不肯放弃。我也帮他出主意。建议他下工夫将植株上的黄叶、病叶和病荚清理一遍，清理的时候，让工人拿几个编织袋，随手将病残就装入袋里，集中起来销毁，力争做到田间不存病残。然后使用嘧霉胺防治1~2次。杜师傅说他有比嘧霉胺更有效的防治灰霉病的药咯菌腈，我说很好，那就用咯菌腈。

在第五号温室种植的是'布里塔'茄子。原来果实累累，经过这段阴天，也不大成样子。按说这个品种比较抗寒。但是此时除了叶片发黄，新结的茄子根本不长。就是已经长大的茄子，有不少变褐后落在地上，甚至有少数茄子挂在枝条上就变成褐色（图5），表面长了不少的霉层（像是青霉等腐生菌）。此外，不少的初生茄子开始腐烂，长出了白霉，像是得了菌核病（图6），损失十分严重。我对杜师傅说：这棚茄子别的问题等天好后，会得到缓解。但是，菌核病不控制住，就没治了。现在应当将病花掐掉。我建议在天好后对这个棚做一次彻底的清理。以掐病花为主，同时将变色、腐烂的叶片、茄子摘掉。然后使用咯菌腈防治1~2次，重点保护摘花留下的伤口。

看完日光温室，我们又去了新盖的三栋装有地源热泵的加温温室，看看种植的黄瓜、茄子和番茄。但是走近温室一看，三个温室的保温被还没揭开。这时已经是11：00多了，老捂着可不行。

我问，这是谁的主意。杜师傅说："前几天为我们盖温室的老总说的。他过来看温室的保温效果，说阴天没有阳光，为了保温可以不揭保温被。"

我说："这哪行！快把保温被揭开。阴天还有散射光可用。总是盖着，一两天还行，时间长了还不把菜都捂坏了。"我还说："蔬菜在生长的过程中，要呼吸，会消耗营养。温度越高呼吸消耗的营养越多。如果在有阳光的时候，制造的养分多，消耗点不算什么；但是如果在黑暗的情况下，时间长了，蔬菜就受不了啦！"

这几座棚都有卷帘机。很快，三个棚都被打开。

按理说有了加温条件，对连阴天的抗灾能力应当有所提高。但因为长时间不见阳光，这三个温室里的蔬菜生长的还不如日光温室。这里的黄瓜秧不光

发黄，而且下部叶片大量的枯死（图7），已坐住的小瓜，也都化掉（图8）。茄子的问题更大，不光是发黄，有枯叶，多数植株都是下部的几片大叶，夹着一个小芯，生长点根本长不上来（图9）。番茄稍微要好一些，但是可见到植株一大片的萎蔫。而且，每个温室里都有一股发霉的烂叶子味。

杜师傅看后嘴里嘟囔着："都是那个半吊子专家出的馊主意。我早就觉得这样时间长了不行，可是……"

我说："已经这样了，还是想办法抢救吧。记住，在阴天每天揭苫的时间可以晚一些，放苫的时间可以早一些，但是不能让它不见光。还算好，你这里是新棚，还没有灰霉病、菌核病。缓几天，把枯枝烂叶清理一下，问题不大。"

"还说问题不大呢，要不是连阴天，这里黄瓜早就可以采收了。"杜师傅说。并问我还有什么措施，让植株尽早地恢复起来。

我建议可以在天晴后，在上午喷些叶面肥。使用浓度为0.3%的1：1的磷酸二氢钾加尿素，喷1~2次。

最后我强调："据天气预报，从这往后晴天较多。但是，千万让温室里的蔬菜慢慢地见光。这时候植株柔弱，地温又低，根系吸收能力较差。突然的高温、强光，不光叶片会打蔫，还有可能被晒坏。遇到这种情况，可以采用回苫的方法避开高温。就是在11：00~14：00这段时间，把保温被放下一大半，让它只见散射光，等它们缓过来再逐渐的解除回苫。"

12月9日，我又到这两个基地看了看，虽然这两天又遭遇雾霾，但是，经过这段时间的抢救，受害的蔬菜，都有了一些起色。不过小江对我说，那棚"黄了的黄瓜"没有能挽救过来，我走后的第二天揭开保温被，没过两小时，所有的叶片都蔫了。按我说的方法回苫，没有能解决问题。有可能是采取措施的时间太晚了。■

图7 被捂坏了的黄瓜叶片

图8 被捂坏了的黄瓜幼瓜

图9 缺乏阳光条件下难以伸出的茄子顶芽

Example **69**

菊花上的三种蚜虫

2016年的1月中旬，我和课题组研究鲜切菊花的陈博士一同去了万寿菊试验基地。陈博士要定植一批菊花，我主要是看在基地培育的万寿菊苗的生长情况，同时也了解一下冬季保护地菊花的病虫害发生情况。

我在几个棚（日光温室和塑料大棚）里转了一圈。没有发现有什么病虫害，便在地边看陈博士定植菊花。可就在此时，陈博士发现要栽种的菊花叶片里裹有蚜虫。

我立即凑了过去，看到他要栽种的菊花枝条、叶片（图1）以及残留的花瓣上（图2）都有一些蚜虫。看来在温室内，如不仔细地查找，是发现不了这些病虫害的。

我目前正在收集菊花病虫害的图片，拿出相机，将蚜虫拍了下来，作为留存资料。

陈博士知道我在2015年写过一篇"蚜虫春来早的"文章[1]。从图片上看，发现这次见到的蚜虫和上次见的蚜虫大不一样。上次见到的蚜虫，好像周身长满了刺（图3），这次见到的蚜虫都是圆墩墩、黑灰色的，在体表还有一层蜡粉。就问我这是什么蚜虫？

这种蚜虫我在瓜类蔬菜上常见，就告诉他是瓜蚜。但是，在菊花上我只在去年秋天见到过，有时在食用菊的花瓣间发生较多，在叶片和茎干上还没有见到过。

陈博士又问我，菊花上还有什么蚜虫？

因为我对菊花的害虫不太熟悉，这下子把我问住了。答应他回到研究中心查查文献资料。

在研究中心我先翻开的是《中国菊花全书》[2]。书中的虫害部分只记载有两种蚜虫，即菊姬长管蚜（*Macrosiphoniella sanborni*）（图3）和桃赤蚜（桃蚜）。也就是说在菊花上除了我们看到过的菊姬长管蚜和瓜蚜这两种蚜虫以外，还应当有一种蚜虫——桃蚜。

图1 在菊花叶背潜藏的瓜蚜

图2 花瓣和包叶上潜藏的瓜蚜

图3 在菊花茎上集中危害的菊姬长管蚜

据文献记载，桃蚜*Myzus persicae*（Sulzer）也属同翅目蚜科，又称烟蚜、桃赤蚜、菜蚜、腻虫。这种蚜虫无翅孤雌蚜体长2.6mm，宽1.1mm，体淡色，头部深色；额瘤显著，中额瘤微隆；腹管长筒形，端部黑色；尾片黑褐色，圆锥形，近端部1/3收缩；有翅孤雌蚜的头和胸黑色，腹部淡色；触角第3节有小圆形状生感觉圈9~11个；腹部第4~6节背中融合为一块大斑，第2~6节各有大型缘斑，第8节背中有一对小突起（图4）。

该虫在华北地区年发生10余代，在南方则可多达30~40代，世代重叠极为严重。以无翅胎生雌蚜越冬，或在菜心里产卵越冬，在温室内终年繁殖。一般4月下旬产生有翅蚜，迁飞至已定植的甘蓝、花椰菜上继续胎生繁殖。桃蚜的发育起点温度为4.3℃，有效积温为137℃；发生最适宜温度为24℃，高于28℃时不利于桃蚜的生长繁殖。因此，桃蚜在春秋两季呈现2个发生高峰，且对黄色、橙色有强烈的趋附性，而对银灰色有负趋性。

桃蚜在中国各地区均有发生。在蔬菜上危害甘蓝、花椰菜、白菜、萝卜等十字花科蔬菜及其他蔬菜。成虫及若虫在菜叶上刺吸汁液，造成叶片卷缩变形，植株生长不良。危害留种植株的嫩茎、嫩叶、花梗和嫩种荚，使花梗扭曲畸形，不能正常抽薹、开花、结实。蚜虫传播病毒引起蔬菜发生病毒病。在危害菊花时受害叶变黄，向背面不规则卷缩，严重时叶片干枯早落，更重要的是桃蚜是多种病毒的传播媒介。

说来也巧，就在此时我发现在育苗温室里的菊花上有了蚜虫。经过观察，确认这就是桃蚜（图4）。

关于瓜蚜对菊花的危害记载，我是从《中国菊花》查到的[3]。瓜蚜（*Aphis gossypii* Glover），属同翅目蚜科。因为它也是棉花的主要害虫，所以又称棉蚜。无翅蚜体长1.5~1.9mm，

近球形；夏季多黄色，春、秋季多为深绿色或蓝黑色；表面有蜡粉，腹管黑色。有翅成虫体长1.2~1.9mm，体黄色、浅绿色或深绿色，腹部背面两侧有黑斑。危害时叶片卷缩，比较容易发现和识别。

这种蚜虫的成虫和若虫多群集在瓜类蔬菜的叶背、嫩茎和嫩梢刺吸汁液，受害后表现为叶片卷缩，生长点枯死，严重时在瓜苗期能造成整株枯死。成长叶受害，干枯死亡。这种蚜虫危害时常分泌出蜜露，污染植株后还可引起煤污病，影响光合作用。更重要的是蚜虫可传播病毒病，能引起更大损失。

瓜蚜在全国各地均有发生。除危害多种蔬菜外，还危害棉花、菊花、石榴、花椒、木槿、鼠李等多种木本植株。华北地区每年发生10余代，长江流域20~30

图4 在菊花茎上为害的桃蚜

代，以卵越冬或以成蚜、若蚜在杂草或温室内蔬菜上繁殖。气温达6℃以上开始活动，繁殖2~3代后于4月底产生有翅蚜，会迁飞到露地蔬菜上繁殖危害。繁殖的适宜温度为16~20℃。北方地区超过25℃，南方地区超过27℃，相对湿度达至75%以上时，不利于瓜蚜繁殖。干旱有利于瓜蚜繁殖，一般7~8月危害严重。通常，避风地受害重于通风地。至10月份产生有翅雄蚜，于寄主上的雌蚜交配，再产卵越冬。

瓜蚜在菊花上危害幼嫩枝叶和花蕾，使叶褪绿、枝叶卷缩或叶变脆，影响开花。故花蕾期即要将其消灭，否则进入花内就很难消灭。

到此为止，我仔细研究了能够危害菊花的三种蚜虫，并回答了陈博士提出的问题。但是，我只能说这是菊花上常见的三种蚜虫，如果有了新的发现，以后还会告诉他。我也很愿意解答这样的问题。关于菊姬长管蚜的识别和这些蚜虫的防治我在"蚜虫春来早"一文中已有介绍[1]。

应特别注意的是，化学农药对防治不同种类蚜虫的效果，存在着一定的差异。例如，对防治桃蚜有效的辟蚜雾，用来防治瓜蚜就不大有效，应当注意避免使用。■

参考文献

[1] 李明远. 蚜虫春来早[J]. 农业工程技术（温室园艺），2015（4）:64-65.

[2] 张树林，戴思兰. 中国菊花全书[M]. 北京：中国林业出版社，2013：124-125.

[3] 李鸿渐. 中国菊花[M]. 南京：江苏科学技术出版社，1992:62.

Example **70**

芹菜黑心病和软腐病的鉴别与防治

我在北京12396新农村科技服务热线值班时，有一位网友发来了一张烂心芹菜的图片，问芹菜软腐病如何防治？

我认为他发来的图片是芹菜黑心病，不是芹菜软腐病（*Pectobacterium caratovorum* subsp. *caratovorum*）（图1）。

开始他并不认可我的看法，说他对比了权威著作，应当不会有错。但是，有些人会将芹菜黑心病误认为是软腐病。我从自己的图库里找出了2张芹菜软腐

病的症状图（图2）发给他，并说明了如何区别与防治芹菜黑心病和软腐病。

一、芹菜黑心病和芹菜软腐病区别

1. 两者在田间的分布不同：芹菜黑心病一旦发生，即使植株的染病情况有所不同，但整块地里的芹菜基本上都会发病；而软腐病（以笔者经验来看）一般都是分散的，得病的植株死亡，而它旁边的往往安然无恙。

2. 植株在田间的表现不同：芹菜黑心病发病后，

图1 网友发来的"芹菜黑心病"图片　　**图2** 我找出的因缺钙引起的芹菜"烂心病"症状图

图3 得了软腐病的叶片平铺在地面

图4 患病植株瘫在地上失水干枯

图5 芹菜软腐病初期的心叶仅萎蔫但尚未腐烂

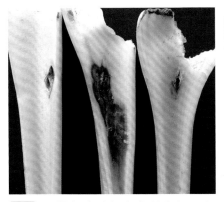

图6 因缺钙在叶柄上出现的坏死斑

图7 在无钙素的营养液中诱发出的芹菜黑心病株

图8 在有钙素的营养液中的无黑心病芹菜株

叶片还能较长时间保持直立，外叶不会腐烂；而得了软腐病的芹菜叶片很快会失去支撑力，平铺在地面（图3），随之整株都会失水干枯（图4）。

3. 两者发生的部位不同：芹菜黑心病只发生在心部叶片和叶柄的基部；而软腐病往往是叶柄基部先腐烂，使心部因水分供应受阻而萎蔫（图5）。

4. 腐烂表现不同：芹菜黑心病病部多为干腐状、深褐色（图6）；而软腐病多为湿腐状，颜色一般为浅灰褐色。

5. 气味不同：芹菜黑心病的病株一般是干芹菜味，而软腐病的病株有明显的臭味。

6. 在显微镜下的表现不同：由发病的芹菜心叶上取下一块有病组织放在玻片上，滴上水后在显微镜下观察，如果是软腐病，水滴会变得混浊起来，在显微镜下可以看到有很多的细菌由组织里向外涌出；如是芹菜黑心病，水滴则没有太大的变化，在显微镜下见不到有细菌涌出。

实际上这2种病也有难以分辨的时候，就是复合发病。即软腐病菌利用芹菜黑心病造成的伤口侵入后，

引起的危害。这也是往往不能准确诊断的原因。

二、芹菜黑心病和软腐病的发生与防治

关于这2种病的防治，我认为都比较难。难就难在这两种病都应以坚持预防为主。一旦发现，往往控制不住。

1. 芹菜黑心病：在20世纪80或90年代，我曾经对芹菜黑心病的原因做过探讨，即用石英砂做基质，使用不加钙素（氯化钙）的营养液水培芹菜。以加钙素的水培芹菜为对照，处理1个月，诱发出了黑心病（图7、图8）。自那以后我一直认为，芹菜黑心病是由缺钙引起，但在有的文献上认为和缺硼有关。在大多数情况下，不是土壤中缺钙，而是植株不能将土壤中的钙吸收，即"间接缺钙"。如气温和土壤湿度长期过高或过低，或干旱后突降暴雨，或氮肥施用过量，或种植的品种对土壤中钙元素的敏感性较强，或植株需钙较多的生育期都会引起间接缺钙。

芹菜黑心病的防治，一般使用以栽培措施为主的综合措施。包括：

（1）汰除敏感品种，选用抗病品种：目前已知

的敏感品种有'佛罗里达州''Utah''Golden Crisp'等，如果当地易发生黑心病，则不建议使用。而比较耐病的品种有'文图拉''加州王''皇后''优他52-70''正大脆芹''四季西芹'等。

（2）培育壮苗，合理密植：易发生黑心病的地区种植芹菜选择播种期时应避免收获期处于高温高湿的时期。将苗床安排在比较凉爽的地方，如在9月前育苗，苗床应有遮阳网或草苫覆盖，避免暴晒或雨水冲浇。定植前使用1%的过磷酸钙浸苗2~3s。定植时应做到深不盖心、浅不露根，及时摘除萌蘖。

（3）合理施肥：在施肥上应采用有机肥和无机肥、大量元素和微量元素相配合，并以追肥为主的原则。所谓有机和无机肥相配合即指在肥料选择上，应以农家肥为主（包括作物秸秆以及发酵过的皮条、血粉、豆泊、麻渣等），适当的配和化学肥料。所谓微量元素是指氮、磷、钾大量元素以外的钙、镁、硼等。以追肥为主，即基肥用量占30%~40%，追肥用量为60%~70%。

（4）注意水分的平衡：在管理时要适时灌溉、小水勤浇，避免土壤忽干忽湿。如露地育苗应减少土壤温度和湿度的大起大落，可早晨和傍晚浇水，必要时可搭建遮荫棚。在日光温室中为避免棚内过湿，可晴天上午进行灌溉，灌后提温放湿。多雨季节注意及时排水，利用中耕降低土壤湿度。

（5）进入病害敏感期及时补钙：易发生黑心病的地块，一般从7~8叶期即开始补钙。可使用的叶面肥有：0.5%氯化钙、0.5%硝酸钙、绿芬威3号1 000倍液、益妙钙1 000~1 200倍液、甘露糖醇有机螯合钙、EDTA钙钠盐1 000倍液。在发病初使用氨基酸钙600~800倍液、美林高效钙500~600倍液。在用上述各种叶面肥时，要将肥喷到植株的心部，每10天喷1次，连续3~4次。喷后6h内遇雨应当补喷。

2. 芹菜软腐病：芹菜软腐病的发生与防治与芹菜黑心病不同。首先软腐病是侵染性病害，病原是一种寄主广泛的细菌，胡萝卜软腐果胶杆菌胡萝卜亚种，

学名*Pectobacterium carotovorum* subsp. *carotovorum*〔曾用名：*Erwinia carotovora* subsp. *caratovora*（Jones）Bergey〕。

病原菌随寄主残留在土壤及粪肥中越冬，但是脱离寄主后，只能成活15天。芹菜茎基部的伤口（虫伤、机械伤、自然裂口）是病菌侵染的主要途径。因此，如果上茬种植的是十字花科蔬菜、茄科蔬菜、瓜类蔬菜的地块，再种植时易患软腐病，不经晒垡，害虫较多的地块，病害发生较严重。防治方法：防治芹菜软腐病，应采用农业措施为主辅以化学防治的综合措施。

（1）培育壮苗：①育苗田应远离生产田、3年内不曾种植过芹菜的地块。②精细整地：确保育苗期间不出现干、湿不匀的情况。③种子处理：可使用72%的农用链霉素可溶性粉剂1 000倍液，或3%中生菌素500倍液浸种30min；或使用温烫浸种法，即用50℃的热水浸种25min后，用冷水降温。

（2）选好地块，施足底肥，适时定植以预防软腐病，定植地最好选豆茬及大田作物茬；地下害虫较多的地块，定植前做好土壤处理；选择适合的播种期及移栽期，收获期避开高温、多雨的季节；定植的深度宜浅不宜深。

（3）精细管理及时防治各种食叶的害虫，出现病株要及时将其连土铲除，并使用消石灰封闭病穴。

（4）流行期喷药防治可用农药：①铜制剂：86.2%氧化亚铜可湿性粉剂2 000~2 500倍液、47%王铜可湿性粉剂600~800倍液、30%琥胶肥酸铜400~600倍液、77%氢氧化铜悬浮剂800~1 000倍液；②抗菌素类：72%的农用链霉素可溶性粉剂1 000倍液、3%中生菌素500倍液、20%春雷霉素可湿性粉剂400~500倍液、88%水合霉素可溶性粉剂1 000~2 000倍液；③其他类别的杀菌剂：喹菌酮水剂1 000~1 500倍液、20%噻唑锌悬浮剂600~800倍液、20%叶枯唑可湿性粉剂600~800倍液、36%三氯异氰尿酸可湿性粉剂1 000~1 500倍液等。

防治时，每7~10天喷施1次，连续防治2~3次。■

Example 71

鉴定月季、玫瑰黑斑病

2016年3月下旬，我和实习生魏明月到北京顺义北郎中基地调查花卉病害。基地主管在从外地引进的一些月季和玫瑰上，发现了一些长有绿色斑点的黄叶（图1）。她好奇地问我，这是怎么回事儿？会不会是一种新的品种？我接过来看了看，认为不大可能。因为这种叶片都分布在植株的下部，上部的叶片多是全绿的。

那么这到底是怎么回事儿？

这使我想起了在大学学习时，老师讲到的"绿岛现象"。即在濒于枯死叶上，由于病原菌寄生的结果，吸取了周边的营养，使得这部分组织衰败得较慢，病斑及周围仍保持绿色。即在黄色的叶片上，形成了一些绿色的"孤岛"。

那么这是什么病害所引起的呢？我们将病叶摘了下来，准备带回实验室，用显微镜观察一下。

我们继续观察着，在同一地区发现有一些植株上部的正常叶片上也长了黑斑。我认识这种病，人们称它为"月季黑斑病"（图2）。这种病也发生在玫瑰

图1 在月季上见到的长有绿斑的黄叶

图2 田间见到的月季黑斑病病叶

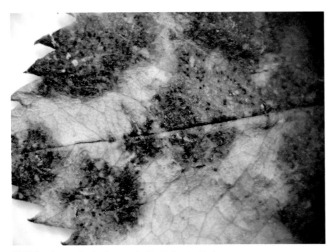

图3 在月季叶背见到的黑斑病霉斑

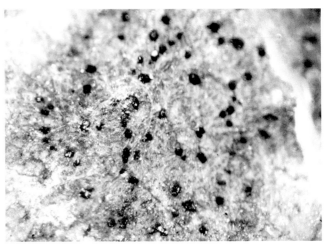

图4 图中黑点为霉斑放大后见到的分生孢子盘

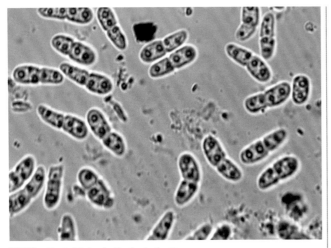

图5 月季黑斑病的分生孢子

上，叫玫瑰黑斑病（这两种病相同，为了方便，本文以下统称其为"月季黑斑病"）。但是，我没有见到过这种病害的病原菌，不知道它是什么样子的。所以也采了些月季黑斑病叶回去。

在实验室，我们先看的是月季黑斑病的霉斑（图3）。发现它的病原和我想象的不大一样，有点像炭疽病的样子。不过炭疽病多为单孢，而这里的病菌大都为鱼鳔样的双细胞的孢子，里面还都有两个油球似的东西（图5）。

接着我们又看了"绿岛"上面的附生物，结果和刚刚看过的月季黑斑病病菌一样，也是一些鱼鳔状的孢子。开始我怀疑是自己操作的失误：刮取孢子用刀片或观察用的玻片不干净，混进了月季黑斑病的孢子。但是擦干净了再次刮取，结果得到的病菌仍然是鱼鳔状孢子。我们认为要搞清楚这个问题，首先要搞清楚月季黑斑病菌是什么样的？

在我的书柜里有一本韩金声写的《花卉病害防治》[1]上面真有关于月季黑斑病的记载，说月季黑斑的病原为蔷薇双壳菌（*Diplocarpon rosae*）。其中提到"该病往往几个病斑连在一起。病部周围叶肉大面积变黄，病斑变成带有绿色边缘的小岛。"

也就是说在月季上形成"绿岛"的这种情况早有记载。遗憾地是在这本书里只有症状图而没有病原图。我们想：难道我这里看到的两种症状的病害实际上是一种病？即都是月季黑斑病？但是没有看到病原图，心里一直不踏实。

带着这个问题我们开始查阅文献。在王丽霞等[2]写的一篇题为《月季盘二孢黑斑病的发病规律及防治技术》一文中我看到了月季黑斑病从症状到病原全部的图片。证实了我看到的这"两个"病害都是月季黑斑病。此外，这些文献使我们对月季黑斑病有了进一步的了解。

目前月季黑斑病较为常用的学名为*Marssonina rosae*（Lib.）Fr.，病原属于腔孢纲（Coelomycetes）。上面韩金声所说的蔷薇双壳菌（*Diplocarpon rosae* Wolf.）是它比较少见的有性世代。在有的文献上，还可见到将其称为放线孢［*Actinoma rosea*（Lib.）Lind.］的，目前已将其列为异名[3-4]。

我们在叶片上常见的是它的无性阶段。即在月季的叶片、叶柄和茎的表面生一些黑灰色的霉斑（图3）。在霉斑中散生着一些黑色的孢子盘，孢子盘往往呈轮纹状排列。孢子梗短或不明显，分生孢子即排列其上；孢子盘的大小为108~198μm。分生孢子椭圆形、长卵圆形，无色、双胞，两个细胞大小不等，大小为（18~25.2）μm×（5.4~6.1）μm。

为了证实我们见到的确实是月季黑斑病，我们也对病原进行了观察。在解剖镜下看到霉斑中散生着许多近圆形黑色的孢子盘（图4）。我们随机取30个孢子测量了它的大小，其范围是（10.01~22.19）μm×（2.92~6.54）μm，平均大小为17.71μm×4.77μm（图5）。认为和文献上记载的两者比较接近。原来这种长有绿斑的黄叶也是月季黑斑病。

在我们鉴定的过程中也注意到病害的防治方法。例如，在韩金声介绍的防治方法中包括以下4方面内容：

1. 注意通风，控制湿度，加强水肥管理，提高抗病力。

2. 小面积（包括新引进的）或家庭栽培的月季，仔细检查病芽病叶，及时剪除并销毁。

3. 病区或病株喷布杀菌剂防治。发病前使用波尔多液（1：2：100~200倍液），波美3~4度的石硫合剂。生长期喷布50%代森铵水剂1 000倍液，70%甲基托布津可湿性粉剂800倍液。50%多菌灵可湿性粉剂800倍液，50%本来特可湿性粉剂1 000倍液。

4. 月季扦插时，仔细挑选无病枝条作为插条，扦插前用药消毒。大量生产时应建立采种栽植区，认真防除白粉病，供应无病插条。

在新近的一些文献中，我们看到对月季黑斑病的防治又增加了一些措施，包括：

1. 选择抗病品种。一般叶片深绿、蜡质多的品种较抗病。例如：'日晖''伊斯贝尔''伊莉莎白''黑千层''天粉''葵花向阳'[6]等。

2. 加强管理，避免当头浇水，控制湿度减少叶面积水。

3. 采用地膜栽培，阻隔病原菌的传播。

4. 防治用药明显增多。对月季黑斑病有效的药剂包括：百菌清、速克灵（腐霉利）、三唑酮、氟硅唑、苯醚甲环唑、嘧菌酯、嘧菌酯·戊唑醇、咪鲜胺等[2,4-7]。

电话打了过去，我们将鉴定的结果告诉了北郎中基地的技术总管。并告诉了他该病的防治方法。即：仔细检查病芽病叶，及时剪除并销毁。然后使用农药对病株防治2遍。关于使用的农药因为他那里有咪鲜胺，就建议他使用此药进行防治。■

参考文献

[1] 韩金声.花卉病害防治[M].昆明:云南科技出版社,1986:85-87.

[2] 王丽霞、孙军德、李宝聚.月季盘二孢黑斑病的发病规律及防治技术[J].北方园艺,2012,（14）:135-137.

[3] 冯慧、卜燕华、戴思兰,等.月季黑斑病研究进展[J].江西农业学报,2013,（25）4:35-37.

[4] 周英、耿晓东.月季黑斑病防治技术初探[J].上海农业科技,2013,（5）:26-27.

[5] 张鑫、冒浩宇、李禹,等.月季黑斑病病原鉴定及室内药剂筛选[J].中国园艺文摘,2015,（9）:46-48.

[6] 杨华.月季黑斑病发生及防治研究[J].河南林业科技,2015,35（4）:24-27.

[7] 王志华、董立坤、吕海民.武汉地区月季黑斑病的发生及田间防治效果[J].安徽农业科学,2015,（43）3:123-124.

（魏明月参加了部分工作，在此一并致谢）

Example 72

菊花立枯病的诊断

2016年我有个计划，想观察一下菊花的苗期病害。但是真正行动时已经到了5月，时间有些偏晚。由于北京市延庆区的地势较高，又地处北部，天气转暖较迟，此时应当是菊花育苗的时间。5月7日，我去了趟延庆区四海镇菜食河菊花育苗场，但是这里的菊花生育期短，为了使菊花提早开花，延长采花期，种植者3月份就开始育苗，我们去时，茶菊都已经完成定植了。

因此，我们去了永宁虹美种苗中心，那里周年售卖切花菊，肯定可以看到菊花苗。我们联系了公司负责人陈总，从交谈中我们得知他很了解菊花的栽培技术。所以我就和他交流了菊花苗期的相关病害，他说在切花菊上的苗期，主要有2种病害，猝倒病和立枯病。猝倒病的发生时间会早一些，现在已经较为少见

了，目前发生的多为立枯病。这2种病都比较好防治，前者使用普力克（通用名：霜霉威），后者使用立枯灵。

但是对我来说，光知道这2种病还不够，还需要知道引起这类病害的具体病原菌。如果是猝倒病，还需要知道引起此病的是疫霉菌还是腐霉菌，以及具体是哪个菌种。

所以我就问他这里是否可以采到带有这2种病的菊花苗。他说，基地是按统一流程规范管理、定时施药的，一般幼苗生产情况较好，很少能见到病害。他让我自己去棚里看一看。

于是我便一个人钻到育苗棚里寻找病株，但是走了几个棚却一无所获。此时，陈总走了过来说："这些

图1 虹美种苗中心5号棚菊花立枯病的发病现场

图2 虹美种苗中心田间的菊花立枯病株

图3 从田间采集到的菊花立枯病株的发病情况

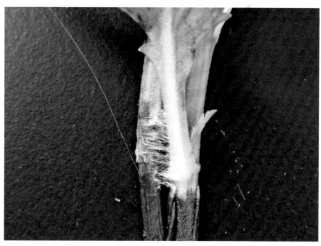

图4 将菊花立枯病株保湿后在病部出现的白色霉层

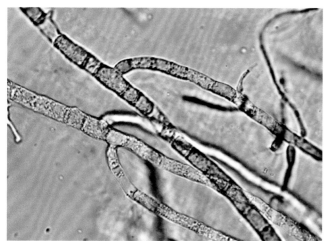

图5 从病株上分离出的丝核菌的菌丝

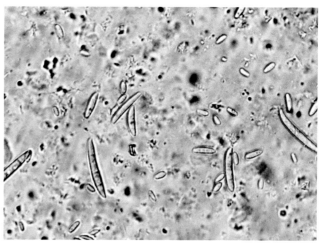

图6 从病株上分离出的镰孢霉的分生孢子

棚都在喷水，看不到萎蔫的病株，在干燥的棚中易发现病害。"劝我们下次再来,于是我们便返回北京了。

一个月后我又有一次去永宁虹美种苗中心的机会,我提前和陈总沟通,如果发现有类似猝倒病和立枯病的病株,最好能给我留着。他回复我,最近确有立枯病发生,并答应在防治前采些病株存在冷库中。

7月8日我再次来到虹美种苗中心,陈总告诉我发病的是2号棚和5号棚,其中5号棚更重一些。我们走进了5号棚,果然发现有很多植株萎蔫(图1),比我想象的要严重很多。整棚约有1/3的植株出现不同程度的萎蔫,而且分布比较集中。在一畦中还出现了一侧连片萎蔫的情况(图2)。

我注意到棚的另一端,有人正在打药。其中一人手里拿着一包死掉的秧苗向我们走来。他说这是陈总安排他为我采集的没有用药的病株。

我将病株带回实验室。打开包装,看到里面的苗子还没有生根,叶片有些萎蔫,植株茎部下端变黑,中空(图3),个别植株在腐烂处还有些白霉。我先取了些白霉在显微镜下观察,发现泥土中混有镰孢霉菌(*Fusarium* sp.)的孢子。洗净后,我选取了具有代表性的病株用数码相机拍下来。经过保湿,我又看到附着在植株上的立枯病(*Rhizoctonia solani*)的菌丝(图4),又经过显微镜观察,初步确认了这2种病原(图5、图6)。但是仅从这几株有白霉和孢子的症状还不能完全肯定它就是致病菌,最好再做些分离培养以及侵染性试验。

我先用黄瓜做了次诱发试验,证明没有卵菌类的寄生菌侵染。但从分离皿中见到了立枯丝核菌。我将它们回接到经过消毒的菊花离体枝叶上,证明这两种病菌可以侵染菊花的茎(图7、图8),由此说明虹美种苗中心发生的确实是立枯病。

一个月后我又去了一趟虹美种苗中心,看了5号棚菊花立枯病的病情。经过防治，棚内的病情略有减轻，但是死株仍然不少。而且可以明显看到，菊花立枯病的发生和地势有关，低洼处的病株较多（图9）。

离开前我和陈总讨论起菊花立枯病的病因。陈总说，今年的立枯病防治得晚，没能及时救治过来。我却认为这只是一部分原因。从根本上看，这个病突然发生的这么严重和棚内的日常管理是有关系的。无论

立枯丝核菌还是镰孢霉，都是土壤习居菌，它长期潜伏在土壤里，当寄主比较衰弱的时候才有致病力。这棚内患有立枯病的植株都是成片分布的，并且都在容易积水的低洼处，那里植株根系供氧不足，从而降低了根系对病菌的抵抗力，由此导致病害加重。他听后也同意我的说法，认为防治菊花立枯病并不是件简单的事情，做好日常栽培管理才能有效地预防病害。■

图7 将分离出的立枯病菌回接到菊花离体茎上发病的情况

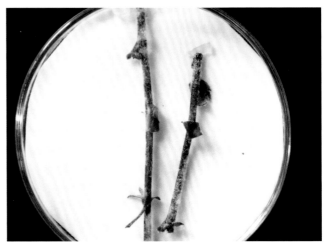

图8 将分离出的镰孢霉菌回接到菊花离体茎上发病的情况

图9 防治后一个月的菊花立枯病田仍可看到低洼积水处死苗发生的比较严重

Example **73**

浅谈芹菜叶斑病

2016年3月的一天，我到北京市通州区的一个蔬菜基地考察，发现他们基地几株芹菜的大部分叶片枯死，像是得了芹菜叶斑病。

芹菜叶斑病（*Cercospora apii* Fres.）属于一种常见病害，一般情况下发生得比较轻，在叶片上形成一些近圆形的褐斑，病斑直径一般不超过10mm（图1），发生后及时施药，就会得到防治。但是，我在这个基地见到的芹菜叶斑病和我之前见到的不大相同。其病斑较大，直径多在10mm以上（图2）。另外植株发黄症状较重，甚至整株见不到几片好叶子。因此我采集了一些病叶，想看看它是不是一种新病。

在20世纪80年代，我在做北京蔬菜基本调查时曾鉴定过芹菜叶斑病。这次我到实验室用显微镜观察带回来的病叶，其孢子形态和以前见到的基本一样，都是鞭状的尾孢（图4）。进而比较了这次我们见到的和以前见到的[1]以及文献上报道的[2-3]芹菜叶斑病的孢子梗及孢子的大小。结果表明：孢子的大小在他们测量

的范围内，但是其孢子梗及孢子略粗，仍应该是芹菜叶斑病（表1）。

据此，我给基地管理生产的技术员打了个电话：你们温室里有几棵芹菜叶斑病很严重，应当尽早将它处理掉，以免传染给新种的芹菜。

2个月后我又到这个基地考察，发现他们种在冷棚里的芹菜又发生了芹菜叶斑病。远看植株叶子黄黄的，近看可见上部的叶片病斑，下面有很多枯叶，我又对技术员说起了这个病。我说：这叶斑可不是肥料烧的，应当是一种传染病，即芹菜叶斑病，又称芹菜早疫病，是由一种尾孢属的真菌引起，流行起来非常厉害。你还记不记得3月那次在日光温室里见到的那几株吗？就是这种病。那时数量少，处不处理关系不大。目前种了半个棚，不采取措施将它控制住，发起病来损失就大了。

这次他对我说的话比较重视了。因为他对上次发生的芹菜叶斑病有了印象，不采取措施，真的严重起

表1　不同来源的芹菜叶斑病菌孢子梗及孢子大小、孢子梗的比较表

数据来源	分生孢子梗		分生孢子	
	大小/μm	隔数	大小/μm	隔数
ARDEN F & ALAN A	（40~180）×（3.5~5.5）	-	（55~100）×（4~4.5）	3~11
赵奎华、梁春浩	13.0~147.0	0~6	（38~280）×（3.0~5.5）	3~19
李明远、李固本、裘季燕	（30~87）×（2.50~5.25）	0~2	（55.9~217.5）×（3.1~5.6）	3~19
本次所见	（40.30~75.22）×（4.58~7.22）	0~2	（47.96~144.07）×（4.89~6.94）	3~17

图1 此前常见的芹菜叶斑病的病叶

图2 在蔬菜基地见到的芹菜叶斑病的病叶

图3 发生草害的芹菜叶斑病田

来损失不小。他问我可以用什么药能防治？我说：使用咪鲜胺、甲基硫菌灵、百菌清、多菌灵或世高等农药都有效。不过这块地肥力不足，黄叶较多，可适当追肥。

又过了2周，我再去的时候，看到这半个棚芹菜叶斑病果然轻多了。他使用的是硫菌灵·福美双，喷药时加了磷酸二氢钾和尿素，看来还真有效。不过在芹菜的老叶上还有一些病斑。我认为随着雨季的到来，空气湿度增加，此病还可能再次猖獗起来。我建议他继续用此药每周喷1次，防治2次。

1个月后，这茬芹菜都已收获，产量虽不太高，但没有绝收。可是就在此时，我发现就在这个棚里，又长出了半棚芹菜，使用的品种看样子和上次的一样。当时病害并不严重，只是草比较多。我知道此时的草比较厉害，锄晚了会十分难锄。就提醒他要及时锄草，并注意防治芹菜叶斑病。他虽然答应了，但是他们基地的黄瓜发生了霜霉病，黄瓜霜霉病又称为"跑马干"，如果流行起来，损失要比芹菜叶斑病大得多，所以没把芹菜叶斑病当回事儿。

等我再次去时，芹菜已被杂草吞没，有一位工人冒着酷暑，正在奋力除草。从锄过草的地方看，叶斑病比较严重（图3）。不光是叶片枯焦，叶柄上也有不少的病斑（图5）。我问基地技术员此间是否防治过？他说：草太高了，药喷不进去，得将草除掉，才能喷药防治。因为我注意到叶片和叶柄上都有病斑，心想再防治时恐怕不能光保护新长出的叶片，还需要清理掉发病的叶柄，否则将无法防治。于是建议将现有的病叶（含叶柄）全部摘掉，再用药保护新生的芹菜叶片。他听后虽没有反对，但是面有难色。说：此时正值入雨季，天气闷热，蚊虫也多，在棚里锄草，确实是件很辛苦的事，派谁都不愿意去干。

说着我们走到除草工人旁边，发现此时已很难锄草。高大的旱稗、蟋蟀草根系强大，用很大的力气才能将其拔下。且多数的草比苗高，说是为芹菜除草，实际上是从草里找苗。估计1个人锄这半棚芹菜的草害，没有5~6天是锄不完的。而且早期除掉杂草的地方又会有新草长出。真要按照我说的去做，确实有难度。

我们继续考察，我发现在另一个棚里，他们又播种了几畦芹菜。我想与其挽救那些芹菜的草害、病害，不如下工夫管好这茬新种的芹菜。我改变了主意，对他说：刚才我说的防治方法有问题。一是锄草、摘叶的难度很大；二是摘掉上部病叶，对否能保证病害不再发展，也没有把握。现在劳动力比较紧张，可以权衡一下，如果我说的方法不现实，可以放弃这半棚病芹菜，将力量放在新播的那几畦芹菜上。

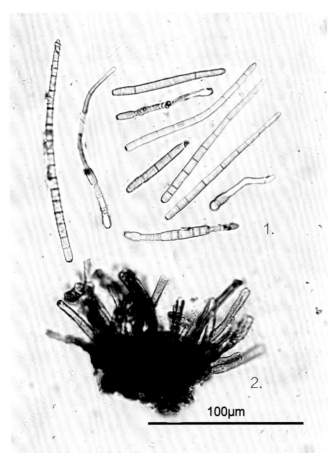

图4 蔬菜基地采到的芹菜叶斑病病原照片
　　1.分生孢子　2.分生孢子盘及孢子梗

图5 芹菜叶斑病对芹菜叶柄的危害状

他听后连连点头，看得出他也有这样的想法。

　　当我再次去这个基地看芹菜叶斑病时，原来种植的病芹菜棚已经清空，地也旋耕了一遍，将棚膜放下盖严，正在利用棚内高温处理土壤。还看到那几畦新播种的芹菜在加强防治和管理后，没有叶斑病和草害的威胁。估计再有2~3周，新一茬无病芹菜就可以出棚上市了。■

参考文献

[1] 李明远,李固本,裘季燕.北京蔬菜病情志[M].北京:北京科学技术出版社,1987: 153-154.

[2] Arden F, Alan A. Vegetable diseasesand their control [M]. Secondedmon. A Wiley-interscience Publication, 1986: 162-16.

[3] 赵奎华,梁春浩.中国农作物病虫害 [M]. 3版.北京:中国农业出版社,2015: 274-277.

Example **74**

鉴定菊花猝倒病

打开微信，看到几张图片（图1、图2），是一个研究菊花栽培的朋友从河南给我发过来的，问："这是菊花猝倒病吗？用什么药物防治比较好？"

因为我是搞蔬菜病虫害的，他这一问还真把我问住了。说实在的蔬菜猝倒病我见过，但是菊花是靠扦插来繁殖，跟大多数蔬菜靠播种来繁殖很不一样。

我真的不知道菊花猝倒病是什么样子的。但是他这一问，我便意识到一个学习的机会来了。于是我就向他提出能不能给我寄一些病秧过来鉴定一下。

3天后，我拿到了他通过快递寄来的一大包病秧。经过观察，寄来的菊花病秧可分成三类。一类病秧的茎秆是干的，有的秧苗已经有花，茎的下部似乎还

图1 用微信发来的菊花育苗床死秧照片

图2 用微信发来的菊花扦插苗病株

图3 第一类病苗的症状表现

图4 第二类病苗的症状表现

图5 第三类病苗的症状表现

图6 通过诱发，从黄瓜挂条上长出的病原菌

有干缩毛根。第二类病秧的两头（即顶芽和下面有切口的茎段）都是好的，中间有些水浸状，有点变细。第三类主要是下端腐烂，严重的秧子腐烂得只剩下了一半。

为了弄清这些烂秧发生的条件，我还给这位河南朋友打了个电话。据他介绍：寄来的苗秧开始长得都比较好，后来逐渐萎蔫，茎秆和叶片发干并死亡。其中不少苗秧，好像越浇水，越打蔫。我问他是否已经防治过，他说也打过2次"咪鲜胺"，好像也不管事儿。所以来问我用什么药防治比较有效。

我仔细地看了三类病苗，认为第一类不像是侵染性病害，所谓的病秧和干的菊花枝一样，都没有明显的病变，有的还长了根，像是干死的（图3），至多算是生理病害。另两类病苗倒像是侵染性病害（图4、图5）。

据了解，在蔬菜上猝倒病是一种常见的病害。引致的病原以属于卵菌的腐霉属（*Pythium* spp.）、疫霉属（*Phytophthora* spp.）为主。虽然有时镰孢霉属（*Fusarium* spp.）、交链孢属（*Alternaria* spp.）、灰葡萄孢属（*Botrytis* spp.）等真菌也可以引起类似猝倒病的症状，但是，在多数情况是由腐霉属、疫霉属引起，按卵菌来防治不会有错。如果要更准确的指导用药，最好能通过试验，看一下病原菌的种类。根据我鉴定这类病害的经验，应当使用诱发法。即看看病菌在黄瓜瓜条上引起的症状，即可知道个大概。

我先去菜市买了两根黄瓜。用自来水洗净，再用冷开水、消毒水各洗1次，放在1个垫有纱布的盒子里。用消毒的解剖刀，将黄瓜刺几个伤口，再把收到的三类病秧洗净，从病株上各取一部分新生的有病组织，塞到黄瓜的伤口中。其中第一类（图3，即无明显病变）和第三类（图5，茎的下面全部溃烂），各用了一根黄瓜，各取了3块病组织塞入。从第二类病株上（图4，即中间有些水浸状，且变细的那种）取了六块病组织塞入第二根黄瓜里，然后将盒子用玻璃盖严保湿。

2天后再去观察，2根黄瓜的表现不一样，其中塞

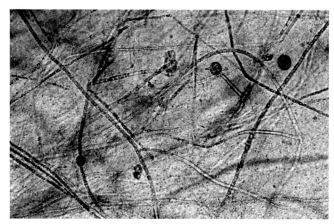

图7 引起菊花猝倒病的腐霉菌长出的菌丝及孢子囊（10×20倍）

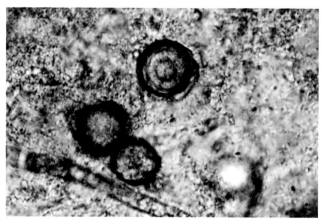

图8 引起菊花猝倒病的腐霉菌长出的卵孢子（图6）及孢子囊局部放大图

入第二类病株病组织那根黄瓜条，先是伤口凹陷，后长出了浓密白色的菌丝（图6）。我挑了一些菌丝在显微镜下观察，看到的都是一些无隔菌丝。由于卵菌的菌丝多为无隔的，说明侵染菊花的病原是卵菌。1天后，我从菌丝丛的底部挑出了一些腐烂组织表面的菌丝，在显微镜下看到了病菌的孢子囊和卵孢子，像是一种腐霉。

在腐霉引起的病害中，我比较熟悉的是瓜果腐霉。但此时所见，不像是它，必须查一下有关文献。

首先我在网上搜索了一下，发现有关菊花猝倒病的报道并不多。在一篇来自河北的文章中介绍了菊花死秧属于立枯病[1]，病原菌为Rhizoctonia solani。从内容上看，和我们见到的完全不一样。而在韩金声写的《花卉病害防治》[2]中，也找不到腐霉菌的介绍。而在吕佩珂写的《中国花卉病虫害原色图谱》[3]中虽有菊花猝倒病的介绍，但病原菌是由瓜果腐霉引起；倒是在余永年写的《中国真菌志》霜霉目[4]中提到刺腐霉和终极疫霉可以侵染菊花。

鉴于刺腐霉的卵孢子形状比较特异，在藏卵器外长了很多的突起，和我们见到的显然不同。而我们见到的腐霉孢子囊（或称膨大体）及卵孢子为球形，表面光滑，很有可能是终极腐霉（图7、图8）。为此我观察并测量了菌丝及子实体的形和大小，该菌的菌丝直径为9.13~10.3μm（文献上报道为4.08~10.7μm）[5]，孢子囊26.96~43.80μm（文献上为14~32μm）[4]后者略大于文献的记载。但是，考虑到文献上这些子实体的数据是根据在PCA培养基病原菌所得，而我们观察的是诱发出的菌体，存在误差并不奇怪。

再看诱发试验中的另一根黄瓜的表现。放入第一类病组织的（无明显病变的一类），没有反应，而

放入第三类病组织的（茎下部全烂掉的一类），黄瓜的伤口表面看有些肿胀，像是镰刀菌或其他病菌所引起。当然也不排除早期寄生过腐霉，后来病菌逐渐地消亡了，其他属的真菌占了主导地位。

此时，我认为这样的结果已可以指导防控菊花死秧的问题，把试验的结果告诉了河南的那位朋友。三类病秧发病的原因：第一类是因浇水不均匀，长期供水不足干死的；第二类（即：中间有些水浸状，变细的那种）为典型的菊花猝倒病；第三类，因为腐烂过头没有能看到病原菌，但有可能开始也是猝倒病所引起。

关于病害的防治，我认为首先要注意育苗地的选择与平整，避免因地不平、局部的干旱或过湿都会引发死苗或病害。同时要加强管理，避免因漏浇而出现的旱死苗现象。在使用农药上应当选择对卵菌有效地的专用杀菌剂，如嘧菌脂（阿密西达）、霜霉威、甲霜灵以及霜脲锰锌（克露）等农药。■

参考文献

[1] 杨际双，郭贺伟，牛丽云，等.保定地区菊花常见病虫害的种类和危害[J].安徽农业科学，2007，35（8）：2311-2312.

[2] 韩金声.花卉并害防治[M].昆明:云南科技出版社，1986:76~80.

[3] 吕佩珂，段半锁，苏慧兰.中国花卉病虫原色图谱[M].北京:蓝天出版社，2002.

[4] 余永年.中国真菌志[M].北京:科学出版社，1998:125-131.

[5] 李长松，齐军山.中国农作物病虫害（中册）[M].北京:中国农业出版社，2015:1-5.

原来这里发生的都是菊花白色锈病

2016年8月15日，我接到北京市延庆区菜食河农业合作社的电话，说那里的茶菊发生了叶斑病，让我过去看看。

次日我便去了一趟。在路上我就琢磨，菊花叶斑病较多，这时候菊花容易发生什么叶斑病呢？有文献说热天不容易发生菊花白色锈病（*Puccinia horiana* P.

图1 核桃树下的茶菊田菊花白色锈病发生严重

Henn），雨天多发生褐斑病病害。最近多雨，我认为此时应是菊花褐斑病（又称：菊花斑枯病）流行的季节。正好我还没有褐斑病症状和病原的照片，所以要好好地利用这次机会。

到了合作社驻地，社主任让员工小韩陪我去发病的地块。上车后我就问小韩茶菊发病的情况，她说植株叶片上先是起斑点儿，然后叶子就蔫了，病症发展很快。我心想机会难得，我真的没见过这么严重的褐斑病。我问她是否进行了防治，她说还没有，就等您来给我们看看该打什么药呢？说着她打开手机，屏幕上显示出3种农药的名字：芸苔素内酯、噻菌酮和苯醚甲环唑，说是内蒙古的朋友发给她的，并问我哪种农药可以对他们的菊花病害有效？我让她别着急，还不知道发生的是什么病呢？不过这3种药都不错，芸苔素内酯是一种植物生长调节剂，可增加果品糖分和果实重量，使花卉色彩艳丽，缓解作物的病虫害和药害，常用来防治病毒病；噻菌酮是一种杀细菌的农药，对多种细菌性病害有效；苯醚甲环唑是种杀真菌剂，对菊花叶斑病和锈病都有效。也就是说这3种农药可分别防治病毒、细菌、真菌。其中很可能有1、2种对目前的病害有效。

说着我们就到了发病现场——前山村。前山村我以前来过，是一个较早开始种茶菊的村子。茶菊大都分布在路边和村边的山坡上。每块地的面积都较小，1亩（667m²）以上就算大的。小韩将我领到村边一棵核桃树下的茶菊田旁，指着地里的茶菊说：看见了吗？那些叶片有斑点的茶菊就是病株（图1）。我走进田里，很容易就看到病株，在茶菊中部的叶片上可见到很多的浅黄色的褪绿斑点（图2），翻过叶片，在叶背可以见到大量黄白色的疣疱（图3）。看到这些我自言自语说了一句"这不就是菊花白色锈病吗？"站在一旁的小韩立即走了进来，我们继续观察着，发现除了叶片生斑外，有的植株上部叶片畸形，下部叶片卷曲、枯死，病情确实很严重。小韩摘了个病叶，翻来覆去地看，说："这就是菊花白锈病。"我听后立即纠正说："不是白锈病，应当是菊花白色锈病，白锈病属于卵菌，白色锈病属于担子菌。"

这是我第2次见到这么严重的菊花白色锈病，我拿出相机将它拍了下来。看完这块地，她说还有一种菊花病害也不认识。我问她现在有吗？她说在基地的温室里就有，一会儿可以去看看。回去途中，小韩开始问我锈病应如何防治？我说防治锈病一般施用多菌灵就有效。但更好的是苯醚甲环唑，就是你刚才给我看的手机上的3种农药中的一种。

随后，在小韩的带领下，我们走进基地的一个种有菊花的温室。果然见到一些生有褐色斑点的病叶（图4），我看后认为可能是"褐斑病"。褐斑病和菊花白色锈病区别主要是在叶片的正、反两面都是深褐色。我还发现：在有的叶片上，锈病和"褐斑病"同时发生（图5）。我拍了不少"褐斑病"的症状照片，还采集了许多病叶，准备回实验室用显微镜拍摄下褐

斑病的病原菌照片。

回到试验室，我就忙着观察菊花"褐斑病"的病原菌。该病属于壳针孢属真菌，一般使用蘸水的刀片，在病斑上轻轻刮几下，就能看到针状的器孢子。但是，我重复了几次，都没有能找到器孢子。后来，我又切下一小块像"褐斑病"的病斑，用乳酚油透明法观察，只见病斑上黑乎乎的，连病菌的分生孢子器也没有看到。但是转到解剖镜下，可见到病斑背面有一些肉色的堆积物（图6）。我用刀片将它刮下来，又放回显微镜下观察。这时才发现都是些菊花白色锈病的冬孢子堆（图7）。原来在温室中菊花上的病害不是褐斑病而是菊花白色锈病。开始我还不大相信，经过反复的观察，得到的结果都是如此。这时我再去看2种病斑都有的叶片，还发现在叶背所有的"褐斑"中都有疣疱，都没有能看到褐斑病的病原菌。说明这里发生的也是菊花白色锈病，只是寄主的反应不同而已。我立即给小韩打了电话，告诉她我在实验室观察的结果，让她按菊花白色锈病来防治。

通过这次的观察，我得到了以下的启示：一是高温季节菊花白色锈病在冷凉的山区也会流行。延庆8月份的夜间温度可在20℃以下，不影响菊花白色锈病的发生和发展；二是仅依靠症状确认一个病害往往是不可靠的，只有看到病原，鉴定出的病害才是可信的。∎

图2 菊花白色锈病叶正面的症状

图3 菊花白色锈病叶背面的症状

图4 在温室大菊的叶片上见到的生有褐色斑点的病叶

图5 在同一叶片上表现出2种症状的菊花叶片

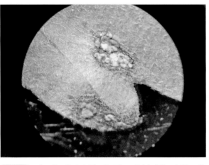

图6 在菊花用体实镜下拍摄到的叶背面，白色锈病的冬孢子堆

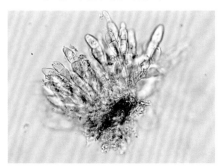

图7 从菊花叶背拍摄到的白色锈病冬孢子堆

Example *76*

辨认瓜类蔓枯病

2016年11月初，我在北京市大兴区的一个农场考察时，曾在日光温室黄瓜叶片上见到一些枯斑。开始我以为是黄瓜炭疽病，但是感觉不对，因为有的病斑上出现了一些小黑点，应该是瓜类蔓枯病。这种病已经有一段时间没出现过了，这使我想到30多年前鉴定甜瓜蔓枯病的情况。

1980年9月，北京市农林科学院蔬菜所研究甜瓜的卢老师来到我的实验室让我帮他看看带来的哈密瓜（一种厚皮甜瓜）上的病害。说这些病秧的茎节变黑

叶片打蔫。但我看了半天也不知所以然，于是我问他病株是在哪里得到的，他说是在引种温室发现的，于是我提议去看看。

一进温室，我们就看到高高低低的种了许多甜瓜，当时有的品种已经结瓜，但多数处于刚刚开花的状态。我们在田里观察一遍，在其他的品种上没有见到新的病株，好像有病的只有哈密瓜（图1）。

回到实验室，我又仔细查看了哈密瓜病株，只见病部表现黑乎乎的不大平滑，但是单凭这些症状并不能辨认出是什么病。于是我按照常规鉴定病害的方法，将节部变黑的那一段取下来，放在大培养皿中盖严保湿，看看病害如何发展。

2天后，病部有些扩展，扩展部分呈淡褐色，表面还有些肉色颗粒物。将这些颗粒物用刀片刮下放在显微镜下观察，可以看到浮载剂中有很多孢子，多数是双孢，也有单孢和三孢。后来又看到一些孢子器，我认为有可能是一种真菌病害。

图1 甜瓜蔓枯病在茎部危害的引发的症状

图2 瓜类蔓枯病菌在甜瓜叶片上引发的病斑

211

图3 蔓枯病菌在黄瓜根颈部引发的症状

图4 在沙田种植的白兰瓜发生了蔓枯病引发的茎腐症状

图5 甜瓜苗期受到蔓枯病危害在茎部引发的症状

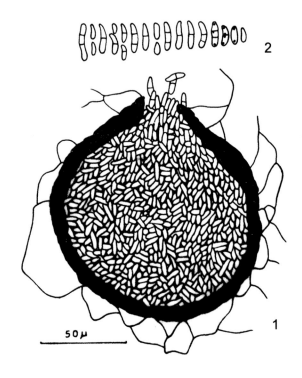

图6 黄瓜蔓枯病菌的墨线图
1.分生孢子器 2.分生孢子

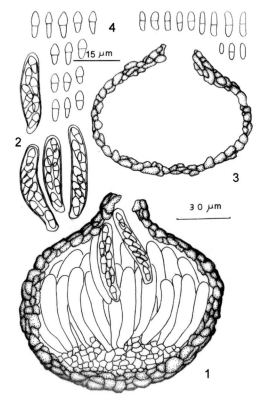

图7 葫芦蔓枯病菌的墨线图
1.子囊壳 2.子囊 3.分生孢子器
4.子囊孢子及器孢子

于是我开始查文献，发现在《吉林省栽培植物病害志》[1]上记载的南瓜病害中的蔓枯病和我们见到的这个病害相似。我就告诉卢老师，哈密瓜发生的可能是蔓枯病。

1周过去，卢老师又来找我，拿来一包哈密瓜病叶还想让我帮他看看叶片上发生的是什么病。打开包，我发现病株叶片上有些淡灰褐色近圆形的病斑，其中小的病斑直径约为1cm，大的病斑直径约为3cm。有的病斑还有些不大明显的轮纹，中间散生许多黑点（图2）。当我看到黑点就认为这可能也是蔓枯病，并且判定这个病害在温室里又有了新发展。我将它放在显微

镜下观察，看到的也多是双孢的病菌孢子，证实我判断正确。

我很感谢卢老师，因为我当时正在北京市开展蔬菜病害基本调查工作，哈密瓜也属于蔬菜。于是我们就利用他送来的标本进行进一步的观察和记述。除了画出墨线图外，我们还测量了该病菌分生孢子器及孢子的大小，并在此基础上对病害进行了描述，"主要危害瓜蔓，叶片和果实也可能受害。病蔓开始在节部呈水浸状斑，稍凹陷，并分泌黄白色的流胶，干燥后红褐色，病部干枯缢缩，表面散生黑色小点。即病原菌的分生孢子器"[2]。

图8 放在5倍解剖镜下看到的呈小黑点状的黄瓜蔓枯病菌分生孢子器

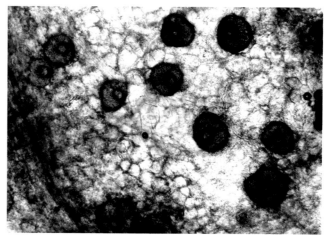

图9 在100倍显微镜下见到的黄瓜蔓枯病菌分生孢子器的着生状况

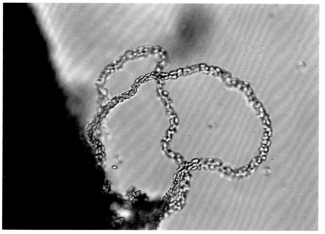

图10 在100倍显微镜下看到的黄瓜蔓枯病菌分生孢子器释放孢子的情况

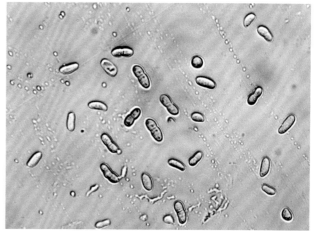

图11 在600倍显微镜下见到的黄瓜蔓枯病菌器孢子

病原（*Ascochyta citrullia* Smith）的分生孢子器多生于叶片两面，也可以在蔓部生长，多为聚生，初埋生，后大部分突出表皮，球形至扁球形，器壁淡褐色，膜质，顶部呈乳头状突起。孔口明显，孢子器直径为75~150μm，孔口直径为15~42μm，孢子器短圆至圆柱形，两端较圆，无色透明，正直，初为单胞，后有1~2个隔膜，隔膜处无缢缩或稍有缢缩。大小（10~17.5）μm×（2.75~4.0）μm。

实际上，蔓枯病不仅发生在哈密瓜上，后来在黄瓜（图3）、甜瓜（包括白兰瓜）、西葫芦、瓠子、葫芦、丝瓜、西瓜上都有所发现。白兰瓜上的蔓枯病是在兰州见到的。1984年夏季，我们考察了种在沙田（地面铺满石子，应当是另一类的设施园艺，属于地面覆盖的一种）上的特有品种——白兰瓜。沙田日较差很大，地上部很干燥，其他病害较少，蔓枯病成了最为严重的病害。受害株多为茎部发病，造成不少死株（图4）。

蔓枯病还是黄瓜苗期的一种病害。1997年春季，我在顺义区李桥镇沿河甜瓜基地就曾看到一畦黄瓜死苗严重。拔下病株，洗净后发现幼苗的茎上有很多褐色斑点，经过镜检证实为蔓枯病（图5）。分析原因是施用了有蔓枯病病残的有机肥导致的。

特别值得一提的是在葫芦上还发现了蔓枯病的有性世代［*Mycosphrella melonis*（Pass.）Chiu et Wall.］。这种蔓枯病的有性世代是1963年在房山区南尚乐农家菜园里发现的，从症状上看有性世代和无性世代没有明显差异。但是病原菌的形态有所不同[2]，有性世代的子实体生于叶表皮下，成熟时半露出表皮，子座壁深褐色。子囊排列于子囊座上，有少数侧丝，不成熟时侧丝居多，子囊成熟后侧丝渐消失，子囊壳壁膜质，较薄，（64~176）μm×（64~160）μm，壳具孔口，直径9.6~24μm。子囊无色，倒棍棒状，（27.9~47.12）

μm×（5.89~9.92）μm。子囊孢子无色，双胞，大小（5.5~12.5）μm×（2~5）μm，两细胞通常一个较大，一个略小，中间分隔明显（图6、图7）。

2016年我再次见到这个病后，为了验证我的判断，又采集了一些黄瓜的蔓枯病病叶，在实验室进行观察。还拍摄了一些显微照片。例如，将有小黑点的病斑放在5倍的解剖镜下看到的呈颗粒状的分生孢子器（图8）；将有孢子器的叶组织透明后再放到100倍显微镜下可看到的孢子器和孔口在叶部的着生状况（图9）；将病组织放到载玻片的水中浸泡10min，在100倍显微镜下还可以在叶组织的边缘看到孢子器释放孢子的情况（图10）；将释放的孢子放到600倍的显微镜下，可清楚地看到每个孢子的形态和分隔，由此证明我这次见到的确实是瓜类蔓枯病（图11）。

最后，关于瓜类蔓枯病的防治，我提出了以下建议：①实行2~3年的轮作，即不要和瓜类蔬菜连作。②该病是种传病害，应从无病株上选取健康黄瓜留种。③尽量使用以草炭蛭石为基质的穴盘育苗，使用营养钵育苗时，钵里一定使用无病土或大田土，预防秧苗在苗期被感染。④施足底肥，避免使用过量的氮肥，增施磷钾肥，提高植株的抗病性。⑤发病初期喷洒有效的农药，例如75%百菌清可湿性粉剂600倍液、10%苯醚甲环唑（世高）1 000倍液，50%混杀硫可湿性粉剂500~600倍液，36%甲基硫菌灵500倍液，每7天喷施1次，连续喷3次。■

参考文献

[1] 戚佩坤，白金凯，朱桂香.吉林省栽培植物真菌病害志[M].北京:科学出版社,1966:127.

[2] 李明远，李固本，袤季燕.北京蔬菜病情志[M].北京:科技出版社,1987:53-81.

Example 77

鉴定菊花菌核病

2017年3月15日上午，我去了一趟位于北京市顺义区的某菊花基地，查看越冬菊花的生长情况。

此时种植在日光温室里观赏大菊的母株一般都长出30cm左右的脚芽，每个品种一般有4株，看上去绿油油的一片。但是，仔细观察可以发现也有少数长得不大好的母株，这些母株除了新发出的脚芽小而黄外，还有些死株。对我来讲更关注的是那些死了的脚芽（图1），应当搞清它们死的原因。

一开始我拔了1枝藏在脚芽中的枯枝，发现仅在茎基的几个叶片为黄褐色，上面的叶子多呈青枯状，像是近期突然枯死的病株。从茎部看基部呈灰褐色至褐色（图2），表面还有些发湿，似乎有些霉状物；用手捏捏有些发软，折断后，可看到茎部中空，里面还有一些白色的菌丝（图3）。看来有可能是一种真菌病害。我将它装入塑料袋中后继续调查，结果在一个大约7分地（约466.7m²）的日光温室里，发现了8株类似的病株。这8株发病的程度不同，之前那株是发病最轻的。多数病株往往有多个脚芽同时发病；少数病株发芽后因老根腐烂，造成整株枯死；埋在土中的病部，有时上面还覆盖着一些白霉（图4）。可惜的是我没有查看那些没有出土就死掉的植株，有可能也属于这类病害。应当说这种病害发生的相当严重。

这到底是什么病害呢？据我所知，可在根及茎部长出白霉的植物病害较多，例如根腐病、疫病、菌核病等，因此仅从当前的症状，还不能确定到底是什么病害，需要回到实验室通过试验与分析才能做出结论。

图1 夹杂在菊花脚芽中的菌核病株

图2 病株的茎基部多为灰褐至褐色

图3 将茎折断可看到髓部中空和里面的白色菌丝

图4 埋在土中的病部表面覆盖着的白霉　图5 从冰箱里取出的长有白霉的病株　图6 分离到的病菌在皿边长出的菌核

回到实验室的那天下午，我将大部分病样存入2℃的冰箱里，取出少量的病样先用诱发疫病的方法，将病组织接种在消毒的黄瓜上保湿。4天后并没有反应，因此排除了是疫病的可能。当我从冰箱里取出病株再次观察时，发现有的病样长出了许多白霉（图5）。在这么低的温度下，还能生长的真菌不多，有可能是菌核病所致。但是此时没有见到有菌核长出，仍然不好作结论。

因为我此前曾研究过菌核病，知道将菌核病菌放在PDA培养基上培养一段时间，就会在菌落的边缘产生出许多菌核。有了菌核就可证明这里发生的就是菌核病。如果再通过人工接种，证明它可以侵染菊花，那就肯定是菊花菌核病。

分离病原菌比较常用的方法有2种，一是组织分离法，即在无菌的条件下，切取带有病原的组织块，放在培养基上，让它生长；二是在无菌的条件下，从病组织上挑取病原。因为我们保存在冰箱里的病枝上见到了白霉，所以我决定从病组织上挑取病原。这样做比较省事儿，但是也有风险，就是容易被细菌污染，使分离工作失败，需要使用酸性培养基抑制细菌的生长。于是我在6cm直径的PDA平板上加了1滴25%灭过菌的乳酸，用涂布玻棒摊平后，挑入菊花茎部长出的白霉，在25℃的培养箱中培养。3天后有新的菌丝长出，但是非常稀疏，我又将其转回不加酸的PDA平板上。这时它长的很快，长出的菌落有点发灰，第4天就在皿边长出了菌核，证明了它是菌核病（图6）。

为了证明它的侵染性，我使用了离体叶法对菊花进行了人工接种。接种使用的寄主是一种夏菊，分别采下它的嫩芽和叶片，在芽的基部斜削一刀，造成一个较大的斜面；再准备3个底部衬有3张滤纸直径为

9cm的消毒培养皿，将芽和叶置入其中，加入少许无菌水后，再从培养菌核病菌的PDA平板上挑两块带菌的基物，贴在病叶及嫩芽的切面上。用未贴病菌而贴脱脂棉的作对照。3天后接种的芽的茎部腐烂，变为灰褐色，上面有许多菌丝；接种叶的叶柄也腐烂，变成了灰褐色，同时病菌还扩展到叶片的基部，使其变为灰褐色。第5天接种的嫩芽及叶片上长出了菌核（图7），而对照毫无变化（图8），由此证明了病菌对菊花的侵染性。

与此同时，我们利用分子病理学的手段对该菌种进行了验证。利用通用引物ITS1/ITS4对病菌ITS序列进行了扩增，扩增产物纯化后送到"上海生工"测序，序列经NCBI BLAST比对，与已报道的Sclerotinia sclerotiorum的ITS序列一致性最高，达到100%（NCBI登录号：FJ810516）。进一步利用MEGA 4.0软件，Neighbor joining方法构建了基于ITS序列的Sclerotinia属菌种的进化树（图9），结果待试菌种与S. sclerotiorum紧密聚合，表明该病原菌为S. sclerotiorum。

这时我还发现保存在2℃冰箱里从田间采回的病秧子上也长出了菌核。从几个方面证明了我们3月15日在那个菊花基地采到的死秧就是菊花菌核病［Sclerotinia sclerotiorum（Lib.）de Bary］。

实际上我们对菊花菌核病并不陌生，记得近几年我在温室里拍摄大菊的花朵时就见过零星的病株。当时发病的部位主要是在花上，造成花瓣腐烂，同时还生出大量的白霉，在霉层里往往夹杂着黑色的菌核（图10）。但当时我们认为随着植株的清理，病害就不会再发生，所以并没有十分介意。通过这次调查才感到问题的严重，原来这个病害更大的危害是在春天，会造成菊花的母株大量死亡。另外菊花种植温室

的连作情况十分普遍，而菌核病会以菌核越夏，而得到不断的积累。久而久之，病害越来越重。例如去年（2016年）我们就听虹美花卉科技有限公司的陈总说过，他冬季种在海南的切花菊常因菌核病严重而造成很大的损失。此外，在北京市平谷区西柏店的食用菊，因收花期多在每年的11月以后，也常受到菌核病的发生，损失严重。看来菊花菌核病应当是菊花上的一个重要病害。

关于菌核病的防治，有关的报道很多，但是有些方法并不适合防治菊花菌核病，例如在防治菌核病推荐的方法中多数都提到"合理轮作"，实际上菌核病的寄主较广，可与它轮作的作物种类极其有限。特别是对菊园来说，因为是专门种植菊花的场所，几乎没有可能轮作。此外，使用化学农药施在土里，杀死病菌也是常用的方法。但是要将它都杀死，也是件难事儿。我们认为比较现实的防治方法有5个方面：

1. 及时地清除病残。发病初摘除病叶、老叶，即尽量在菌核形成之前，将病株拔除，切不可随处乱扔，做到及时地彻底销毁。

2. 合理密植，避免浇大水，避免偏施氮肥，多施磷钾肥。实际上菊花不耐涝，大水不仅降低植株的抗病性，还会增加环境的相对湿度，有利病害的发生。

3. 利用夏季的高温杀灭土中越夏的病原菌。依据菊花栽培的特点，可以在取完扦插苗后（一般在5~7月份）清除母株，对棚室做一次高温消毒。具体的方法是：①清掉用过的母株；②施入麦秸段或草粉（250kg/667m²），再施入消石灰粉（100kg/667m²）旋耕后，做成垄距为0.8~1.0m的大垄，盖上塑料膜，膜下浇足水；③将棚膜扣严，处理7~10天，其间至少应当经过1个晴天的过程，然后再定植新一茬菊花；

4. 种植菊花田一般应深耕，将菌核深埋土中；定植前地面使用地膜覆盖，或施入10cm厚的塘泥，阻挡病菌产生的子囊盘出土。

5. 在发现有子囊盘出土时，使用10%的腐霉利烟剂或45%百菌清烟剂熏棚。或喷洒50%乙烯菌核利可湿性粉剂1 000~1 500倍液、50%腐霉利可湿性粉剂1 000~1 500倍液、50%咪鲜胺锰盐可湿性粉剂1 000~2 000倍液、50%异菌脲可湿性粉剂800倍液等，每周1次，连续2~3次预防子囊孢子的传播。

因此只要认真地对待，菊花菌核病还是可以得到控制的。

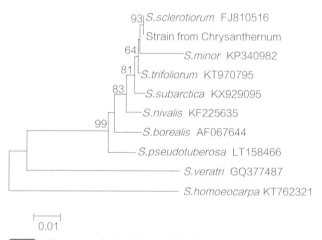

图9 基于 ITS 序列的分子进化树

（本篇文章中有关分子病理学部分，由陈东亮、李雪梅、王玲玲完成，在此致谢）■

图7 处理后第 5 天接种的嫩芽及叶片腐烂并长出了菌核

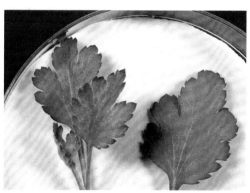

图8 处理的第 5 天对照的嫩芽及叶片均无变化

图10 每年 11 月以后常见的菊花菌核病的症状

Example 78

鉴定菊花霜霉病

多年来，我们一直有一项任务，就是收集、鉴定菊花的各种病害。从文献中得知菊花病害中，菊花霜霉病是个重要的病害，但是在北京却一直没能见到。

2016年10月我们有机会参加中国风景园林学会菊花分会在湖北荆门召开的"国际菊花学术研讨会"，喜出望外地从会议资料中看到了1篇关于菊花霜霉病的文章[1]。我与该文的作者李先生前年见过面，曾一起探讨过如何拍摄菊花。我想何不找他了解些情况，如若必要，还可以通过他到发病现场看看，拍些菊花霜霉病的症状照片，采些病样，观察一下病原菌。但是令人遗憾的是在会上没能看到他本人，原来李先生并没有来参加这次会议。

随后我们设法与他取得联系，并把想请他帮忙采集菊花霜霉病标本的想法告诉他。他虽然答应了下来，但是他说菊花霜霉病在武汉并不常见，自从文章提到的那次后，到目前为止菊花霜霉病一直没有再出现。正在大家一筹莫展时，事情出现了转机，4月下旬黄博士在微信里给我发了几张照片，问我们应该如何防治。我们看了图片后喜出望外，觉得这些图片有点像是我们正在找的菊花霜霉病（图1）。

我们一边将图片下载到电脑中，一边问黄博士这些图片是从哪里发来的，能不能请他们给我们寄点病害的标本。有了标本，就可看到病原菌，既可以完成工作，又可以按我们的标准获取需要的资料。为了补偿他们为采集标本和寄送付出的劳动，我们答应免费给他们鉴定此病。对方非常支持我们的工作，第2天我

们就收到了封纸盒里的菊花植株的新鲜病株。从快递的包装上知道这些病株是来自河北省晋州市彦固菊花种植基地，离北京并不算远。

打开包装，见到里面有2个塑料袋，装了2种带根

图1 通过微信发来的菊花病株

发病的菊花植株。为了避免互相挤压，还使用透明胶纸分别固定在盒上。由于菊花新鲜、比较好活，我们立即将他们栽在盆中，还真的活了下来（图2）。

寄来的病株约有40cm，除了最下部有1~2个好叶外，下半株的叶片基本枯死，枯叶向上皱缩卷曲。在枯叶的背面，一般都附着有1层白霉（图3）。上部的几个叶片基本完好，但在临近枯叶的交界处，有些叶片虽没有霉状物，但有水浸状界限不清的斑块，像是已发病但还没有长出繁殖体（图4）。我们先将病株、病叶拍摄了下来，便开始鉴定病原菌。

由于霉层较干，我们先将霜霉病叶上的霉层用刀片刮下，加在载玻片的乳酚油滴中，加热后放在显微镜下观察。观察发现果然是一种霜霉病菌。

我们立即通过电话将初步的结果告诉了彦固菊花种植基地，同时也向他们大致了解了菊花的发病及目前的防治情况。从电话里我们知道他们寄来的菊花病株的品种是'丰香'与'白香梨'。苗子是3月中旬扦插，4月中旬开始发病。此前他们使用百菌清防治过1次。听后我们告诉他们用百菌清对菊花霜霉病也有一定的效果，可以先用着。还有一些更有效的农药，等鉴定报告出来了后，再详细地告知。

接着我们便对菊花霜霉做了进一步的观察与鉴定。同时获取了病害症状及病原菌的照片（图5、图6）。

关于病原菌的具体记述如下：孢囊梗单生或丛生，主梗为全长的43.7%~57.88%，冠部叉状分枝4~6回，顶端二叉分枝，锐角，大小为（337.10~473.54）μm ×（8.13~14.37）μm，末级枝梗长9.92~16.95μm，

主梗末端稍膨大。孢子囊近圆至椭圆形，淡褐色（图5），大小为（18.31~26.32）μm ×（16.27~22.34）μm（表1）。我还使用乳酚油对干缩的病叶做了透明处理，试图观察卵孢子的形态，但处理后未能找见卵孢子。

接着我们又查阅了一些文献[2]。结果证明河北省晋州市寄来的病样，就是菊花霜霉病。该病的病原菌属于真菌鞭毛菌亚门霜霉目霜霉属，称为丹麦霜霉菌，学名s*Peronospora danica* Gaüm。

同时从文献上还知道菊花霜霉病病菌以菌丝体在留种母株上越冬，分株繁殖产生带病的幼苗，以后形成孢子囊引起新的侵染。低温（15~22℃左右）、高湿环境利于病害的发生。春、秋季节多雨或虽无雨但日夜温差大、雾露重亦易引发该病害，此前该病害分布于江苏、安徽等省。由于我们见到的病株下部有无病的叶片，是否是直接来自母株，尚不能肯定。

根据鉴定的结果我们给彦固菊花种植基地发去了1份鉴定结果，我们提出以下防治建议：

1. 如果发生的面积不大，可将病叶打掉，使用化学农药进行防治。防治用药方法为，初始时尽可能使用较好的农药：如52.5%抑块净（噁唑菌酮）800~1 000倍液；或50%安克（烯酰吗啉）可湿性粉剂（或水分散剂）800倍液防治2次，以后再使用72%克露（霜脲锰锌）可湿性粉剂600~800倍液、25%金雷多米尔（甲霜灵）可湿性粉剂600倍液，或64%杀毒矾（噁霜锰锌）可湿性粉剂400倍液等防效较一般的农药继续防治2次。

图2 栽活的菊花病株（由河北省晋州市寄来）

图3 布满病原菌的菊花霜霉病叶

图4 已发病（左）但未长出白霉的病叶正面观

表1　来自河北省晋州市的菊花霜霉病菌子实体与文献报道的比较表

病菌来源	孢囊子梗大小（μm）	孢子囊大小（μm）	孢梗分支（回）
河北省晋州	（337.10~473.54）×（8.13~14.37）	（18.31~26.32）×（16.27~22.34）	4~6
方中达[2]	（225.4~411.6）×（7.84~11.76）	（24.5~31.2）×（14.7~24.5）	3~7

图5 菊花霜霉病病原菌

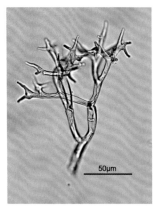

图6 菊花霜霉病病原菌

在无病时或发生的初期，可用75％百菌清可湿性粉剂600倍液，75％代森锰锌（大生、新万生、喷克）600倍液进行预防。使用的农药除后两种外，病菌会对上述提到的其他农药产生抗药性，应避免连用多次。

2. 清除病残，打掉的病叶或拔掉的病株，应及时销毁。深埋或烧掉，以免病害传播。

3. 在条件允许的情况下，适当的降湿，抑制病害的流行。

这件事情给我们的启示是要想收集、鉴定菊花的各种病害，最好的办法就是免费为大家鉴定菊花病害。

因为文字资料虽然可以从书上、网上查到，但并不完全符合我们的需要。例如，有些文献上的病名不标拉丁文学名。而记载的中文名，往往会出现一种病害不同的叫法和称谓。只有见到病害的病原菌才好肯定。此外，多数文献缺乏症状和病原的彩图，不便识别与交流。如果拿到病害的标本和图片，就能获得更多的信息。但是，收集病害的标本并不简单，不仅要花掉一些经费，还要有适合的机会才能遇到所需要的菊花病害。而采用免费鉴定标本的方法，虽然也要投入，但在我们为社会服务的同时，发现了病害，采集到标本，还可通过他们的观察，了解发病的过程及他们采取的防治措施及防治的效果。这的确是一种很好的发动群众为我们积累资料的方法。■

参考文献

[1] 李建祥, 丽江, 冯春山, 等. 秋菊栽培过程中霜霉病防治要点[A]. 2016中国国际菊花学术研讨会论文集[C]. 北京:中国农业出版社, 2016:56.

[2] 方中达. 中国农业植物病害[M]. 北京:中国农业出版社, 1996:592.

（黄从林博士参与部分工作，在此一并致谢）

Example **79**

菊花两种类病毒的鉴定

2017年5月15～16日我参加了在上海举办的香料分会第二届年会。本来我可以不去的，但是想到目前我们在收集菊花的病害，如在为会议服务的同时，又采集到一些菊花病害的标本，那不是很好。因此我还是去了一趟上海。

到了上海才知道这个会议在上海上房园艺有限公司的景区内进行。由于这个景区并不是以种植菊花为主，所以见到的菊花植株并不是很多，也就更没能采到菊花病害标本。但是，在会上遇到了广州市广卉农资有限公司的姜明元先生。他是搞园艺植保的，在会上做了一个有关花卉病虫害的报告。我告诉他自己原来是搞蔬菜病害的，目前在收集菊花病害。在会下我们还互相看了各自收集的菊花病害的图片。觉得建立联系有助于我们各自开展的工作，于是我就留下了自

图1 姜明元先生通过微信发来的菊花病害的图片之一

图2 姜明元先生通过微信发来的菊花病害的图片之二

221

图3 从广州寄来的菊花矮化病株 　**图4** 从广州寄来的菊花矮化病下半　**图5** 从广州寄来的菊花矮化株得
　　　　　　　　　　　　　　　　　　　株症状　　　　　　　　　　　　　病叶

己的电子信箱通过它传输图片，互通情况。

　　会后的5月21号，我收到了他从广州发来的几张图片（图1），说他出差到浙江时，看到一些矮化的菊花，问我是不是菊花矮化病毒株。我回答他说：有可能是。但只根据症状确定病原容易出错，还需要拿到病株进行检测。他又问我们是否可以做病毒检测？我回答他说：因为我们主要不是搞病毒检测的单位，少量的还可以。这次只要将病株的标本寄来，免费服务。

　　5月25日的上午，我就收到他寄来的病株样品（图2），4株节间较短的菊花病株。目前对病毒的检测大都使用分子病理学的方法，我将病样交给了我们课题的陈东亮博士，请他给检测。我又去查阅一些有关的文献资料，5月27日就出了结果，原来病样中除了有菊花矮化病毒（CSVD），同时还有菊花褪绿花叶病毒（CChMVD）。但是由于我们没能到现场，得到的情况并不完整，我就将鉴定的初步结果发给姜明元，请他给以补充。最后得到了下面的鉴定结果：

一、菊花病害鉴定报告

来源：广州市广卉农资有限公司姜明元用快递寄来。

病株采集地点：浙江省某菊花基地
日期：5月24日寄出，25日收到。
包装：放在打孔的纸盒内。
数量：4株
品种名：丰之霞小菊花
栽培情况：扦插时间：3月10号，定植时间：3月

28号。

　　病样描述：发病植株高3.2～3.5cm，（正常株高75~90cm）节间较短0.9~2.7cm（正常节间距：3~3.7cm），较正常株明显矮，叶片较小（2.4~3）cm×（3.5~4.5）cm［正常中部叶片长（9.3-10）cm×（4-4.5）cm；叶（8.5-9.5）cm×（3.5-4.2）cm］。心叶及中部叶色一般较正常，但是，植株中、下叶出现不同程度的黄脉，一般植株的下叶有枯死的情况。

　　发病过程及病情：植株摘心后，生长到20cm左右从脚叶底部开始出现黄叶，后续叶片变干枯，而且黄叶慢慢往上传染，小苗新根变少，植株矮化，最后导致死亡。

　　处置：5月26日，取病株病叶。总RNA提取使用TAKARA试剂盒。RT-PCR使用Vazyme HiScript II one step RT-PCR试剂盒。分别对7个菊花常见病毒（TAV、CMV、CVB、PVY、PVX、TSWV、TMV）和2个类病毒（CSVD、CChMVd）进行RT-PCR扩增。PCR产物用1%琼脂糖进行检测。

　　电泳结果显示，利用CSVD和CChMVd引物扩增时在预期位置出现清晰条带，而以水为模板的阴性对照无此带（图6）。

　　结论：经过检测认为该样本含有菊花矮化类病毒［Chrysanthemum stunt viroid（简称：CSVD或CSV）］和菊花褪绿花叶类病毒［Chrysanthemum chlorotic mottlc viroid.（简称CChMVD）］两种类病毒。均为较常见的菊花类毒病（图6）。

　　据文献报道：菊花矮化病毒和菊花褪绿花叶病毒

这两种病害相似处颇多。它们都是由个体更小、组成更为简单的类病毒引起。都是种株带毒通过分芽、插枝繁殖传到下一个生长季节。病株汁液可以由摘头、采花、嫁接等农事操作和刀具传播。也可以寄生于杂草或存活于土壤病残体中。该病在植物体内移动缓慢，（有文献记载菊花矮化类病毒从接种叶转移到茎内通常需5~6周，从接种到症状出现需3~4个月）。这两种病均未发现传毒的昆虫介体，病害的发生受温度的影响较大。如：有材料介绍菊花褪绿花叶类病毒出现症状的最佳温度是24℃左右，21℃以下隐症，32℃症状发展缓慢，高于37℃症状停止发展。

这两种类病毒的防治方法基本相同，一般通过茎尖脱毒、清除可疑病株、换新土、建立无毒母本园，修剪、切花时进行用具消毒等方法，来防止传播

此外，这两种类病毒发生时引起的症状也有许多相似之处，如：菊花矮化病毒引起的病株矮缩，叶片和花变小，有时也在菊花褪绿花叶病毒出现。特别是两种病毒在一株上同时发生时，仅通过症状较难区别。

这两种类病毒不同的方面除了RNA的序列不同外，引起的症状也有些不同。例如：菊花矮缩病株，除了病株矮缩，叶片和花变小外，红色、粉红色及青铜色品种的花瓣可变成透明状，病株提前开花。而菊花褪绿花叶病毒通常表现为叶片出现斑驳，后会完全褪绿[1~3]。

能得到这样的结果，我很高兴。因为通过合作我们仅花了较少的力气，就从浙江得到了菊花矮化病毒的标本。此前，我从文献上知道国内有对这个病害的记述[1~3]；2015年请检科院帮我们检测的菊花病毒中，也出现过CChmvd这个病，但是，我们课题组没有亲自做过，更没有反映这两种病株矮化的图片。更重要的是我们建立起了一个信息渠道，可以经常交换情

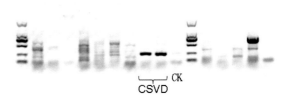

图6 电泳结果图

况、互相学习。回想起来，这次去上海开会，还确实是很值的。■

参考文献

[1] 方中达.《中国农业植物病害》[M]. 北京:中国农业出版社, 1996.

[2] 张树林、戴思兰.《中国菊花全书》[M]. 北京:中国林业出版社, 2013.

[3] 李孟津, 杨希才, 田波. 1967, 我国菊花褪绿斑驳类病毒鉴定,《微生物学报》[J]. 北京: 1987, （2）:31, 37, 108.

（陈东亮、李雪梅、姜明元参与了本项工作，在此一并致谢）

Example **80**

鉴定玫瑰多孢锈病

在2016年10月2日我去了一趟顺义区赵全营镇北郎中花木公司的展览温室，看到里面展出的花卉品种不少。除了有菊花，还有蝴蝶兰、凤梨、金虎（一种仙人掌）、月季和玫瑰。此外还有更多的我都叫不出名字的花卉品种。于是我就向展览温室的管理人员请教。

为我们释疑的是位六十多岁的老花匠。他说起花卉一套套的。但是对玫瑰上的病害不熟。当他知道我是北京市农林科学院搞病害的工作人员后，就带我去看他生病的玫瑰。

据介绍，这些玫瑰自8月栽在温室里以后，叶片就有点发黄，后来开始落叶。问我能不能帮他诊断一下是什么病害，怎么防治？

由于我近些年对花卉病害颇有兴趣，就跟着他走了过去。看到在一个角落里摆放着40多盆月季和玫瑰。月季都长得不错，病害较少，只有几盆玫瑰的叶片上生黄斑（图1），严重的整叶变黄，变黄的小叶一个个地脱落（图2）。老花匠指着这几盆玫瑰说：您给看看是什么病？

我仔细地观察，发现叶背还有很多黑点，显得叶片脏兮兮的，开始以为是颗粒状的煤灰，但是它们在叶背贴得很结实，像是长在上面（图3）。

此时，使我回忆起20世纪70年代，在也门中国大使馆里见到过的玫瑰锈病。也是发生在秋天。把它刮

图1 玫瑰锈病的症状（叶正面）

图2 北郎中花木公司的展览温室的盆栽玫瑰发生的锈病

图3 玫瑰锈病的症状（叶背面）

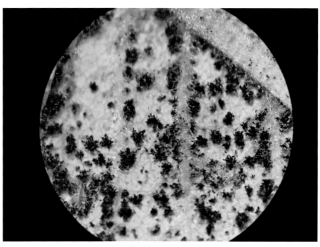

图5 在解剖镜下的玫瑰锈病的孢子堆（黑斑为冬孢子堆，橙色斑为夏孢子堆）

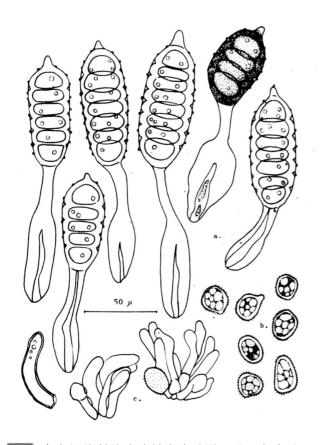

图4 在也门绘制的玫瑰锈病孢子图。（a.冬孢子，b.夏孢子，c.夏孢子队中的侧丝）

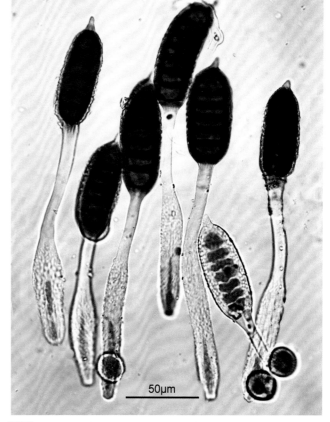

图6 本次见到的玫瑰锈病的冬孢子（a.冬孢子，b.夏孢子）

下来放在显微镜下观察，是一种多细胞棒槌状的冬孢子。事后还对它作了一番观察，留下了一些病原图，定名玫瑰多孢锈（*Phragmidium rosae-multiflorae*，图4）。我觉得这里见到的很可能就是这种锈病。

我将自己的看法告诉了老花匠，但他并不认可。对我说：玫瑰锈病他见过。就是今年秋天将这些月

季、玫瑰刚移栽进来的时候，叶背上长很多黄疱，黄疱破裂后会散出一堆黄粉，和这里发生的不一样。

听到他说的这些情况，我就更相信我当时的判断。就对他说您说的黄粉确实是锈病，但是玫瑰锈病会有世代交替的现象，您看到的黄粉，是它的夏孢子阶段。到了秋、冬，它会产生冬孢子，冬孢子堆都是

图7 寄生在玫瑰果实上的锈孢子器

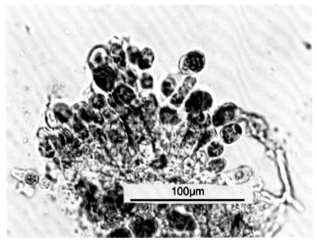

100μm

图8 显微镜下的玫瑰锈病的锈孢子器

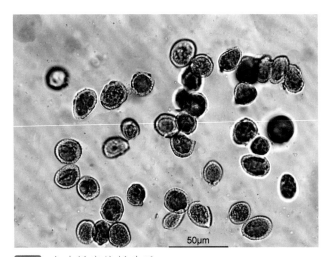

50μm

图9 玫瑰锈病的锈孢子

黑色的，您可以再仔细地看看（图5）。

他也采下一个病叶，观察了一会儿，好像明白了。说：这种病害挺复杂的。

我对他说，这个病害是比较复杂。除了有夏孢子、冬孢子，它还会产生性孢子和锈孢子。由于各世代出现的时间不同，一般不容易全见到，而见到时还会将其误认为是不同的病害。

不过这次能见到玫瑰锈病的冬孢子对我来说也是一个机会。因为它长得比较奇特，是显微摄影的好材料。我很早就希望能得到它的显微照片去参加北京科技界的摄影比赛。同时，我知道目前对这个病害的报道不多，还可以写一篇文章。有必要带回实验室进行一番观察和鉴定，于是我就采了一些叶片，装进了随身带的塑料袋里。

经过显微镜观察，我们见到的果然是玫瑰多孢锈病的冬孢子。这种锈病属于多孢锈，孢身像个大虫子，非常好认。但是为了慎重，还是应当将我们采到的病害和当前的有关报道文献做一些比较。

目前好像报道玫瑰锈病的文章不是很多。在方中达主编的《中国农业植物病害》[1]一书中记载了此病，使用*Phragmidium rosae-multiflorae* Diet.这个名字。称其属于真菌担子菌亚门锈菌目多胞锈菌属，中文名为多花蔷薇多胞锈菌。虽有世代交替，但属于单主寄生锈菌，即它的性孢子器（一般难见）、锈孢子（又称春孢子）、夏孢子、冬孢子4个世代都在同一种寄主上。文章还说另有一个种的多胞锈：*Phragmidium mucronatum*（Pers.）Schlecht（短尖多胞锈菌），也危害月季、蔷薇。但是作者并没有给出鉴别这个种的所需数据。这样一来事情就复杂了。我必须搞清楚我所见到的玫瑰多孢锈菌是多花蔷薇多胞锈菌还是短尖多胞锈菌。

为了和前人的工作进行比较，我先测量冬孢子的大小。在测量时，发现里面混有一些夏孢子，接着也对夏孢子进行了测量，并进行了描述。结果如下：

夏孢子堆生在叶背，橙黄色、小圆形、不规则形，散生或群生，早期裸露，粉状，直径0.12~0.6mm，裸露，周围有多数无色侧丝，侧丝圆柱形至棍棒形，无色直或向内弯曲。夏孢子近球形，壁上有小刺，内含物黄色，（17.36~24.96）μm×（15.98~20.22）μm（平均：21.12μm×8.24μm），芽孔6~8个（图6）。

冬孢子堆生于叶背，黑色，直径0.2~0.5mm，也早期裸露。冬孢子圆筒形，（62.01~103.78）μm×

（25.58~31.67）μm（平均：75.88×28.84）μm，隔膜5～8个。我们随机统计了77个孢子的隔数，其中以6个的最多，占55.84%；其次是5个隔的，占29.87%；7个隔的占11.68；8个隔的占2.59%。分隔处不缢缩，深褐色，密生细瘤，顶端有黄褐色的圆锥形突起，突起大小：（5.38~15.20）μm×（3.07~6.65）μm（平均8.79μm×4.85μm），每个细胞有芽孔2～3个。柄不脱落，长（93.06~169.31）μm×（9.06~26.42）μm（平均128.79μm×17.58μm），无色，表面光滑，下端膨大，直径达18～24μm，其髓部橙黄色（图6）。

但是，到此时我们还没有见到过锈孢子。据文献报道锈孢子需要等到第二年的春天，才能采到。因此能不能采集到锈孢子，成了我们是否能对玫瑰锈病有个完整记述的关键。

据文献报道，锈孢子器生在当年长出叶的叶背、叶柄、果实或幼枝上，直径0.3~0.6mm，在叶脉、叶柄和枝上的可达2cm，外围表皮破碎，橙黄色。但是，哪里去找这样的病株呢？我听说山东平阴、甘肃永登是我国玫瑰重要的基地。但是，对我来讲不大可能去采，一是没有经费，再就是不了解那里发病的具体时间和情况更不敢贸然前往。我又去了北郎中，问了那个老花匠。他说：他们的玫瑰是从市场买来的，更不知道哪里可能采到锈孢子器。

于是从今年的春天起，我就利用可能的机会寻找玫瑰多孢锈的锈孢子器，我到过几个种植玫瑰的基地，其中包括位于大兴区的世界玫瑰博览园，也可能是时间不对，一无所获。这时我想起在北京延庆区的

四海镇种有不少丰花玫瑰。前年我还在那里采到过玫瑰锈病的夏孢子，所以我将获取玫瑰锈病锈孢子器的地方锁定在四海镇的山窝里，只要有机会我便搭车过去。从今年5月初开始，一直到7月11日去了4次，只要看到玫瑰田，就钻进去寻找。

功夫不负有心人，6月27日我终于在一块玫瑰田采集到了玫瑰的锈孢子器。玫瑰锈病的锈孢子器，长在玫瑰的果实上，形成一个个隆起的大型锈孢子器。近圆形，橙红色，孢子器大小（7~12）mm×（8~14）mm，锈孢子器破裂后在四周有一圈残片，每个果上的孢子器多少不等，一般1～3个，多时可达6个，布满整个果实。因锈孢子器的存在使花蕾的直径由6～8mm，增加到9～17mm（平均13.62mm）（图7、图8）。包膜破裂的锈孢子器轻轻的震动，即会有锈孢子粉飞散，锈孢子卵形至椭圆形，（15.22～27.92）μm×（14.03~23.17）μm（平均22.96μm×18.70μm）。无色有细瘤（图9）。锈孢子器存留的时间较短，此后再去，就没能找到。此外，我还试图能找到发生在叶背、叶柄或幼枝上的锈孢子器，但是未能实现，似乎在丰花玫瑰上，锈孢子器只生在花蕾上。

虽然鉴定这种病害不同世代的主要数据都拿到了，但是，到底我们见到的是哪个种？还是不好确定。

我又去查文献，除了方中达的《中国农业植物病害》[1]记述外，在《西部林业科学》[2]及《中国真菌志》[3]上，都有多种蔷薇属植物多孢锈的记载，最终根据其冬孢子的长、宽、隔数和多花蔷薇多孢锈相近，将在丰花玫瑰上见到的玫瑰锈病定为多花蔷薇多

表1　本文报道的多花蔷薇多孢锈菌与前人报道的比较表

作　者		方中达	赵桂华、闵祥宏、丁贵银	庄剑云	李明远、李雪梅
病原名称		多花蔷薇多孢锈（P. rosae-multiflorae）	蔷薇多孢锈（P. rosae-multiflorae）	多花蔷薇多孢锈（P. rosae-multiflorae）	多花蔷薇多孢锈（P. rosae- multiflorae）
冬孢子	孢身长（μm）	65~118	84~115	45～120	62.01~103.78（平均75.88）
	孢身宽（μm）	20~26	19.5~30.2	23~30	25.58~31.67（平均28.84）
	孢身隔数（个）	4～9	5~8（6隔的占58.1%）	4~10	5~8（6隔的占55.84%）
	柄长	75～140	71.5~116.6	不及200	93.06~169.31（平均128.79）
	柄宽	18~24	14.2~22.2	不及40	9.06~26.42（平均17.58）
	孢顶突起（μm）	—	（0.87~6.96）×（0.87~4.67）	4～12	高:5.38~15.20（均8.97）宽:3.07~6.65（均:4.95）
寄主		月季（学名不详）	多花玫瑰（Rosa multiflora）	多花蔷薇（Rosa multiflora）等	丰花玫瑰（Rosa rugosa 'Fenghua'）

孢锈（*P. rosae-multiflorae* Dietel，表1）。

关于防治，目前报道的也不多，综合起来包括以下几点：

1. 清除病残：尽可能地利用冬闲，清除田间的残枝败叶。此外在春夏之交，在花蕾上的锈孢子器包膜破裂前将其清除掉。集中深埋及销毁。

2. 定植时，不要过密，一方面有利于防治、管理措施的实施。同时有利于通风透光，抑制病害的发生。

3. 药剂防治：在发芽前喷洒3～4波美度的石硫合剂及福美双等保护剂，消灭病残体上的菌源。植株发芽后适时喷洒化学农药。可用的农药包括：25%三唑酮1 500倍液，10%苯醚甲环唑1 500倍液等。■

参考文献

[1] 方中达.中国农业植物病害[M].北京:中国农业出版社,1996.

[2] 赵桂华,闵祥宏,丁贵根.蔷薇植物上五种锈菌的形态特征[J].西部林业科学,2005,34（4）：p.26～29。

[3] 庄剑云.中国真菌志 锈菌目（四）[M].第41卷,1912.

（李雪梅参加了此项工作，在此一并致谢）